能源互联网

储能系统商业运行模式及典型案例分析

编　著　孙　威　李建林　王明旺

编　委　田春光　修晓青　李　颖　肖海伟

　　　　靳文涛　何志超　谢志佳　马会萌

　　　　胡　娟　杨水丽　吕项羽　郭光朝

　　　　姚自良　刘明爽　张　亮　张克军

　　　　邱文祥　邓　霞

中国电力出版社

CHINA ELECTRIC POWER PRESS

内 容 提 要

本书针对能源互联网中储能应用商业模式及市场发展前景问题，首先综述了能源互联网的基本概念、特征及内涵、技术框架、关键技术、研究现状，储能技术分类及市场发展现状，分析了储能在智能电网及能源互联网中的作用及适用领域，对储能的技术成熟度、各类型储能适用的领域和前景进行了评估，其次，在此基础上，研究了能源互联网中储能在分布式光储、微电网、参与电网辅助服务、退役电池梯次利用以及电动汽车的商业运行模式，参考成功案例，结合储能技术经济特性、市场环境及现有政策，分别提出了储能在能源互联网中的典型应用模式和商业运行模式，并分析了储能在新能源发电、分布式发电、微电网、退役动力电池梯次利用的经济性，提出了储能商业化运行的政策需求，最后，在上述研究成果的基础上，形成了储能在未来 10 年到 20 年的市场化发展路线图，预判了储能市场化发展前景。

本书可作为从事能源互联网中储能应用的工作者使用，亦可作为高等院校相关专业广大师生的参考用书。

图书在版编目（CIP）数据

能源互联网：储能系统商业运行模式及典型案例分析 / 孙威等编著. —北京：中国电力出版社，
2017.3（2023.1 重印）

 ISBN 978-7-5198-0247-9

 Ⅰ．①能… Ⅱ．①孙… Ⅲ．①互联网络－应用－能源－资源共享－研究 Ⅳ．① F407.2-39

 中国版本图书馆 CIP 数据核字（2016）第 323189 号

出版发行：中国电力出版社
地　　址：北京市东城区北京站西街 19 号（邮政编码 100005）
网　　址：http://www.cepp.sgcc.com.cn
责任编辑：孙建英　010-63412369　jianying-sun@sgcc.com.cn
责任校对：常燕昆
装帧设计：张俊霞　左　铭
责任印制：钱兴根

印　　刷：望都天宇星书刊印刷有限公司
版　　次：2017 年 3 月第一版
印　　次：2023 年 1 月北京第六次印刷
开　　本：787 毫米 ×1092 毫米　16 开本
印　　张：11
字　　数：255 千字
印　　数：7501—8500 册
定　　价：55.00 元

前　言

能源互联网中存在大规模可再生能源发电送出和消纳、局域多能源系统灵活高效和经济运行、能源市场自由交易等应用需求，为储能技术提供了发展机遇。储能技术不仅建立了多种能源之间的耦合关系，更为能源互联网互动、开放、优化共享的机制和目标提供了必要的支撑。储能将是能源互联网构建中不可缺少的组成部分，在能源互联网中发挥能量中转、匹配和优化的重要作用。当前阶段储能在可再生能源发电场站、配电网、微电网、智能家居等智能电网场景中的示范为储能在能源互联网中的应用奠定了基础。

随着电力体制改革的推进，电网运营模式和角色将发生改变，电力市场化交易机制、发电和售电企业的多元化发展、分布式电源的大量应用、需求侧管理手段的革新都为储能的应用提供了契机。现有工作大多未能突破储能在现有电网运营模式和商业模式的范畴，已开展储能示范项目大多未实现商业化运行，储能在能源互联网中的应用研究和示范缺乏指导。"十三五"开局之年，国家利好政策频出，除《中共中央关于制定国民经济和社会发展第十三个五年规划的建议》外，国家发展改革委、国家能源局也陆续颁布了《促进电储能参与"三北"地区电力辅助服务补偿（市场）机制试点工作的通知》《能源技术革命创新行动计划（2016～2030年)》《关于在能源领域积极推广政府和社会资本合作模式的通知》等系列政策，均明确提出储能技术在智能电网及能源互联网发展中的重要地位。

能源互联网中，储能系统能够支撑高比例可再生能源的并网运行，提高多元能源系统的灵活性和可靠性，提高能源交易的自由度，并可为多元能源系统能量管理和路径优化提供支持。本书主要讨论能源互联网中储能应用商业模式及市场发展前景问题，详细介绍了储能在能源互联网中的作用、适用领域、商业运行模式、经济性以及储能商业化运行的政策需求，重点分析了储能在未来10年到20年的市场化发展路线图，预判了储能市场化发展前景。本书遵循理论分析与示范调研分析相结合的原则，以期为广大读者提供借鉴。

本书得到了国家电网公司科技项目（KY-SG-2016-204-JLDKY）、山西省科技厅重大专项（201603D112001）、国家电网公司科技项目（DG71-16-028）、国家863项目（2014AA052004）的大力支持，在此深表谢意。同时，感谢山西省科技厅、欣旺达电子股份有限公司相关同志的积极参与和配合。在本书编辑过程中，欣旺达电子股份有限公司杨孔梁、熊文俊、李波、袁勇、李毅涛、王从荣、陈嘉琪、马俊杰、田亮、闫百灵、李扬华、汪平、刘磊（Laura）、任冬梅、陈蔚、苏滋津、黄娟、邬晓东、王玉华等，中国电力科学研究院徐少华、马会萌、房凯、谢志佳、靳文涛、李蓓、杨水丽、张明霞等同志付出了辛勤劳动，参与了部分内容的撰写、校对等工作，在此一并致谢，特别鸣谢顺德职业技术学院电子工程系、国网江苏省电科院袁晓东、浙江钱江锂电科技有限公司张超对本书提供技术支持。

　　本书行将面世，著书之初衷是否果如所求，有待通过实践验证。限于编委会成员水平，书中疏漏与谬误之处在所难免，尚祈读者不吝赐教。

作者于深圳

2016 年 12 月

目　录

前言

第1章　能源互联网中的储能技术 ················· **1**

1.1　能源互联网概述 ···································· 1

1.2　储能技术类型 ···································· 10

1.3　储能市场发展现状 ································ 30

第2章　储能在智能电网及能源互联网中的作用及适用领域研究 ·········· **37**

2.1　储能在智能电网及能源互联网中的作用 ·············· 37

2.2　储能技术应用场景 ································ 39

2.3　储能技术适用性 ·································· 45

2.4　储能的技术成熟度和发展前景评估 ·················· 55

2.5　典型储能示范工程介绍 ···························· 62

第3章　能源互联网中的储能应用商业模式研究 ·········· **76**

3.1　储能技术的相关政策解析 ·························· 77

3.2　分布式光储发电的商业运行模式 ···················· 89

3.3　微电网的商业运行模式 ···························· 97

3.4　储能参与电力辅助服务的商业运行模式 ·············· 99

3.5　电动汽车的商业运行模式 ························· 104

3.6　动力电池梯次利用的商业运行模式 ················· 105

3.7　储能商业运行模式探讨 ··························· 108

第4章　典型案例分析 ································ **112**

4.1　储能经济性研究概述 ···························· 112

4.2　储能在新能源发电中的经济性分析 ················· 119

4.3　储能在分布式发电及微电网中的经济性分析 ··········· 122

4.4　退役动力电池梯次利用经济性 ····················· 137

第5章　能源互联网中储能商业运行的政策需求研究 ·································· **142**

　　5.1　支持储能产业发展的措施或实施办法　·································· 143

　　5.2　储能示范项目补贴方案　·································· 143

　　5.3　边远地区、无电地区以及海岛储能项目补贴方案 ·································· 144

　　5.4　支持储能产业发展的融资方式和金融服务政策 ·································· 145

第6章　储能市场化发展路线图及前景分析 ·································· **146**

　　6.1　储能发展路线图 ·································· 146

　　6.2　储能市场前景分析 ·································· 155

第7章　总结与展望 ·································· **165**

参考文献 ·································· 167

第1章

能源互联网中的储能技术

全球能源发展经历了从薪柴时代到煤炭时代，再到油气时代、电气时代的演变过程。目前世界能源供应以化石能源为主，有力支撑了经济社会的快速发展。现代能源工业是技术密集型产业，技术创新对能源升级发展具有决定性、根本性的作用。能源互联网作为一项全新的能源技术革命，必须发挥技术创新的引领和推动作用，加大研究和发展力度，尽快实现清洁能源发电，更好地支撑全球能源互联网的建设，保障世界能源的可持续供应。

为适应未来能源的发展，水能、风能、太阳能等清洁能源正在加快发展和利用，在保障世界能源供应、促进能源清洁发展中，将发挥越来越重要的作用。储能技术是保障清洁能源大规模发展和电网安全经济运行的关键。储能技术可以在电力系统中增加存储环节，使得电力实时平衡的"刚性"电力系统变得更加"柔性"，特别是平抑大规模清洁能源的发电接入电网带来的波动性，提高电网运行安全性、经济性和灵活性。

随着电力体制改革的推进，电网运营模式和角色将发生改变，电力市场化交易机制、发电和售电企业的多元化发展、分布式电源的大量应用、需求侧管理手段的革新都为储能的应用提供了契机。现有工作大多未能突破储能在现有电网运营模式和商业模式的范畴，已开展储能示范项目大多未实现商业化运行，储能在能源互联网中的应用研究和示范缺乏指导。研究能源互联网中储能应用商业模式和市场前景，对于能源互联网中储能运营模式的创新，引领储能的应用方向，把握储能市场发展动态，实现储能产业可持续发展具有重要的意义。

1.1 能源互联网概述

1.1.1 能源互联网基本概念

目前，互联网与通信技术不断渗入到经济、社会的各个领域，其与能源体系的融合，引发人们对"能源互联网"概念的思考，能源互联网有可能打破现有的以化石能源大规模集中利用为基础的社会、经济发展模式，解决化石燃料日渐枯竭、环境污染日益加重等问题，推动建立更加高效、安全与可持续的能源利用模式。

能源互联网的具体定义，目前仍不明晰。美国著名学者杰里米·里夫金在其著作《第三次工业革命》中，阐述新经济系统的五大支柱时，首次提出了能源互联网（Internet of Energy）的愿景。第三次工业革命的支柱主要包括五个方面：

（1）向可再生能源转型；

（2）将世界各地的建筑转化为微型发电厂，以便就地收集可再生能源；

（3）在每一栋建筑物及其基础设施中使用氢和其他存储技术，以存储间歇式能源；

（4）利用互联网技术将世界各地的能源网络转化为能源互联网，能源互联网的工作原理类似于互联网（成千上网的建筑能够就地生产出少量的能源，除去就地消纳外，多余的绿色电能可以出售给电网，也可以与周围的邻居共享）；

（5）将运输工具转向插电式电动汽车以及燃料电池电动汽车，电动汽车可以通过互联的电力网络进行绿色电力的买卖。

能源互联网是一种互联网与能源生产、传输、存储、消费以及能源市场深度融合的能源产业发展新业态。《储能产业研究白皮书2015》将杰里米·里夫金提出的能源互联网定义为："以电力网络为基础，与网络通信技术紧密融合，以可再生能源为主要能源利用形式，与气、热、交通等网络密切耦合，含有大量分布式元件、信息组件、储能设备的，可实现能量和信息双向流动的复杂多网流、共享网络。"

根据《关于推进"互联网＋"智慧能源发展的指导意见》，能源互联网被定义为："一种互联网与能源生产、传输、存储、消费以及能源市场深度融合的能源产业发展新形态，具有设备智能、多能协同、信息对称、供需分散、系统扁平、交易开放等主要特征。"

该概念提到了三项重要内容：互联网、能源生产—传输—存储—消费的物理环节，以及能源市场。能源互联网涉及了物理、信息及市场三个维度，这三个维度的共同创新和相互匹配是能源互联网发展建设的必要条件。相应地，能源互联网受到能量流、信息流和价值流三种动态变化量的驱动。能源互联网的发展过程将在物理、信息、市场三个维度上呈现出不同的形态。

能源互联网是以互联网思维与理念构建的新型信息—能源融合"广域网"，它以大电网为"主干网"，以微网、分布式能源等能量自治单元为"局域网"，以开放对等的信息—能源一体化架构真正实现能源的双向按需传输和动态平衡使用，因此可以最大限度的适应新能源的接入。虽然能源形式多种多样，电能源仅仅是能源的一种，但电能在能源传输效率等方面具有无法比拟的优势，未来能源基础设施在传输方面的主体必然还是电网，因此未来能源互联网基本上是以互联网式的电网为枢纽构成的能源—信息系统。

能源互联网基本架构如图1-1所示。微网、分布式能源等能量自治单元可以作为能源互联网中的基本组成元素，通过新能源发电、微能源的采集、汇聚与分享以及微网内的储能或用电消纳形成"局域网"。能源互联网是此基础上的广域联接形式，作为分布式能源的接入形式，是从分布式能源的大型、中型发展到了任意的小型、微型的"广域网"实现。大电网的形成有其必然性，在传输效率等方面仍然具有无法比拟的优势，将来仍然是能源互联网中的"主干网"。微网或分布式能源接入、互联和调度灵活，但存在供电可靠性较低等问题，大电网供电可靠性较高但尚难以适应大量新能源的灵活接入和双向互动，能源互联网可以起到衔接作用，综合两方面的优势。能源互联网是采取自下而上分散自治协同管理的模式，与目前集中大电网模式相辅相成，符合电网发展集中与分布相结合的大趋势。

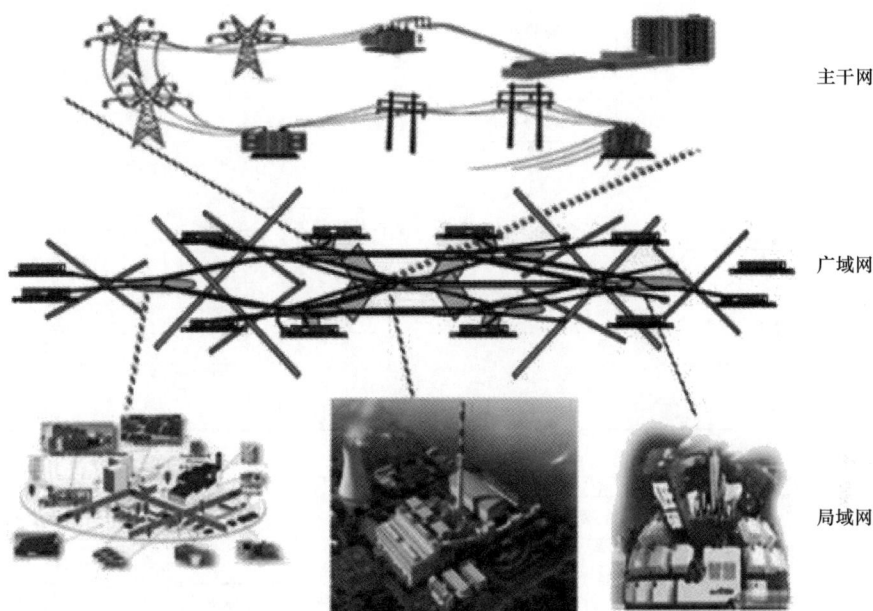

主干网

广域网

局域网

图 1-1　能源互联网基本架构

能源互联网是一种互联网与能源生产、传输、存储、消费以及能源市场深度融合的能源产业发展新业态。推动能源智能生产技术创新，重点研究可再生能源、化石能源智能化生产，以及多能智能协同生产等技术。加强能源智能传输技术创新，重点研究多能协同综合能源网络、智能网络的协同控制等技术，以及能源路由器、能源交换机等核心装备。促进能源智能消费技术创新，重点研究智能用能终端、智能监测与调控等技术及核心装备。推动智慧能源管理与监管手段创新，重点研究基于能源大数据的智慧能源精准需求管理技术、基于能源互联网的智慧能源监管技术。加强能源互联网综合集成技术创新，重点研究信息系统与物理系统的高效集成与智能化调控、能源大数据集成和安全共享、储能和电动汽车应用与管理以及需求侧响应等技术，形成较为完备的技术及标准体系，引领世界能源互联网技术创新。

1.1.2　能源互联网的特征及内涵

参考美国国家自然科学基金委支持的未来可再生电力能源转换与管理（FREEDM）项目对能源互联网的相关叙述，能源互联网可理解是综合运用先进的电力电子技术、信息技术和智能管理技术，将大量由分布式能量采集装置，分布式能量储存装置和各种类型负载构成的新型电力网络节点互联起来，以实现能量双向流动的能量对等交换与共享网络，典型结构如图 1-2 所示。

能源互联网由若干个能源局域网相互连接构成，能源局域网由能量路由器、发电设备、储能设备、交直流负载组成，可并网工作，也可脱网独立运行。能量路由器由固态变压器（solid state transformer，SST）和智能能量管理组成；智能能量管理根据收集的能源局域网中发电设备、储能设备和负载等信息做出能量控制决策，然后将控制指令发送给固态变压器执行，即智能能量管理控制信息流，固态变压器控制能量流。为保证能源互联网的可靠安全工作，能源局域网的上一级母线具有智能故障管理功能，提供能源互联网故

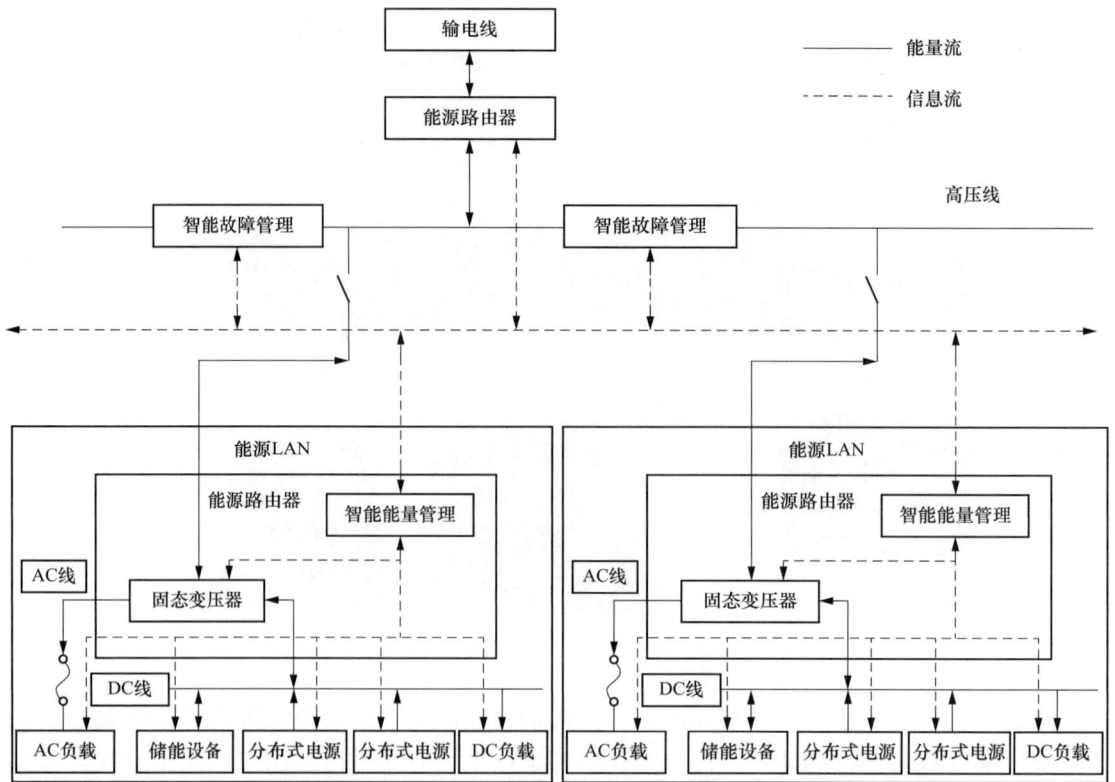

图 1-2　能源互联网结构示意图

障的实时检测，快速隔离等功能。能源互联网与其他形式的电力系统相比，具有以下 4 个关键特征。

（1）可再生能源高渗透率：能源互联网中将接入大量各类分布式可再生能源发电系统，在可再生能源高渗透率的环境下，能源互联网的控制管理与传统电网之间存在很大不同，需要研究由此带来的一系列新的科学与技术问题。

（2）非线性随机特性：分布式可再生能源是未来能源互联网的主体，但可再生能源具有很大的不确定性和不可控性，同时考虑实时电价、运行模式变化、用户侧响应、负载变化等因素的随机特性，能源互联网将呈现复杂的随机特性，其控制、优化和调度将面临更大挑战。

（3）多源大数据特性：能源互联网工作在高度信息化的环境中，随着分布式电源并网，储能及需求侧响应的实施，包括气象信息、用户用电特征、储能状态等多种来源的海量信息；而随着高级量测技术的普及和应用，能源互联网中具有量测功能的智能终端的数量将会大大增加，所产生的数据量也将急剧增大。

（4）多尺度动态特性：能源互联网是一个物质，能量与信息深度耦合的系统，是物理空间、能量空间、信息空间乃至社会空间耦合的多域。多层次关联包含连续动态行为、离散动态行为和混沌有意识行为的复杂系统。作为社会/信息/物理相互依存的超大规模复合网络，与传统电网相比具有更广阔的开放性和更大的系统复杂性，呈现出复杂的、不同尺度的动态特性。

1.1.3 能源互联网的构成及技术框架

构建"能源互联网"的主要目的是优化能源结构（更多应用新能源）、提高能源效率（发挥不同能源优势和新型负荷的技术优势），从而改善用户体验。优化能源互联网资源，首先需要确认能源互联网构成要素，界定优化范围。

结合智能电网研究成果，图 1-3 描述了能源互联网总体构成：电、供热及供冷等形式的能源输入通过与信息等支撑系统有机融合，构成协同工作的现代"综合能源供给系统"。该系统内多种能源（化石能源、可再生能源）通过电、冷、热和储能等形式之间的协调调度供给，达到能源高效利用、满足用户多种能源应用需求、提高社会供能可靠性和安全性等目的；同时，通过多种能源系统的整体协调，还有助于消除能源供应瓶颈，提高各能源设备利用效率。

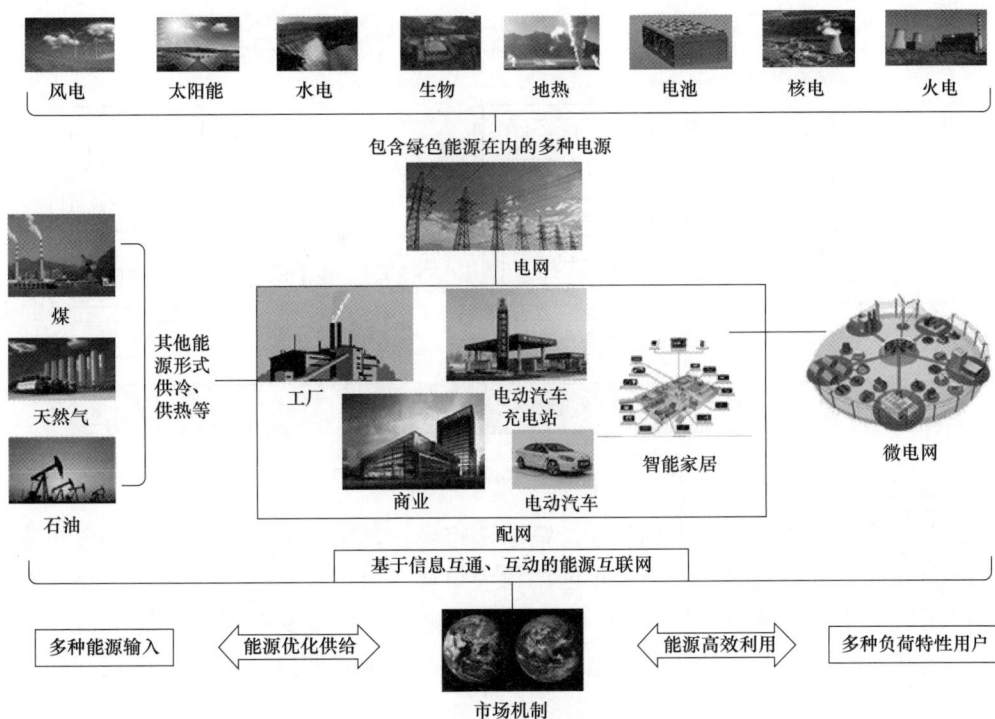

图 1-3 能源互联网总体描述

不同能源对环境的影响不同，传统能源供应体系中，特定能源已经形成了相对稳定的消费市场，比如石油主要用于交通、化工、发电等行业；天然气则主要于日常生活、供热、发电、交通等领域。可再生能源目前几乎全部用来发电。一次能源长期以来形成了自身的产业链条，不同种类能源间互相补充空间有限。但是，电能可以充当不同能源间的桥梁。目前可再生能源绝大部分转化为电能。如果通过电能用绿色可再生能源替换其他高污染一次能源，可以提高能源消费的整体环境友好程度。要实现这种能源的优化供给需要具备几个条件：①要具备不同种类能源间的（供求关系等）信息互通；②要具备能源输出互相替代的必要技术手段，即通过电能能够满足被替代能源消费主体的需求；③要能够给能源消费者清晰、及时的引导信号，吸引能源消费主体参与能源消费优化配置。具备以上条件，配合必要的技术手段，最终实现社会能源的整体优化利用。实现这一目标可以通过技术手段构建"能源互联网"。

为了达到上述整体优化目标，在明确能源"互联"范围基础上，需要进一步研究合理的能源互联网技术框架，应用先进技术发挥多种能源与用户互联、互动的整体优势。这种能源互联网技术框架设计的唯一目的是发挥技术优势，从技术角度提高能源的使用效率。

在不存在政策、市场和技术条件限制的前提下，设计满足上述条件的能源互联网技术框架模型，如图1-4所示。图1-4所示"能源互联网技术框架"包括"市场环境""能源供给、转化和消费""信息共享支持"及"调度控制"4个部分。

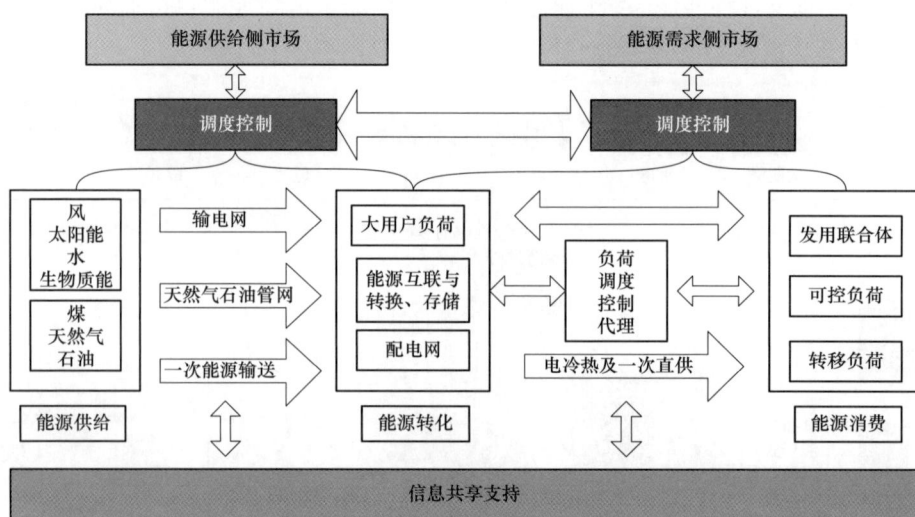

图 1-4　能源互联网技术框架模型

市场环境包括能源供给侧市场和能源需求侧市场。其中，能源供给侧市场负责发布不同种类能源的市场价格信号，调节市场能源供应结构（可以在这个环节使用价格信号或补贴鼓励使用清洁能源，减小环境污染）；能源需求侧市场负责发布吸引可控负荷和具有反向送电（或其他能源形式）的"发用电联合体"参与需求侧调度控制的价格或其他激励信号，以鼓励负荷参与需求侧响应。

能源供给、转化与消费是能源互联网中的能源流，也是整个技术框架的最终优化协调对象。多种能源发出的电、热、冷等能量形式通过输电电网、管网或者运输通道最终抵达用户侧，满足用户的用能需求。能源互联网框架在以上基础上，加强了对分布式电源和微电网的支持，同时应用各种储能以及电转化为气体等技术，结合信息共享和多种能源的成本对比，以电能为中心实现有目标（优化或降低污染、提高清洁能源比例等）的多种能源间的替代和转换。消费环节除了包括传统用户还增加了智能可控用户以及可以反向供能的发用电联合体等。

信息共享支持是整个技术框架中的信息流。"高速、可靠和安全"的未来信息网络技术是实现能源互联网技术框架下大量数据采集、传输、分析再到优化计算的基础条件。

在信息技术支持下，为保障整个能源框架的安全优化运行，需要设置必要的运营管理机构，对能源进行集中调度管理，这种调度管理可以采用与外部市场环境相适应的商业运营模式并根据能源管理范围进行分级设计。同时针对用户侧可控负荷和具有发电及其他供能（供热、制冷等）能力的"发用电联合体"在自愿的前提下可以直接参与或通过"负荷调度控制代理"，应用"虚拟发电厂"技术参与能源互联网的调度控制。这种基于信息共享的通过能源整体调度控制实现能源的整体优化利用是能源互联网技术框架的核心内容。

1.1.4　能源互联网技术形态与关键技术

1. 新能源发电技术

能源互联网关键技术是指可再生能源的生产、转换、输送、利用、服务环节中的核心技术，包括新能源发电技术、大容量远距离输电技术、先进电力电子技术、先进储能技术、先进信息技术、需求响应技术、微能源网技术，也包括关键装备技术和标准化技术。其中先进电力电子技术、先进信息技术是关键技术中的共性技术。

新能源不仅包括风能、太阳能和生物质能等传统可再生能源，还包括页岩气和小堆核电等新型能源或资源。新能源发电技术包括各种高效发电技术、运行控制技术、能量转换技术等。在新能源发电技术方面，研究规模光伏发电技术和太阳能集热发电技术、变速恒频风力发电系统的商业化开发，微型燃气轮机分布式电源技术，以及燃料电池功率调节技术、谐波抑制技术、高精度新能源发电预测技术、新能源电力系统保护技术，研究动力与能源转换设备、资源深度利用技术、智能控制与群控优化技术和综合优化技术。

2. 大容量远距离输电技术

大容量远距离输电是我国及世界能源革命的基础技术，是解决大型能源基地可再生能源发电外送的支撑手段。我国可以发展建设以特高压骨干网为基础，利用高压直流互联可再生能源基地，实现覆盖全国范围的交直流混合超级电网，提高我国供电的灵活性、互补性、安全性与可靠性。大容量远距离输电技术包括：灵活可控的多端直流输电技术、柔性直流输电技术、直流电网技术、海底电缆技术、运行控制技术等。直流电网技术是解决我国能源资源分布不均带来的电能大容量远距离传输问题，大规模陆上及海上新能源消纳及广域并网问题，以及区域交流电网互联带来的安全稳定运行问题最有效的技术手段之一。

3. 先进电力电子技术

先进电力电子技术包括高电压、大容量或小容量、低损耗电力电子器件技术、控制技术及新型装备技术。以 SiC、GaN 为代表的宽禁带半导体材料的发现，使得人类为取得反向截止电压超过 20kV 的限度成为可能。新型半导体材料制成的新器件（如 SiC 功率器件），与 Si 半导体器件相比，具有开关损耗低、耐高温、反向截止电压高的特点，在未来的输电和配电系统中有可能成为新一代高电压、低损耗、大功率电力电子装置的主要组成器件。

在控制策略方面，由于数字信号处理器性能的升级，使得系统控制策略灵活多样。多种非传统控制策略，如模糊控制、神经网络控制、预测控制等控制技术，可以适应电网暂态过程的复杂控制策略，一系列软开关控制方法、系统级并联控制方法，重复控制、故障检测等复杂算法被整合在 DSP 内实现，极大地增强了新型电力电子设备的灵活性与系统的可靠性。

4. 先进储能技术

先进储能技术包括压缩空气储能、飞轮储能、电池储能、超导磁储能、超级电容器储能、冰蓄冷热、氢存储、P2G 等储能技术；从物理形态上讲，包括可用于大电网调峰、调频辅助服务的储能装备，也包括用于家庭、楼宇、园区级的储能模块。风电、光伏等可再生能源发电设备的输出功率会随环境因素变化，储能装置可以及时地进行能量的储存和释放，保证供电的持续性和可靠性。超导磁储能和超级电容储能系统能有效改善风电输出功率及系统的频率波动；通过对飞轮储能系统的充放电控制，实现平滑风电输出功率、参与电网频率控制的双重目标；压缩空气储能是一项能够实现大规模和长时间电能存储的储能技术之一。储能技术及新型节能材料在电力系统中的广泛应用将在发、输、配、用电的各个环节给传统电力系统带来根本性的影响，是电工技术研发的重点方向。

5. 先进信息技术

先进信息技术由智能感知、云计算和大数据分析技术等构成，代表能源领域信息技术的发展方向。能源互联网开放平台是利用云计算和大数据分析技术构建的开放式管理及服务软件平台，实现能源互联网的数据采集、管理、分析及互动服务功能，支持电能交易、新能源配额交易、分布式电源及电动汽车充电设施监测与运维、节能服务、互动用电、需求响应等多种新型业务。

6. 智能感知技术

智能感知技术包括数据感知、采集、传输、处理、服务等技术。智能传感器获取能源互联网中输配电网、电气化交通网、信息通信网、天然气网运行状态数据及用户侧各类联网用能设备、分布式电源及微电网的运行状态参数，传感器数据经过处理、聚集、分析并提供改进的控制策略。IEC61850、IEEE1888 等标准可作为数据采集、传输标准的参考借鉴。利用基于 IPV6 的开放式多服务网络体系，支持端到端的业务，实现用户与电网之间的互动，而且可实现各种智能设备的即插即用，除了智能电能表以外，还支持其他各种非电表设备的无缝接入。

7. 云计算技术

云计算（cloud computing）是一种能够通过网络随时随地、按需方式、便捷地获取计算资源（包括网络、服务器、存储、应用和服务等）并提高其可用性的模式，实现随时、随地、随身的高性能计算。互联网营销技术包括实现互联网营销的电子商务平台技术和相应的营销模式；能源互联网将支持 B2B（business to business）、B2C（business to consumer）、C2C（customer to consumer）等，利用互联网强大的互联互通能力，支持发电商（含分布式电源与微网经营者）、网络运营商、用户、批发或零售型售电公司等多种市场主体任何时间、任何地点的交易活动。

8. 大数据分析技术

大数据是指无法在一定时间内用传统数据库软件工具对其内容进行提取、管理和处理的数据集合。能源互联网中管网安全监控、经济运行、能源交易和用户电能计量、燃气计量及分布式电源、电动汽车等新型负荷数据的接入，其数据量将较智能电能表数据量大得多。从大数据的处理过程来看，大数据关键技术包括：大数据采集、大数据预处理、大数据存储及管理、大数据分析、大数据展现和应用（大数据检索、大数据可视化、大数据应用、大数据安全等）。

9. 需求响应技术

需求响应是指用户对电价或其他激励做出响应改变用电方式。通过实施需求响应，既可减少短时间内的负荷需求，也能调整未来一定时间内的负荷实现移峰填谷。这种技术除需要相应的技术支撑外，还需要制定相应的电价政策和市场机制。一般来说，需要建立需求响应系统，包括主站系统、通信网络、智能终端，依照开放互联协议，实现电价激励信号、用户选择及执行信息等双向交互，达到用户负荷自主可控的目的。在能源互联网中，多种用户侧需求响应资源的优化调度将提高能源综合利用效率。

10. 微能源网技术

微能源网是指一个城乡社区或园区、工厂、学校等可与公共能源网络连接，又可独立运行的微型能源网络。微能源网实现园区内工业、商业、居民用户主要或全部使用可再生清洁能源发电，灵活便利的充电设施，太阳能、生物质发电或氢能等可再生能源通过能源路由器接入微能源网。各种可再生能源发电可由个人、企业以多种方式建设、运营，当然，节能服务方式建设、运维微能源网应是可重点探索的方式，微能源网主体实现了用电、发电、售电等业务的融合。微能源网将可能为绿色城镇化和美丽乡村建设树立典范。

微能源网主要技术包括多能源协调规划、多能源转换、优化协调控制与管理、分布式发电预测等技术。

11. 标准化技术

能源互联网标准体系可由规划设计、建设运行、运维管理、交易服务等标准构成。能源互联网需要首先构建标准体系，分步骤推进标准体系建设。能源互联网涉及众多设备、系统和接口，第一位的是能源互联网开放平台标准，包括接口标准。

能源互联网在多环节涉及多种能源的转换、交易、服务及多元市场主体，相应的技术标准规范、能源贸易法规，需配套跟进，确保能源互联网正常运行。

1.1.5 能源互联网的研究现状

"能源互联网"技术框架是对未来能源整体供用体系的概念性设想，关于未来的能源发展，国内外普遍开展了基于先进信息通信技术的包含能源互动思想（包含能源间的转化和替代）的相关研究。除了相关文献中关于"能源互联网"的设想外，美国各大研究机构和高校都在进行相关研究，在用户互动方面，美国在需求侧响应方面已经进入实际应用阶段，电网中出现了专职的"调荷服务商"用于为电网提供负荷调度服务；能源的互联与转换方面，美国发电公司长期根据市场需要选择出售天然气与电力的比例。欧盟也在开展"智能能源的未来网络"（FINSENY）项目，研究将能源与信息的整合，汇集了能源和ICT（信息通信技术）行业的关键技术以确定智能能源系统对ICT的要求，从而提供创新性的能源解决方案以优化能源传输，改变人们的能源消费方式，减少CO_2的排放，改善生活环境。日本则在微网及分布式电源基础上致力于研究冠名为"电力路由器"的电能控制技术及相关装备。在国内，关于未来能源供应技术的研究一直受到高度重视，国家电网公司明确"能源互联网"是未来的智能电网，智能电网是承载第三次工业革命的基础平台，对第三次工业革命具有全局性的推动作用。目前，国家电网公司已积极开展、部署相关研究工作。

北京市科委组织了"第三次工业革命"和"能源互联网"专家研讨会，并启动了相关软课题研究，以期形成详细的能源互联网调研报告和路线图。

中国能源发展目前面临总量供应（石油、天然气对外依存度高）、资源配置（能源与生产力分布不均衡）、能源效率（大量煤炭直接燃烧，整体能效偏低）、生态环境（土壤、水质、大气污染）四大问题。

针对以上问题，可以采用增加清洁能源发电比例、提高能源效率的方法加以改善。本书所述能源互联网技术框架统一配置能源资源，从能源供给和使用两个方面进行整体优化，基于信息共享建立必要的市场调节机制，优化引导能源的开发和使用，最终实现增加清洁能源发电比例、提高能源效率，以电能为中心统一优化配置能源资源；使能源发展方式由消耗型向可持续、可再生和更环保的发展轨迹过渡；实现能源供应安全、清洁、环保与友好地发展。

1.2　储能技术类型

按照储能载体技术类型，大规模储能技术可以分为机械类储能（抽水蓄能、压缩空气储能、飞轮储能等）、电气类储能（超导磁储能、超级电容器储能等）、电化学储能（高温钠系电池、液流电池、铅碳电池、锂离子电池等）、热储能（显热储热技术、潜热储热技术、储冷技术、化学储热技术等）、化学类储能等。

1.2.1　机械类储能

1. 抽水蓄能

抽水蓄能电站通常由上水库、下水库和输水发电系统组成，上下水库之间存在一定的落差。抽水蓄能电站利用电力负荷低谷时系统难以消耗的电能把下水库的水抽到上水库内，以水力势能的形式蓄能；在系统负荷高峰时段，再从上水库放水至下水库进行发电，将水力势能转换为需要的电能，为电网提供高峰电力。图1-5为抽水蓄能电站工作原理。可是，抽水蓄能电站不是真正意义上的发电电源，而是电力系统的能量转换器。在电力系统的负荷低谷，抽水蓄能电站可将电网的"低谷电能→电动机旋转机械能→水泵抽水→水力势能→水轮机旋转机械能→发电机组发电→高峰电能"，在负荷高峰通过输电线路发送至电网。

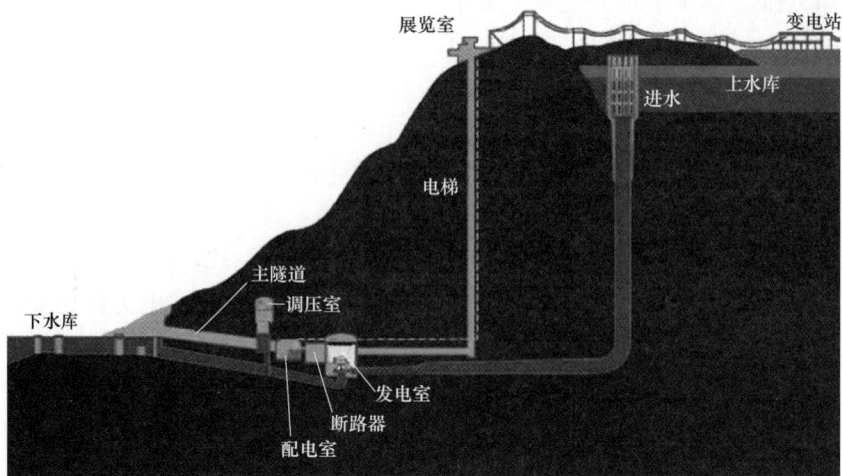

图1-5　抽水蓄能电站工作原理示意

抽水蓄能电站规模可以达到数百兆瓦，效率可达 70％左右，建设成本为人民币 3500～4000 元/kW。抽水蓄能电站是目前技术最成熟的，应用最广泛的大规模储能技术，具有规模大、寿命长、运行费用低等优点。抽水蓄能电站的缺点主要是其建设需要地理资源条件，由此涉及相关生态环保问题。例如在站址的选择上需要有水平距离小、上下水库高度差大的地形条件，岩石强度高、防渗性能好的地质条件，以及充足的水源保证发电用水的需求。另外还有上、下水库的库区淹没问题，水质的变化以及库区土壤盐碱化等一系列环保问题需要考虑。

总体来看，目前抽水蓄能技术已经比较成熟，而日本在高水头、大容量机组技术方面领先。中国抽水蓄能电站的土建设计和施工技术均处于世界先进水平，机组的设备国产化进程正在加快，设备安装水平正在大幅度地提高。从技术、设备和材料等方面来看，已经不存在制约中国抽水蓄能电站快速发展的因素。抽水蓄能电站的技术路线主要体现在机组设备国产化制造方面。中国短期内还不能掌握高水头、大容量抽水蓄能机组的制造技术，但从中国抽水蓄能电站的资源储备情况看，只有少数几个蓄能电站涉及高水头、大容量设备制造技术，绝大部分抽水蓄能电站机组设备属于技术成熟范畴。

从中国智能电网建设的需要，以及辅助风电、太阳能光伏等可再生能源运行，配合"西电东送"、"西气东输"、"三北"送电、特高压送电、核电运行等方面考虑，抽水蓄能电站建设可提高风电和太阳能资源等可再生能源的利用和消纳，减少化石燃料的消耗，减轻风电间歇性出力对电网的不利影响；有利于实现全国资源的优化配置，可较好解决由于核电在基荷运行带来的调峰问题，提高核电的发电量与经济效益；有利于促进中国可再生能源的发展，实现节能减排、促进低碳经济发展；有利于保障电网的安全稳定经济运行。

根据中国抽水蓄能电站中长期需求的合理规模发展趋势分析，中国抽水蓄能电站主要布局在风电资源开发相对集中的东北、华北、西北等地区，以及沿海经济发达、电力负荷较大、核电布局较为集中的山东、广东、浙江、福建等地。2020 年中国抽水蓄能电站合理需求规模应在 5000 万～11000 万 kW 之间。

2. 压缩空气储能

压缩空气储能系统是基于燃气轮机技术发展起来的一种能量存储系统，工作原理如图 1-6 所示。空气经压缩机压缩后，在燃烧室中利用燃料燃烧加热升温，然后高温高压燃气进入透平膨胀做功。

近年来，国内外学者相继提出了带回热的压缩空气储能系统（AA-CAES）、液态压缩空气储能系统和超临界压缩空气储能系统等多种新型压缩空气储能技术，摆脱了对化石燃料和地下洞穴等资源条件的限制，不过目前基本还处于关键技术研究突破、实验室样机或小容量示范阶段。

传统使用化石燃料并利用地下洞穴的压缩空气储能规模可以达到数百兆瓦，效率可达 70％，建设成本为人民币 3000～4000 元/kW。不依赖化石燃料和地理资源条件的新型压缩空气储能规模可达到兆瓦到数十兆瓦，但目前成本较高，效率也低于 60％。

压缩空气储能具有规模大、寿命长、运行维护费用低等优点。目前传统使用天然气并利用地下洞穴的压缩空气储能技术已经比较成熟，效率可达 70％，但其应用需要特殊的地理条件和化石燃料。新型地上压缩空气还存在效率偏低、响应速度慢、各设备和子系统协调控制复杂等问题。

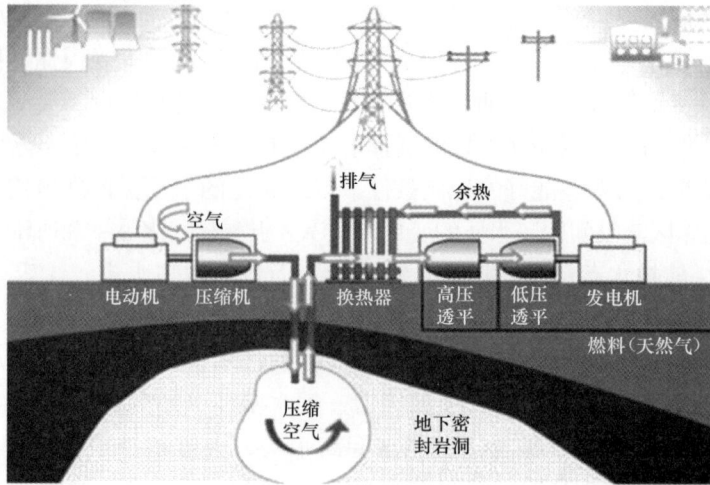

图 1-6　传统压缩空气储能原理示意图

　　国外从事新型压缩空气储能技术研究的单位包括英国高瞻公司、英国利兹大学等。国内从事与压缩空气储能相关的单位有：中国科学院工程热物理研究所、清华大学和华北电力大学等。

　　目前世界上已有两座大规模压缩空气储能电站投入了商业运行。第一座是 1978 年投入商业运行的德国 Huntorf 电站，目前仍在运行中。机组的压缩机功率 60MW，释能输出功率为 290MW，系统将压缩空气存储在地下 600m 的废弃矿洞中，矿洞总容积达 $3.1\times10^5m^3$，压缩空气的压力最高可达 10MPa。机组可连续充气 8 小时，连续发电 2 小时。冷态启动至满负荷约需 6 分钟，在 25% 负荷时的热耗比满负荷高 211kJ，其排放量仅是同容量燃气轮机机组的 1/3，但燃烧废气直接排入大气。该电站在 1979～1991 年期间共启动并网 5000 多次，平均可用率 86.3%，容量系数平均为 33.0%～46.9%。

　　第二座是于 1991 年投入商业运行的美国 Alabama 州的 McIntosh 压缩空气储能电站。其地下储气洞穴在地下 450m，总容积为 $5.6\times10^5m^3$，压缩空气储气压力为 7.5MPa。该储能电站压缩机组功率为 50MW，发电功率为 110MW，可以实现连续 41 小时空气压缩和 26 小时发电，机组从启动到满负荷约需 9 分钟。该机组增加了回热器用以吸收余热，以提高系统效率。该电站由 Alabama 州电力公司的能源控制中心进行远距离自动控制。

　　另外，日本、意大利、以色列等国也分别有压缩空气储能电站正在建设。而俄罗斯、法国、南非、卢森堡、韩国、英国也都有实验室研究。

　　中国压缩空气储能技术研究起步较晚，目前尚无商业运行的压缩空气储能电站。中国科学院工程热物理研究所在国际上首次提出并自主研发出超临界压缩空气储能系统（见图 1-7），已建成 1.5MW 超临界压缩空气储能示范系统。

　　常规使用化石燃料和地下洞穴的压缩空气储能技术上比较成熟，但存在对大型储气室、化石燃料的依赖等问题，必须在地形条件和供气保障的情况下才可能得到大规模应用，未来发展趋势主要是探索适宜建设压缩空气储能电站的地理资源。对于摆脱对地理资源条件依赖的新型压缩空气储能技术，包括带储热的压缩空气储能技术、液态空气储能、超临界空气储能技术、与燃气蒸汽联合循环的压缩空气储能技术，以及与可再生能源耦合

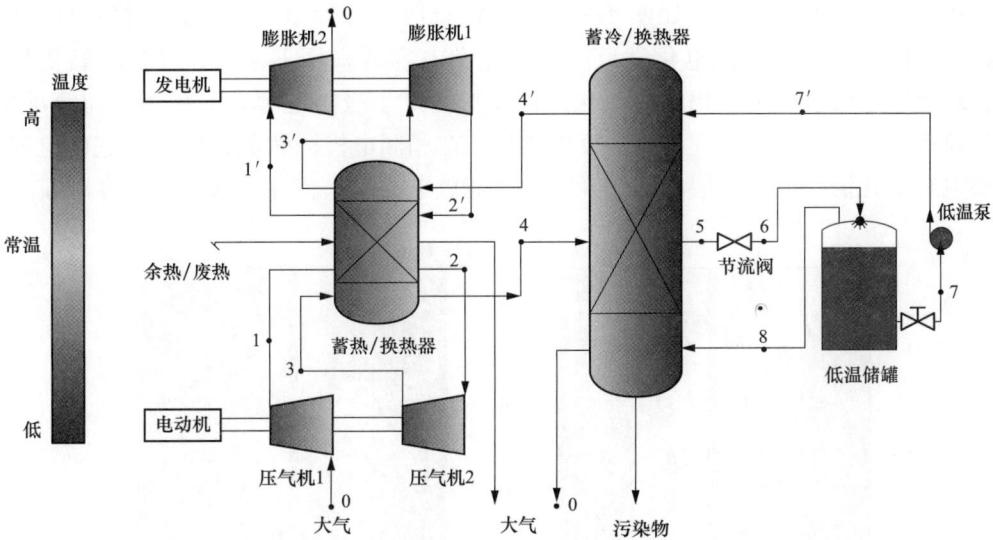

图 1-7 超临界压缩空气储能原理示意图

的压缩空气储能技术等，发展趋势主要是通过充分利用整个循环过程中的放热、释冷来提高效率，同时通过模块化实现规模化。

3. 飞轮储能

飞轮储能具有功率密度高、使用寿命长和对环境友好等优点，其缺点主要是储能密度低和自放电率较高，目前主要用于电能质量改善、不间断电源等应用场合。近年来，国际上飞轮储能技术的开发和应用研究十分活跃，其中美国投资最多，规模最大，进展最快。国内从事飞轮研究的单位主要有北京航空航天大学和清华大学等。这两家大学合作，正在研发采用电磁轴承的飞轮储能系统，该系统采用高强度玻璃纤维/碳纤维多层复合材料的轮缘—高强度金属的轮毂、永磁直流无刷电动/发电机、永磁悬吊式上阻尼、动压油膜螺旋槽轴承、挤压油膜下阻尼和真空密封。图 1-8 为飞轮储能结构示意图。

1.2.2 电气类储能

1. 超级电容器储能

超级电容器储能在本质上是以电磁场来储存能量的，不存在能量形态的转换过程，具有效率高、响应速度快和循环使用寿命长等优点，适合在提高电能质量等场合应用。近年来，上海交通大学、中国人民解放军总装备部防化研究院和成都电子科技大学等都开展了超级电容器的基础研究和器件研制工作。

超级电容器分为双电层电容器和电化学电容器两大类。其中，双电层电容器的应用最为广泛，它采用高比表面积活性炭作为电极材料，通过炭电极与电解液的固液相界面上的

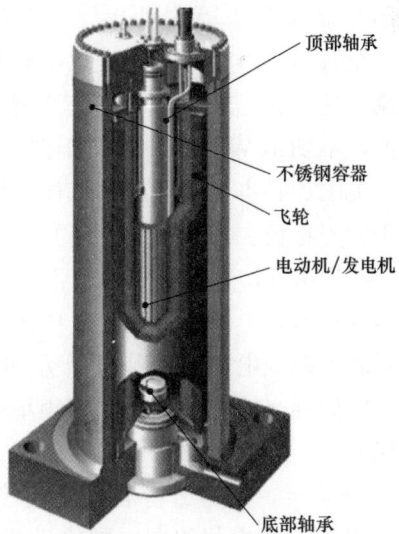

图 1-8 飞轮储能结构示意图

电荷分离而产生双电层电容，如图 1-9 所示，在充放电过程中发生的是电极/电解液界面的电荷吸脱附过程，而不是电化学反应。电化学电容器采用 RuO_2 等贵金属氧化物作电极，在氧化物电极表面及体相发生氧化还原反应而产生吸附电容，又称为法拉第准电容。由于法拉第准电容的产生机理与电池反应相似，在相同电极面积的情况下，它的电容量是双电层电容的几倍，但双电层电容器瞬间大电流放电的功率特性比法拉第电容器好。

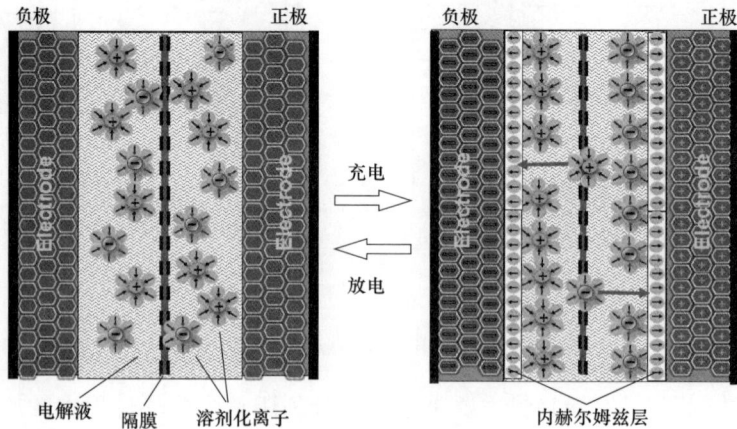

负极　　　　　正极　　　　　　　　　　负极　　　　　正极

充电

放电

电解液　隔膜　溶剂化离子　　　　　　　　　　　内赫尔姆兹层

图 1-9　双电层电容器原理图

目前双电层超级电容器的成本较高，约为 100～300 美元/kW，300～2000 美元/kWh，循环寿命达到 10 万次以上，能量转换效率大于 80%。

超级电容器在本质上是以电磁场来储存能量的，不存在能量形态的转换过程，因此具有输出功率大、效率高、响应速度快和循环使用寿命长等优点。但是超级电容器的能量密度低，不到 10Wh/kg，远低于锂离子电池。

美国、日本、俄罗斯、韩国等国家凭借多年的超级电容器研究开发和技术积累，目前处于领先地位。具有代表性的单位包括美国 Maxwell 公司，日本 Nec 公司和俄罗斯的 Econd 公司等，这些公司目前占据着全球大部分市场。近年来，中国也开始逐渐重视超级电容器技术，上海交通大学、中国人民解放军总装备部防化研究院和成都电子科技大学等都开展了超级电容器的基础研究和器件研制工作。国内从事大容量超级电容器研发的厂家，比如锦州锦荣公司、北京集星公司、上海奥威公司等单位具备一定的技术实力和产业化能力。

2005 年，美国加利福尼亚州建造了 1 台 450kW 的超级电容器储能装置，用以减轻 950kW 风力发电机组向电网输送功率的波动。

近年来，中国在浙江舟山、南麓岛的微网示范工程中分别采用了 200、1000kW 超级电容器作为其中一种储能方式，由于超级电容器能量密度低，所以在其中的作用仅限于平抑风光波动。

目前亚洲最大的超级电容器应用项目是上海洋山深水港项目，洋山深水港的 23 台港口起重机的每次用电会让局部电网发生 10～15s 的电压波动，采用 Maxwell 公司的额定功率 3MW 的超级电容器模块，工作时间 20s 对电压波动起到缓冲作用，从而最大程度地降低对电网的影响。

2. 超导磁储能

超导磁储能（Superconducting Magnetic Energy Storage，简称 SMES）系统利用超导线圈通过变流器将电网能量以电磁能的形式储存起来，需要时再通过变流器馈送给电网或其他装置。图 1-10 为中国科学院研制的超导混合磁体。

SMES 系统直接存储电磁能，在超导状态下无焦耳热损耗，其电流密度比一般常规线圈高 1~2 个数量级，因此具有响应速度快（约几毫秒至几十毫秒）、转换效率高（≥95%）、储能密度大（108J/m³）、比能量（1~10Wh/kg）/比功率（104~105kW/kg）高的优点，可以实现与电力系统的实时大容量能量交换和功率补偿；而限制其大力推广的缺点在于低温超导储能装置的低温系统技术难度大、冷却成本太高。

SMES 不仅可用于解决电网瞬间断电对关键用电负荷的影响，而且可用于降低和消除电网低频功率振荡，改善电网电压和频率特性，进行功率因数调节，实现输/配电系统动态管理和电能质量管理，提高电网暂态稳定性和紧急事故应变能力。表 1-1 列举了不同规模 SMES 系统的分类与主要用途。

图 1-10　中国电科院研制的超导混合磁体

表 1-1　　　　　　　　　　不同规模 SMES 系统的应用

项目	规模	布点	应用功能
微型 SMES	100kWh 以下	负载端	用户电力技术解决方案，提供敏感和重要负载的电源
小型 SMES	0.1MWh 等级	负载端； 长距离输电线端； 35kV 等级发电厂； 光伏发电和风力发电系统	改善稳定性； 小波动负载调平； 电压波动调节； 间断型电源调平输出
中型 SMES	10MWh 等级	配电站； 154~275kV 等级发电厂	大波动负载调平； 电压波动调节； 频率调节及瞬时备用功率； 提高电源可靠性
大型 SMES	1GWh 等级	500kV 电压等级发电厂； 适合于大型 SMES 装置的一切其他地点	减少传输容量和电站建设； 减少输电损失； 频率调节和功率调节； 防止中间连接功率波动； 阻尼线路振荡； 提高系统稳定性和可靠性

20 世纪 90 年代以来，低温超导储能在提高电能质量方面的功能被高度重视并得到积极开发，美国、德国、意大利、韩国等也都开展了 MJ（J：能量单位焦耳，1MJ＝10⁶J）

级 SMES 系统的研发与示范运行。但低温超导储能装置由于其低温系统技术难度大、冷却成本高而发展受限。

相对比而言，高温超导材料技术近年来取得很大进展。目前 Bi 系高温超导带材（也称第 I 代带材）已实现商品化，其性能已基本达到电力应用要求，为高温超导电力技术应用研究奠定了基础。

此外，直接冷却超导储能（HTc-SMES）的研究受到了美国、日本等国的高度重视，德国、韩国和法国的直接冷却 HTc-SMES 也都在研制之中。但 HTc-SMES 的研究仍处于起步阶段。

在我国，中国科学院电工研究所、清华大学、华中科技大学、中国电力科学研究院等单位开展了 SMES 的研究工作。中科院电工所于 1999 年研制成功我国第一台微型 SMES 样机；清华大学已研制两台用于改善电能质量的低温超导储能装置；华中科技大学致力于高温超导 SMES 的研究工作，并在国家"十五""863"计划资助下，联合西北有色金属研究院、等离子体物理研究所、浙江大学等单位于 2005 年研制成功我国第一套全部采用国产高温超导带材的直接冷却 HTc-SMES（35kJ/7kW）系统；中国电力科学研究院基于第 II 代高温超导体 YBCO 超导线材，研究并构造出适于高温区运行、高比容量、高比功率的 kJ 级 SMES 储能单元，对 YBCO 超导线材 SMES 储能单元设计、构造、控制和保护、功率变换器以及 SMES 装置在电力系统的应用等关键科学和技术问题进行了研究和探索。

目前，基于低温超导材料和高温超导材料的超导储能系统的研究开发并行发展，容量大多在 MJ/MVA 量级，小型低温超导储能系统已经实现了商品化，用户包括美国军方、半导体厂、芯片制造厂等。而基于高温超导材料的超导储能系统的研究开发被日益重视并成为重要研发方向，至今美国、日本、德国、西班牙、意大利、俄罗斯、芬兰、以色列、韩国和中国等国均已开发出各种容量的超导储能装置原理样机，而目前只有美国等少数几个国家实现产品商业化。

（1）美国。

美国半导体公司在小规模超导储能系统示范成功后，即开发商业化超导储能装置，并已在美国电网中获得应用。作为超导储能系统应用的典型，美国已有 6 台 3MJ/8MVA 基于低温超材料的小型超导储能系统成功安装在威斯康星州公用电力的北方环型输电网，从而实现电网电能质量的实时、快速和多点调节，不仅大大改善该地区的供电可靠性和电能质量，而且将输电能力提高了 15%。

（2）德国。

德国公司 ACCEL Instrument GmbHh 和 EUS GmbH 联合开发了用于实验室 UPS 系统的 2MJ 超导磁体，其平均功率 200kW，最大值 800kW，如图 1-11 所示。

（3）日本。

日本 Chubu Electric Power 公司和国家能源开发组织（NEDO）于 2007 年宣布启动一项功率为 10MW 和容量为 19MJ 的超导储能装置研发项目，主要用于电网支撑。

图 1-11 ACCEL 公司制超导磁体装置

（4）我国。

我国开展超导磁储能基础理论和关键技术研究的历史也较早。中国科学院电工研究所首先在多功能集成的新型超导电力装置上取得了重大突破，在世界上首次提出集成限流和电能质量调节于一体的超导限流—储能系统的原理，并完成世界首套 100kJ/25kVA 超导限流—储能系统样机和实验室测试；基于此，2008 年底该研究所又完成我国首套 1MJ/0.5MVA 高温超导储能系统的研制，并接入配电网试验运行；清华大学于 2005 年研制成 500kJ/150kVA 的超导磁储能系统并通过试验测试；华中科技大学研制成 35kJ/7kVA 的微型高温超导储能系统并用于电力系统动态模拟研究；中国电力科学研究院于 2011 年开发出 6kJ/20kVA 混合高温超导 SMES 原型机，并完成动模并网调试试验测试。

1.2.3　电化学类储能

1. 高温钠系电池

高温钠系电池包括钠硫电池（Na/S）和钠盐（Na/NiCl，Zebra）电池，工作温度范围分别为 $300 \sim 350℃$ 和 $250 \sim 300℃$，其结构如图 1-12 所示，主要由作为固体电解质和隔膜的 beta-氧化铝陶瓷管、钠负极、硫正极、集流体以及密封组件组成，钠硫电池的基本化学反应是：

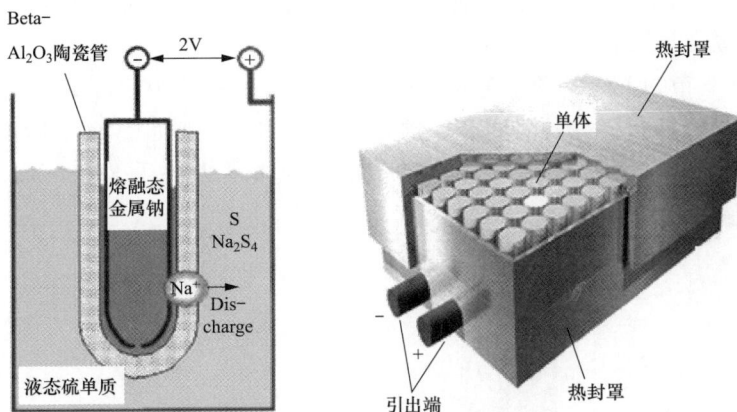

$$正极：2Na - 2e^- = 2Na^+ \tag{1-1}$$

$$负极：S + 2e^- = S^{2-} \tag{1-2}$$

$$总反应式：2Na + xS = Na_2S_x \tag{1-3}$$

图 1-12　高温钠系电池原理示意图

目前钠硫电池的成本约为人民币 25000 元/kW，循环寿命 2500 次（100％深度充放电），能量转换效率大于 83％。根据应用需求，可由钠硫电池模块级联构成大规模储能系统。

钠硫电池经过多年的商业化应用，具有先发优势，积累了较多的工程应用经验，可根据应用需求通过钠硫电池模块组合使系统规模达到兆瓦级别；且钠硫电池能量密度大、无自放电，原材料钠、硫易得；不受场地限制。

钠硫电池的缺点是倍率性能差，充放电能力不对称，而且电池寿命有限，成本高。另外，钠硫电池在高温运行，金属钠和单质硫均是液态，存在安全隐患。

目前国内外关于钠硫电池技术研究的代表性机构是日本的 NGK 公司，NGK 公司是目前世界上唯一的钠硫电池供应商，在钠硫电池领域具有绝对的专利技术优势。日本 NEDO 对于钠硫电池技术尤其重视，不仅在前期研发商给予无偿资金支持，扶持大量示范性项目，还在其投入商业化运作后继续进行补贴，极大地促进了钠硫电池技术的发展。

对于钠氯化镍电池技术，主要是美国 Argonne 国家实验室、加州技术研究所的 Jet 推进实验室以及美国 GE、德国 BMW 等公司在进行研究。

中国主要是中科院上海硅酸盐研究所在从事钠硫电池与钠氯化镍电池技术的研究。2009 年 5 月起，中国电力科学研究院开始与 GE 公司进行钠/氯化镍电池技术的合作，结合 GE 公司在电池技术和中国电科院在系统集成技术方面的优势，共同探索钠/氯化镍电池在电力系统储能应用的前景。

早在 2000 年 8 月～2002 年 2 月，日本 NGK 公司在日本 NEDO 支持下，将 400kW/800kWh 钠硫电池系统与 500kW 风电机组集成，在丈八岛风电场开展并网示范。2008 年 5 月，日本青森县安装 34MW 钠硫电池系统用于平滑 51MW 风电场的出力。

高温运行条件和存在的安全隐患限制了钠硫电池在电力系统的规模化应用。2011 年 9 月 17 日，NGK 公司设置于三菱材料株式会社筑波制作所内的电力储能用钠硫电池在使用过程中发生了火灾，导致 NGK 公司暂停了钠硫电池产品的销售。

高温运行的安全隐患、倍率性能差、寿命不长、较高的制造成本是高温钠系电池大规模应用的瓶颈问题。钠硫电池技术的发展趋势主要是提高倍率性能、进一步降低制造成本、提高长期运行的可靠性和系统安全性。在这一发展趋势下，钠硫电池技术的研究主要集中在高质量陶瓷管的制造技术、电池组件的密封技术、抗腐蚀电极材料技术、温度管理、安全性和规模化成套技术等方面。

日本 NEDO 发布的关于钠硫电池至 2030 年技术发展路线中，详细说明了在未来二十年内钠硫电池技术经济指标在各时间节点预计要达到的水平，如图 1-13 所示，NEDO 以 5 年为间隔展示了从 2010 年到 2030 年左右钠硫电池成本从人民币 25000 元/kW 降至 3000 元/kW 的变化趋势。

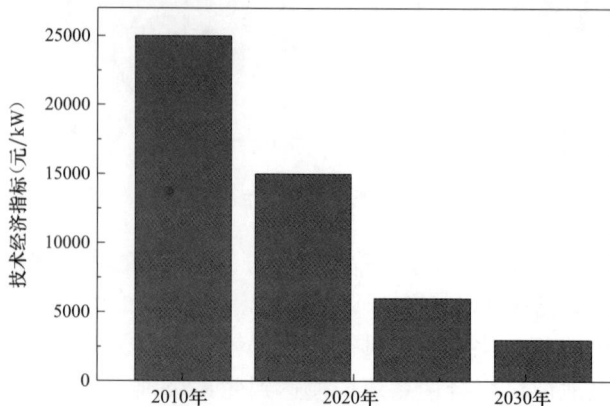

图 1-13 日本 NEDO 关于钠硫电池技术经济指标的规划

美国 DOE 在 2010 年底发布的关于储能技术应用研究的最新报告中，也针对钠硫电池在未来 20 年内要达到的经济指标进行了规划，DOE 预计钠硫电池在目前 3000 美元/kW

的水平上，到 2020 年降至 2000 美元/kW，在 2030 年达到 1500 美元/kW。

　　从钠硫电池目前的经济技术指标及日本、美国对于这种电池技术在未来 20 年内的规划来看，其成本虽然预计有较大幅度的下降，但仍明显高于锂离子电池，而且因为钠硫电池体系已经定型，高温运行以及液态金属钠、单质硫的化学活性决定了其安全隐患无法根本消除，而全固态锂离子电池则有望解决安全问题。所以，从经济性与安全性两方面来看，钠硫电池这种高温电化学储能技术并不适合作为主要攻关方向。

　　2. 液流电池

　　氧化还原液流电池（Flow Redox Cel1），简称液流电池。液流电池，由美国航空航天局（NASA）资助设计，1974 年由 Thaler L. H. 公开发表。液流电池的活性物质以液态形式存在，既是电极活性材料又是电解质溶液，分装在两个储液罐中，各由一个泵使溶液流经液流电池电堆，在离子交换膜两侧的电极上分别发生还原和氧化反应，原理图见图 1-14。

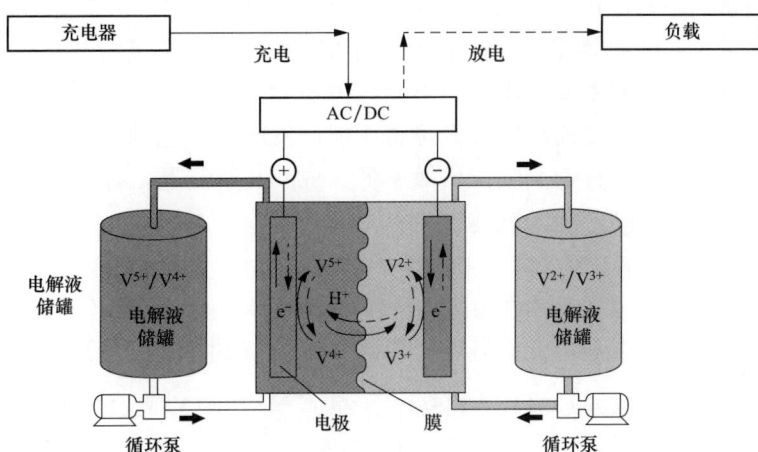

图 1-14　液流电池工作原理图

　　目前主要的液流电池研究体系有：多硫化钠/溴体系、全钒体系、锌/溴体系、铁/铬体系。其中，全钒体系发展比较成熟，具备兆瓦级系统生产能力，已建成多个兆瓦级工程示范项目。

　　目前，全钒液流电池系统成本约为人民币 17000 元/kW、5000 元/kWh，循环寿命 1 万次以上，日历寿命超过 10 年，能量效率 60%，运行环境温度 0～40℃，能量密度 15～25Wh/kg。

　　全钒液流电池具有如下优点：在电池反应过程中，钒离子仅发生价态变化，而无相变，且电极材料本身不参与反应，电池寿命长；输出功率取决于电池堆的大小，储能容量取决于电解液储量和浓度，功率和容量独立设计；在常温、常压条件下工作，无潜在的爆炸或着火危险，安全性好等。全钒液流电池的缺点有能量效率低；能量密度低，运行环境温度窗口窄；而且相对于其他类型的储能系统增加的管道、泵、阀、换热器等辅助部件，使得全钒液流电池更为复杂，从而导致系统可靠性降低。

　　早期的全钒液流电池研究主要集中在澳大利亚的新南威尔士大学。从 20 世纪 90 年代初开始，全钒液流电池随着 VRB Power Systems 和住友电工的技术发展和商业化运作进入实用化阶段。

中国全钒液流电池研究始于 20 世纪 90 年代，中国科学院大连化学物理研究所、中国电力科学研究院、北京普能世纪科技有限公司（2009 年 1 月对加拿大 VRB Power 公司完成资产收购）和中国工程物理研究院电子工程研究所等先后开展全钒液流电池研究。现已在全钒液流电池用电解液、双极板等核心材料的制备，电堆结构设计与优化，电池系统集成等方面形成了自主知识产权体系，实现了关键材料的国产化，具备了兆瓦级全钒液流电池系统生产能力。自 2011 年，已发布 4 项全钒液流储能电池相关技术规范和标准。

2005 年，日本住友电工公司在 Subaru 风电场安装 4MW/6MWh 储能系统；2010 年以来，北京普能公司 500kW/1MWh 和 2MW/8MWh 全钒液流电池系统分别应用在张北国家风电检测中心和国家风光储输示范项目一期工程；2013 年，大连融科公司 5MW/10MWh 全钒液流电池系统应用在龙源电力股份有限公司卧牛石风电场；2012 年 7 月，住友电工公司在日本横滨建造了一座由峰值功率 200kW 聚光型太阳能发电设备（CPV）和一套 1MW/5MWh 全钒液流电池储能系统构成的并与外部商业电网连接的电站。

目前，全钒液流电池的主要应用对储能系统占地要求不高的大型可再生能源发电系统中，用于跟踪计划发电、平滑输出等提升可再生能源发电接入电网能力。在全钒液流电池示范工程的应用中，国内外普遍面临能量效率低、成本高等问题，除此之外国内还需要解决系统可靠性和关键材料国产化等问题。

3. 铅碳电池

铅酸蓄电池是由浸在电解液中的正极板（二氧化铅）和负极板（海绵状纯铅）组成，电解液是硫酸的水溶液，电池单元的开路电压为 2.1V，基本的电池反应是：

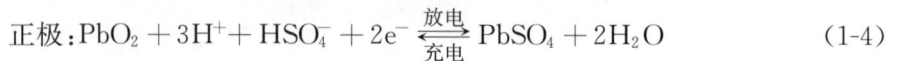

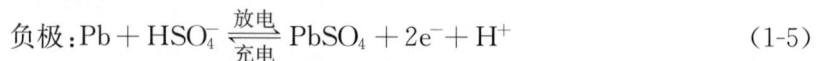

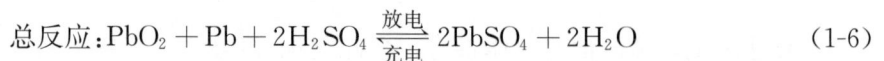

$$正极：PbO_2 + 3H^+ + HSO_4^- + 2e^- \xrightleftharpoons[充电]{放电} PbSO_4 + 2H_2O \tag{1-4}$$

$$负极：Pb + HSO_4^- \xrightleftharpoons[充电]{放电} PbSO_4 + 2e^- + H^+ \tag{1-5}$$

$$总反应：PbO_2 + Pb + 2H_2SO_4 \xrightleftharpoons[充电]{放电} 2PbSO_4 + 2H_2O \tag{1-6}$$

普通铅酸蓄电池的能量密度为 30～40Wh/kg，功率密度 150W/kg，循环寿命为 1000 次左右（80% 充放电深度），能量转换效率为 80%，电池价格为 1000 元/kW。铅酸电池具有安全可靠、价格低廉、技术成熟、工作温度宽、再生利用率高、性能可靠和适应性强并可制成密封免维护结构等优点，铅酸电池在汽车启动电源、UPS 及 EPS 等传统领域中，其在未来的 20 年内很难被其他二次电池取代，仍将在电池市场中占主导地位。但在新能源储能领域（重复充放电循环应用），传统固定式铅酸电池由于循环寿命低（低于 800 次），无法满足储能应用所需 3000 次以上的循环寿命需求，其总体成本优势难以体现出来，于是新型铅酸电池应运而生。目前，世界众多研究机构和公司均已重点关注长寿命铅酸蓄电池和铅碳超级蓄电池在储能领域的研究、开发与应用。

日立新神户电机从 2000 年起，开发储能用先进长寿命 VRLA 铅酸电池，用于电力储能用途以及平滑电池功率输出用途，从 2000 年开始试验验证，目前开发的先进铅酸电池预期寿命 15 年，循环次数达 4000 次（60%DOD），2007 年后在大规模风力发电厂开始应用；2009 年日立新神户电机将 1500Ah 先进长寿命铅酸电池分别应用于五所川原市市浦风电厂的 10MW 储能系统和游佐风电厂的 10MW 储能系统的示范工程。

铅碳电池是在传统铅酸电池的铅负极中以"内并"或"内混"的形式引入具有电容特性的碳材料而形成的新型储能装置。铅碳电池结构如图 1-15 所示，正极是二氧化铅（PbO_2），负极是铅-碳（PbC）复合电极。铅炭电池的开路电压为 2.1V，基本的电池反应为：

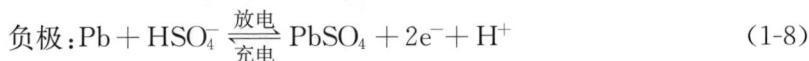

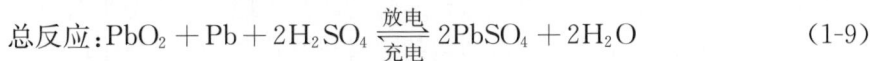

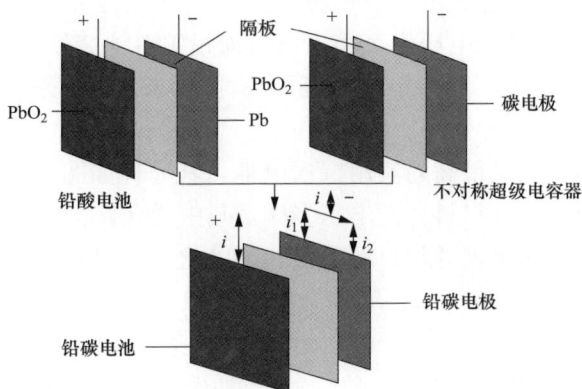

$$正极：PbO_2 + 3H^+ + HSO_4^- + 2e^- \underset{充电}{\overset{放电}{\rightleftharpoons}} PbSO_4 + 2H_2O \tag{1-7}$$

$$负极：Pb + HSO_4^- \underset{充电}{\overset{放电}{\rightleftharpoons}} PbSO_4 + 2e^- + H^+ \tag{1-8}$$

$$总反应：PbO_2 + Pb + 2H_2SO_4 \underset{充电}{\overset{放电}{\rightleftharpoons}} 2PbSO_4 + 2H_2O \tag{1-9}$$

图 1-15　铅碳超级电池原理图

目前铅碳电池的成本价格为 260 美元/kW，比功率为 500～600W/kg，比能量为 30～55Wh/kg，能量转换效率 90％左右，循环寿命 2500～3000 次（100％深度充放电）。

铅碳电池兼具传统铅酸电池与超级电容器的特点，能够大幅度改善传统铅酸蓄电池各方面的性能，其技术优点是：①充电倍率高；②循环寿命长，是普通铅酸电池 4～5 倍；③安全性好；④再生利用率高（可达 97％），远高于其他化学电池；⑤原材料资源丰富，成本较低，为传统铅酸电池的 1.5 倍左右。

铅碳电池虽然相比传统铅酸电池，在性能方面有较大提升，但是使铅碳电池性能提升的关键碳材料的作用机制目前仍不明确，缺乏对于铅碳电池储能机理的清晰认识，而且碳材料的加入易产生若干负面效应，比如使负极易析氢、电池易失水等问题，这些都有待于研究解决。从目前铅碳电池的技术水平来看，虽然寿命有大幅提高，但是综合性能与电网大规模储能应用的要求仍有一定距离。

目前国际上关于铅碳电池技术研究的代表性机构是澳大利亚联邦科学及工业研究组织（CSIRO）、美国东宾公司、日本古河公司与日立公司等。铅碳电池是 CSIRO 在 2004 年首先提出的，之后日本古河公司和美国东宾公司获得 CSIRO 的专利授权，开始超级蓄电池的研究开发工作。

国内在铅碳电池研究上起步较晚，代表性研究机构主要有中国电科院、解放军防化研究院、浙江南都电源公司等单位。2013 年中国电力科学研究院和浙江南都电源公司合作对铅碳电池关键碳材料作用机理及匹配技术的进行了初步探索。

2011 年在美国能源局（DOE）资助下，宾夕法尼亚州 Lyon Station 储能示范项目中采用了东宾公司的 3WM/（1～4）MWh 铅碳超级电池储能系统，用于对美国 PJM 电网提供 3MW 的连续频率调节服务；澳大利亚新南威尔士州汉普顿风电场也采用了 500kW/2.5MWh 铅碳超级电池储能系统，用于平滑风力发电波动。

尽管铅碳超级电池在循环寿命、比功率和比能量等各项关键性能指标上均优于传统铅酸电池，并在新能源示范工程项目中得到了验证，但铅碳电池目前的技术水平仍有待进一步提高，铅碳复合电极提高电池循环寿命的内在机理并不十分明确，复合电极制造技术仍需进一步深入研究；适合铅碳电池用的碳材料制造技术只有美国 EnerG2 等少数公司所掌握，碳材料价格昂贵；铅碳电池还存在析氢现象；铅酸电池的理论比能量为 166Wh/kg（包含硫酸重量，假设单体电池电压为 2V），而目前铅碳电池装置仅为 30～55Wh/kg，只有理论比能量值的 20%～33%，铅碳电池的巨大潜能仍未发挥出来。

4. 锂离子电池

锂离子电池是目前比能量最高的实用二次电池，其原理如图 1-16 所示，电池由正极、负极、隔膜和电解液组成，其材料种类丰富多样，其中适合作正极的材料有锰酸锂、磷酸铁锂、镍钴锰酸锂；适合作负极的材料有石墨、硬（软）碳和钛酸锂等。

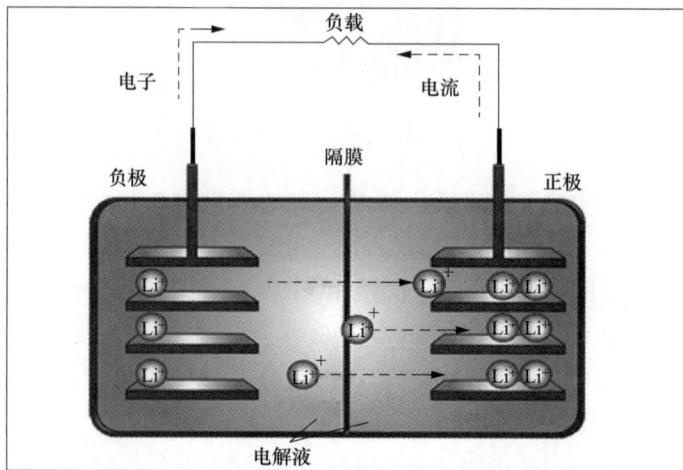

图 1-16　锂离子电池内部结构及原理示意图

目前锂离子电池的寿命一般为 2000～3000 次，成本为 2000 元/kWh，折合成使用成本为 0.7～1 元/（kWh·次）。

锂离子电池的主要优点包括：①储能密度和功率密度高；②效率高；③应用范围广；④关注度高，技术进步快，发展潜力大。主要缺点是：①由于采用有机电解液，存在较大的安全隐患，安全性有待提高；②技术和经济性指标尚不能满足储能应用所期望的循环寿命≥15000 次，成本≤4500 元/kWh，使用成本≤0.3 元/（kWh·次）的指标。

现阶段，锂离子电池大多是针对消费电子类产品、备用电源、电动汽车而开发的，在储能用锂离子电池方面，以韩国 LG 化学、日本东芝等公司为代表的国外电池企业开展了研究并参与了示范工程项目，中国电力科学研究院近几年在储能电池的检测评价技术、电池成组技术及并网接入和监控技术等方面开展了研究，取得了一系列成果，起到了引领锂离子储能电池技术发展的作用。国内的比亚迪、东莞新能源有限公司、万向电动汽车有限公司等也开展了研究，这些公司的产品均在张北风光储输示范工程中得到了应用。

在目前世界各国的锂离子电池储能示范工程中，除了安全隐患问题，锂离子电池存在的主要问题是仍然是锂离子电池的寿命和成本问题。另外，安全隐患也同时存在。归根究底，主要原因是由于目前用于储能示范工程的锂离子电池仍是针对电动汽车应用的动力电池技术需求而开发的，以动力电池本体为基础开发的面向储能领域的应用包括储能电池成组技术以及监控技术等，并未涉及电池本体的针对性研发，因此导致电池本体性能与储能应用在寿命、成本及安全性方面的需求差距较为显著。

中国电力科学研究院基于近几年在储能领域的研究提出为了实现锂离子电池在储能领域的大规模应用，必须舍弃以往专注于提高能量密度和功率密度的研发思路，转而专门开发以长寿命、低成本、高安全为突出特征的储能电池，该观点得到国内外相关研究机构的普遍认同。

近一两年来，以美国和日本为代表的发达国家对于储能电池的发展路线进行了探索，在实现电池的长寿命、低成本、高安全方面取得了一定的进展。

针对长寿命电池的研究，以零应变材料为代表的长寿命电池材料是目前的研究热点，而基于此类材料的电池凭借其优异的长寿命特性成为现阶段电池储能领域最具应用潜力的锂离子电池。

钛酸锂材料是目前零应变材料中最为典型的代表，基于钛酸锂负极材料的锂离子电池目前寿命能够达到10000次以上，成本是磷酸铁锂电池的3～5倍。

钛酸锂电池的主要优点是：①寿命长；②功率密度高。主要缺点是成本较高，与储能应用要求的技术经济性指标差距较大。目前磷酸铁锂电池性能与储能应用指标差距最大的是寿命和成本因素，而钛酸锂电池性能与储能应用指标差距最大的是成本因素，成为制约其在储能领域规模化应用的瓶颈。

以美国Altairnano公司为代表的各国研究机构对这种电池进行了研究，美国Altairnano公司研制的钛酸锂电池产品已经从第一代发展到了第三代，能量密度和功率密度分别从131Wh/L和1100W/kg提高到164Wh/L和1760W/kg，循环寿命已经达到12000次。美国Altairnano公司的钛酸锂电池产品广泛用于电动汽车、应急电源等。除了开发用于电动汽车的动力型钛酸锂电池产品外，Altairnano公司也逐步开始涉足储能领域，2008年为美国能源企业AES提供了两套能量存储系统用于稳定电网频率。

从Altairnano公司钛酸锂产品技术指标的变化能够清晰地看到目前钛酸锂电池技术发展路线，主要是针对电动汽车及电网调频应用，沿着不断提高能量密度和功率密度的路线进行的。采用这种技术路线，其主要技术途径是采用纳米化的钛酸锂材料，结果造成在材料制备、电池制作工艺、环境控制等多个环节的成本较高，在相同电池规格的情况下，目前钛酸锂电池的成本是磷酸铁锂电池的3～5倍。国内以珠海银隆新能源有限公司和微宏动力有限公司为代表开展了电动公交车用钛酸锂电池的研究和应用，目前寿命已达到10000次，成本约为磷酸铁锂电池成本的3倍，中国电力科学研究院联合珠海银隆新能源有限公司正在开发储能用钛酸锂电池，通过材料微纳复合、体相掺杂、界面修饰以及电极配方、电池生产工艺和生产环境的调整等措施，延长电池寿命，降低电池成本，目标是循环寿命达到 16000 次，成本较现有水平降低 35%。

在长寿命材料研究方面，除了钛酸锂材料，国内外还对硬碳和软碳材料进行了研究。对于硬碳材料，优点是寿命长，缺点是不可逆容量大，首次充放电循环效率低，日本对于硬碳的研究居于领先地位，日本吴羽化学已经批量化生产 Carbotron P 硬碳负极材料，中国的杉杉科技等企业也在积极开发硬碳负极材料产品并取得了一定进展。对于软碳材料，其优点是寿命长，缺点是容量低、初始效率低，国外如日本新日铁化学及日立化成等企业开发的软碳材料已在倍率型电动汽车行业取得实际应用，国内有关软碳负极材料的研究刚刚起步。

1.2.4 热储能

1. 显热储热技术

显热储热技术已应用于电力调峰、风电/太阳能等新能源、工业废余热回收利用等领域。以西班牙太阳能热发电站 Gemasolar（见图 1-17）为例，该电站装机容量 19.9MW，

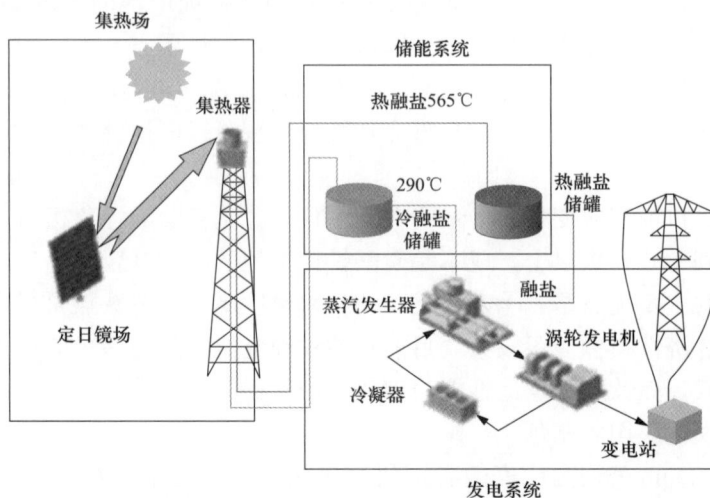

(a)

(b)

图 1-17　Gemasolar 电站

（a）Gemasolar 发电流程图；（b）Gemasolar 电站实景图

年发电量高达约 110GWh，其采用了熔盐储热系统，温度可超过 500℃，在没有日照情况下，通过加热水蒸气，驱动涡轮机持续发电 15 小时。与没有储热能力的发电站相比，能多产生 60％ 的电能，足够支撑 3 万西班牙家庭消费。该电站于 2011 年投入运营，是世界上第一座全天可持续发电的太阳能热发电站。

美国新月沙丘电站（见图 1-18）于 2016 年 2 月 22 日在内华达州正式并网发电，并实现 110MW 的满功率输出，该电站采用塔式熔盐技术，并搭配 10 小时的储热系统，首次在 100MW 级规模上成功验证塔式熔盐技术的可行性。熔融盐显热储热技术已经成为太阳能光热发电中储热技术的趋势。

图 1-18　美国新月沙丘电站

我国在显热储热技术领域，技术成熟度高，在工业节能技术领域、供暖行业都已有较多应用案例。但在高端的技术领域，尤其是太阳能光热技术领域，熔融盐技术与国外先进技术相比，尚存在较大差距。

目前，中国科学院电工所的八达岭太阳能热发电实验电站带有两级储热系统，采用导热油和高温蒸汽进行储热，满足 1 小时满负荷发电要求。同时建有熔融盐双罐储热实验平台，正在开展熔融盐吸热、储热的理论和实验研究。在熔融盐罐性能研究方面，江苏太阳宝新能源有限公司自主设计研发的光热发电储热示范系统已于 2013 年 2 月底正式投运。该储热示范系统的储热设计容量为 20MWh，储热温度最高达到 600℃，可产生温度在 350℃ 以上的过热蒸汽。我国商业化运营的光热发电项目均采用国外技术。中控太阳能德令哈 50MW 塔式太阳能热发电站一期 10MW 成功投运，采用水为工质，后期 40MW 将采用熔盐作为工质。中国首航光热敦煌 110MW 塔式电站，配备 15 小时超长储热系统，已进入建设阶段。

2. 潜热储热技术

2011 年，德国宇航中心研制了应用于光热电站的显热/潜热混合储能实验系统（见图 1-19），储热容量为 1MWh，潜热部分采用了硝基盐（306℃），显热部分采用了混凝土（500℃），经过 4000 小时，172 个循环的测试，系统性能仍然稳定。

美国 Naval 实验室设计的输出功率为 50kW 的相变储能锅炉，直径 23m，高 23m，可储存 250kWh 的热量维持发电 6 小时。该锅炉包括了若干储能罐，每一罐内装有共晶盐相变储能材料，在需要蒸汽时，泵将热交换工作流体从上部喷至储热罐，吸热后工作流体蒸发、升压，其蒸汽上升至顶部蒸汽发生器，水在此被加热并转换成蒸汽，可用于供热和发电。日本 Comstock 和 Wescott 公司也具备设计和制造单位面积传热量达 20MJ 的相变储能蒸汽发生器的能力。

进出口大写字母标志：
A：预热装置，给水
B：蒸发/冷凝装置，液态水
C：蒸发/冷凝装置，蒸汽
D：过热装置，主蒸汽

汽包

来自光热电站

送至光热电站

来自能源模块

显热储能装置：
冷凝水的预热/冷却

潜热储能装置：
蒸发/冷凝

显热储能装置：
蒸汽的过热/冷却

送至能源模块

(a)

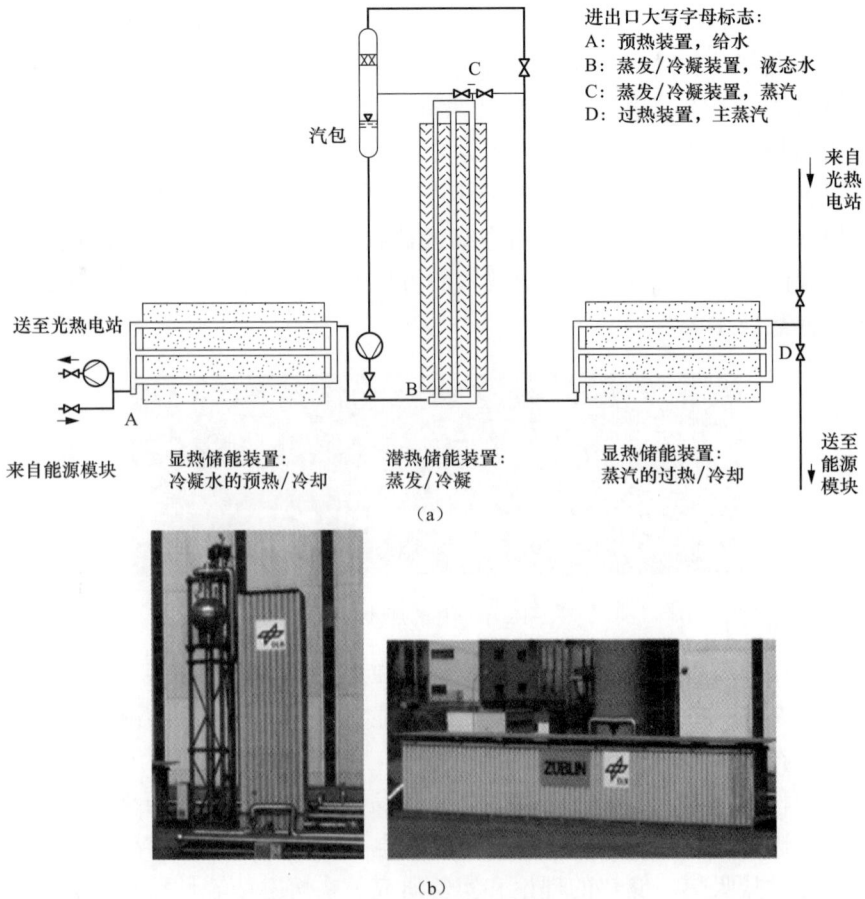

(b)

图 1-19　显热/潜热混合储能实验系统
(a) 结构示意图；(b) 实物图

英国 GEC 电力工程公司研制的中小型电热储能热水锅炉采用耐火砖作为储热元件，把夜间的电能通过电热丝将储热元件加热至 750℃，并将热能储存起来，然后次日用空气作为加热介质，加热热交换管里的水供生活用。德国 RUBITHERM 公司已开发出相变储能模块商业化产品，并应用于柏林热带温室植物园（见图 1-20），从而保持室温恒定。该植物园运用两个铺设相变储能材料的热量存储塔，使植物园内达到恒温 25℃。单个存储塔包含 100 个相变储能模块，每个存储周期的存储热能为 110kWh。

图 1-20　建筑节能、墙体保温的示意图

国内在低温小容量相变储能方面有比较多的应用。广东工业大学研制了 7.6kW 电热相变储能体换热器，通过电热管将谷期 8 小时的电力转换成 52kWh 的热能，使金属相变材料熔化并将能量储存起来；释热时常温空气进入换热管后被加热，并供给工业干燥或民用采暖用。2011 年 4 月成立的中德合资企业极地熊（上海）储能技术有限公司从德国引进相变储能技术，主要用于节能建筑、余热回收与利用、公共事业和日常供暖、生活用水等。2013 年北京大学利用相变材料示范了节能太阳屋。

中高温大容量相变储能系统目前还处于试验阶段。北京工业大学传热强化与过程节能重点实验室马重芳教授正在开展熔盐自然对流及混合对流传热的研究、高温混合熔盐的配制和高温热物性测试。2012 年中国科学院过程工程研究所和英国伯明翰大学合作研究了一系列高性能复合结构储热材料的配方与制备和成型方法，并建立了基于相变储热的节能示范微能源系统（见图 1-21），用于余热回收；其采用复合相变材料进行低温和高温储热，其热量用于预热空气，提高压缩空气的发电效率。

图 1-21　基于相变储热的节能示范微能源系统

综上所述，相变储能技术已在多个民用及工业领域得到广泛关注，并有了长足进步和发展，欧美、日本开展相变储能技术研究的基础较好，技术相对成熟，研究机构较多，掌握有相变储能的核心关键技术；特别在中高温相变储能领域，国外的研发较早，具有完整的技术储备与产品制造能力，在中高温相变储能方面有一些成功的示范项目，相变储能系统集成技术成熟，值得国内借鉴。我国在大容量中高温相变储能系统的研究起步较晚，基础相对薄弱，相应技术尚处于研发与试验阶段。

3. 储冷技术

储冷技术多用于空调系统、冷藏运输等。

以美国芝加哥冰蓄冷区域供冷工程（见图 1-22）为例，其总蓄冰量为 438MWh，蓄冰槽体长 35m、宽 28m、高 10m。

图 1-22　美国芝加哥冰蓄冷区域供冷工程

国内方面，以上海浦东国际机场大规模水蓄冷系统（见图 1-23）为例，其总蓄冷量为 412MWh，包含两个直径 26m、高 23.7m 的储水罐。

图 1-23　上海浦东机场水蓄冷系统

4. 化学储热技术

由于化学储热技术存在稳定性差、规模化难度高等问题，距离工业化推广应用尚远，目前尚无工程应用。

1.2.5　化学类储能

化学类储能主要是指利用氢或天然气作为二次能源的载体。氢储能技术是通过电解把水分解成氢气和氧气，实现电能到化学能的转化，技术原理如图 1-24 所示（碱性电解制氢），其基本结构包括电解槽箱体、电解液、阴极、阳极和隔膜等，基本的电池反应是：

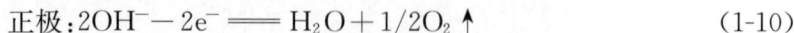

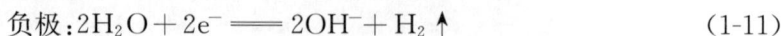

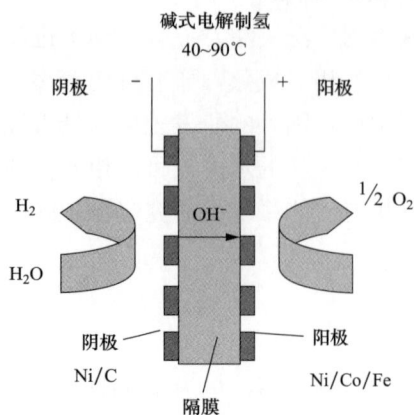

$$正极：2OH^- - 2e^- === H_2O + 1/2O_2 \uparrow \qquad (1\text{-}10)$$

$$负极：2H_2O + 2e^- === 2OH^- + H_2 \uparrow \qquad (1\text{-}11)$$

$$总的电池反应式：H_2O === H_2 \uparrow + 1/2O_2 \uparrow \qquad (1\text{-}12)$$

图 1-24　锂离子电池
内部结构及原理示意图

目前的电解制氢技术生产 $1m^3$ 的氢气耗电量约为 $4.5 \sim 5.5kWh$，$1m^3$ 的氢气理论发电量约为 2.5kWh，再加上管道输送的损耗，总的效率低于 50%。

氢储能技术的优点首先是氢是一种高能燃料，其单位燃烧热值为 $1.4 \times 108J/kg$，是除了核燃料外已知最高的，其次在氢能使用过程中间不产生任何污染物，且可形成大规模的储能。氢储能的缺点在于目前能量转换效率低、成本高，需要的基础设施投入大，存在安全性问题等。

氢储能技术涉及制氢、储氢、输氢、用氢等四个环节，其中高效制氢技术是氢能大规模开发的关键，而储氢和输氢技术则是氢能有效利用的关键，除此之外还必须考虑氢的安全性问题。

制氢技术根据电解槽的不同，主要有三种技术路线：①碱性电解槽制氢技术，这种技术具有结构简单，操作方便的优点，但是能量转换效率低，约 70%~80%，制氢过程需要了消耗大量的电能，而且容易发生强碱溶液的渗漏以及强碱液后处理造成的环境污染；②固体氧化物电解制氢技术，这种制氢技术电解的是气态水，能量转化效率高，且不需要贵金属，材料成本较低，固体氧化物电解制氢技术适合与大规模集中式可再生能源相结合，解决中国风电并网消纳难题，但是这种技术面临着析氧阳极能量损失、关键材料寿命短、系统集成等问题；③质子交换膜电解制氢技术，这种技术相当于氢氧燃料电池的逆过程，规模可根据实际用途灵活调整，适合于便携式制氢、分散式电源（风能、太阳能等稳定和非稳定电源）电解制氢等场合，但是这种制氢技术采用的质子交换膜、贵金属催化剂价格昂贵，且加工成本高。

在储氢技术方面，主要是高压气态储氢、低温液态储氢和固态储氢三种，目前大规模应用的储氢方法主要是高压气态储氢。在运氢技术方面，主要是气氢拖车运输、气氢管道运输和液氢罐车运输，其中，气氢拖车运输适合小规模、短距离运输情景；气氢管道运输适合大规模、长距离运输情景；液氢罐车运输适合小规模、长距离运输。

目前国际上许多国家都非常重视氢能的开发利用，比如欧盟、美国、俄罗斯等。具有代表性的研究机构是德国迈克菲能源公司、冰岛的雷克雅未克能源可持续系统研究院、美国可再生能源国家实验室等。国内的清华大学、同济大学、中国科学院等科研单位也在进行相关的研究工作。

2003 年，挪威在其西部海岸于特西拉岛建造了世界上第一座风能—氢能发电站，该风力—氢发电站是由 48kW 电解槽、2×600kW 风力发电机、变压器、控制系统、2400Nm^3 氢气储存系统、飞轮、10kW 燃料电池、氢 ICE 发电机组成。利用岛上丰富的风能进行发电，利用剩余电力生产氢气，在低谷时再利用氢进行发电。

中国对于氢能的开发利用也非常的重视，在 2003 年 11 月加入了"氢能经济国际合作伙伴（IPHE）"，成为 IPHE 首批成员国之一。2013 年，河北建投集团有限公司与德国迈克菲能源公司和欧洲安能公司共同投资建设河北省首个风电制氢示范项目，包括建设 10 万 kW 风电场、1 万 kW 电解制氢装置和氢能综合利用装置。

总体而言，中国在氢能开发及应用领域的技术研发工作开始得较晚，无论是在基础研究、系统集成还是在示范运行等多方面，都与国际先进水平有一定差距。

从对氢能技术的发展规划来看，美国、日本、欧盟、韩国等都相继制定了氢能技术路线图，用以协调和指导其氢能技术发展。美国的氢能发展路线图从时间上分为 4 个阶段，即 2000 年至 2040 年，每 10 年一个阶段，每个阶段发展的侧重点不同，但相互关联。美国第一阶段为技术、政策和市场开发阶段，重点是降低燃料电池制造成本；开发固定储氢装置和储氢材料；开发氢内燃机和继续完善氢燃料电池；进一步发展固定式质子交换膜燃料电池；继续开发便携式氢燃料电池装置等。第二阶段为向市场过渡阶段，最重要的突破是通过发展大批量的固定和移动装置以降低燃料电池成本；氢能的廉价生产和储存；重量轻、成本低的储氢装置开始商业化；建筑物将大量使用氢燃料电池供热和供能。第三阶段为市场和基础设施扩张阶段。这一阶段制氢成本将极大地减少，公交车辆和政府车辆将普遍使用氢燃料电池，建立国家氢能基础设施。第四阶段是走进氢经济时代，这一阶段氢能将最终取代化石能源成为市场上最广泛使用的终端能源。

欧盟氢能技术路线图从时间上划分为三个阶段，即短期，从 2000 年到 2010 年；中期，从 2010 年到 2020 年；中远期，从 2020 年到 2050 年。欧盟氢能技术路线的第一阶段重点内容是提高使用可再生能源生产电的比例，由此通过电解等方法制取氢；开始氢能和燃料电池的初级市场的应用，通过示范项目使公众逐步接受氢能概念；建设氢能管道系统，支持氢能基础设施的早期开发，解决关键技术瓶颈，如氢的制取、储存、安全；完善燃料电池的性能和价格。这一阶段将开发小于 500kW 的固定式高温燃料电池系统；开发小于 300kW 的固定式低温燃料电池系统（PEM）。第二阶段重点内容是完善可再生能源制氢系统，继续研究和开发其他无碳能源，如太阳能和先进的核能；系列化生产燃料电池汽车和其他运输工具，并使具有价格竞争力的氢能汽车进入家庭；建造分布式燃料电池电力供应站，使高温燃料电池系统（SOFC）达到小于 1 万 kW 级水平。第三阶段将使氢能满足不断增长的能源需求，通过大量使用可再生能源和先进核能生产氢能；扩大氢能的分配网络，保持环境的良性循环；逐渐改变目前以电力生产和电网分配为中心的能源供应模式，取而代之的是以燃料电池和智能网络分配为特征的分布式供能模式，氢能经济基本取代传统的化石能源经济。

中国从 2004 年开始研究制定中国氢能路线图工作，并与美国能源部合作召开了中国氢能愿景会议和中国氢能技术路线图会议，通过会议讨论认为中国发展氢能是一个长期战略，大致分 3 个阶段：示范阶段（2020）前、市场介入阶段（2020～2050 年）和氢能经济阶段（2050 年后）。

氢储能目前存在的问题主要包括：①能量转换效率低、能耗大；②制氢、储氢、输氢、用氢各环节有关的材料和设备制造成本高；③基础实施问题，除氢储能装置外还需配套建立氢储能的相关基础设施，如氢气输送管线、加氢站等需要很大的前期投入；④安全环保和资源问题，氢的存储和输送过程中有可能发生渗漏，同时大规模制氢面临着水资源问题。

大规模储能制氢技术在制、储、输、用各环节均存在若干关键问题没有得到有效解决，离大规模实用化还有相当一段距离。在氢储能的各环节中，制氢技术的主要发展趋势是减少能耗、降低成本、提高能量转化效率，储氢技术主要是发展新型高效的储氢材料、提高储氢容器的耐压等级，输氢技术主要是发展抗氢脆和渗透的输氢管道材料及研究氢与天然气混合输送的技术、建设及完善相关配套设施，用氢技术主要是发展低成本的气体重整技术、降低氢燃料电池的成本、提高性能稳定性。

总体来看，氢储能技术的大规模应用尚需要在关键材料开发、系统集成技术研究、配套设施研制等各方面实现重大突破后才能有望实现。氢储能与可再生能源结合前景广阔，国际上多数多国家均重视氢能的开发和利用，目前尚处于技术积累阶段，建议密切关注氢储能技术的发展，在适当时机切入到氢储能技术的研究中去。

1.3 储能市场发展现状

电力储能已成为智能电网的重要支撑技术之一，在能源互联网发展背景下，储能的功能和定位将进一步得到拓展。

1.3.1 全球储能项目现状

在诸多储能技术中，抽水蓄能仍是目前技术最成熟、应用最广泛的大规模储能技术。在可再生能源发电及智能电网技术的驱动下，近年来国内外开展了多种新型储能技术的研究探索，并建成了多项大规模储能示范工程。截至 2015 年底，全球储能装机容量达 946.8MW（见图 1-25，不包含抽蓄、压缩空气储能及储热储冷），年复合增长率（CAGR）达到 18%。

从技术分类上看（见图 1-25），锂离子电池的装机比例为 38%，钠硫电池的装机比例为 36%，位居第二，排名第三的是铅蓄电池，占 12%。

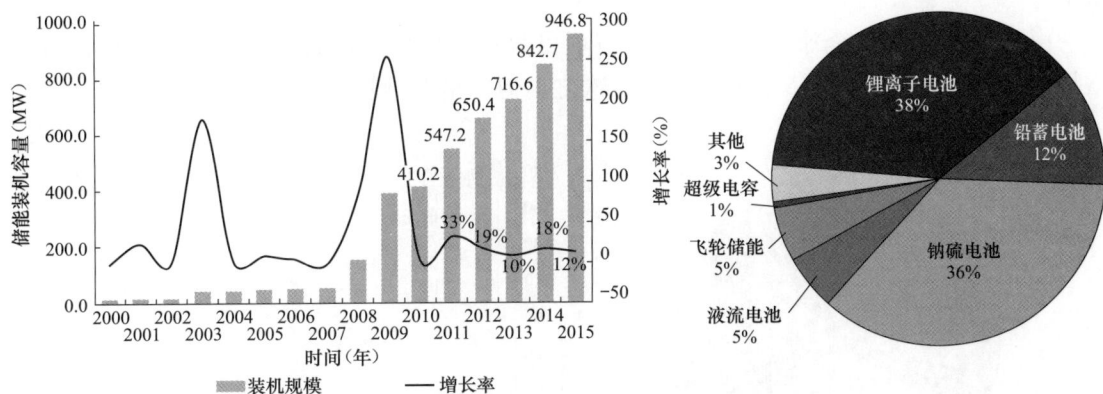

图 1-25　全球储能累计装机容量和技术类型比例

根据美国能源部信息中心的项目库不完全统计，近 10 年来，由美国、中国、日本、欧盟、韩国、智利以及澳大利亚等实施的兆瓦级以上规模的储能示范工程达 190 余项，其中，电化学储能示范数量超过 120 个，非电化学储能示范数量超过 70 个。电化学储能示范中的锂离子电池项目数量最大，占全球总项目数的 25.2%，如表 1-2 所示。

表 1-2　2004～2015 年兆瓦级以上储能示范工程情况

储能载体形式		示范数量（含在建）	已建成最大规模的示范电站	备注
电化学储能	锂离子电池	46	20MW/20min（智利 2010 年） 14MW/63MWh（中国 2011 年）	在建 19 个
	铅酸电池	11	15MW/15min（美国 2011 年）	在建 1 个
	钠硫电池	17	34MW/6h（日本 2009 年）	在建 1 个
	液流电池	8	25MW/3h（美国 2012 年）	在建 5 个
	钠氯化镍电池	5	1MW/4h（美国 2013 年）	在建 5 个
	镍镉电池	2	27MW/15min（美国 2004 年）	
	氢储能	2	2MW（德国 2014 年初）	在建 1 个
	其他电池	8	20MW/20min（智利 2010 年）	在建 3 个
相变储能	蓄冰/蓄冷水	20	90MW/12h（美国 2009 年）	在建 3 个
	融盐储能（储能阳能发电）	30	50MW/8h（西班牙 2013 年）	在建 13 个
	热储能（储太阳能热发电）	11	72MW/30min（美国 2010 年）	在建 2 个
机械储能	飞轮储能	11	20MW/15min（美国 2012 年）	在建 3 个
	小型压缩空气储能	2	2MW/250h（美国 2011 年）	
	大型压缩空气储能	4	300MW/10h （美国建成时间约 2018 年）	在建 3 个
电磁储能	超级电容储能	2		在建 2 个
	超导储能	3	2.5MW/3s（美国 2012 年）	在建 1 个

从地域分布上看，美国在储能装机规模和示范项目数量上都处于领先地位，项目数量占全球总项目数量的 44％，主要为电化学储能项目；西班牙次之，项目数占 28.5％，主要为太阳能热发电熔融盐储能项目；日本占 7.7％，主要为电化学储能项目；我国占 5.5％，全部为电化学储能项目。已建或在建的兆瓦级储能示范项目国家分布如图 1-26 所示。

由图 1-26 可知，全球规模化储能示范项目数量逐年增加，其中美国的储能项目数量增加趋势最明显，西班牙、日本与中国等次之，但均呈上升趋势。

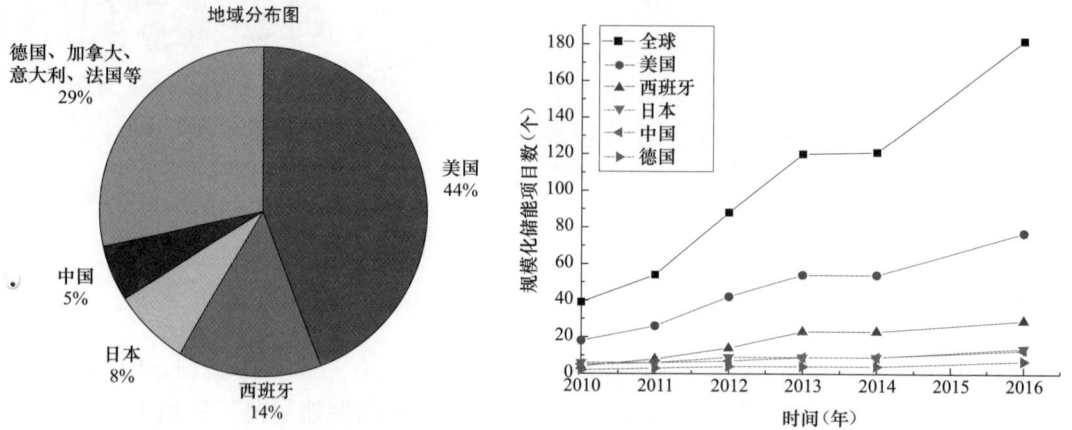

图 1-26　兆瓦级储能项目（数量）的地域分布情况

从储能类型上看，兆瓦级规模储能示范项目中电化学储能项目数所占比重为 53％，相变储能占比 34％，飞轮占比 6％，其他类型涉及压缩空气、电磁储能和氢储能等。其中，在电化学储能示范项目数量中，锂离子电池所占比重最高，达 48％；其次为钠硫电池和铅酸电池，分别占比 18％和 11％，如图 1-27 所示。各类型储能自 2010 年后逐年增长幅度也以锂离子电池储能为最大，如图 1-27 所示。

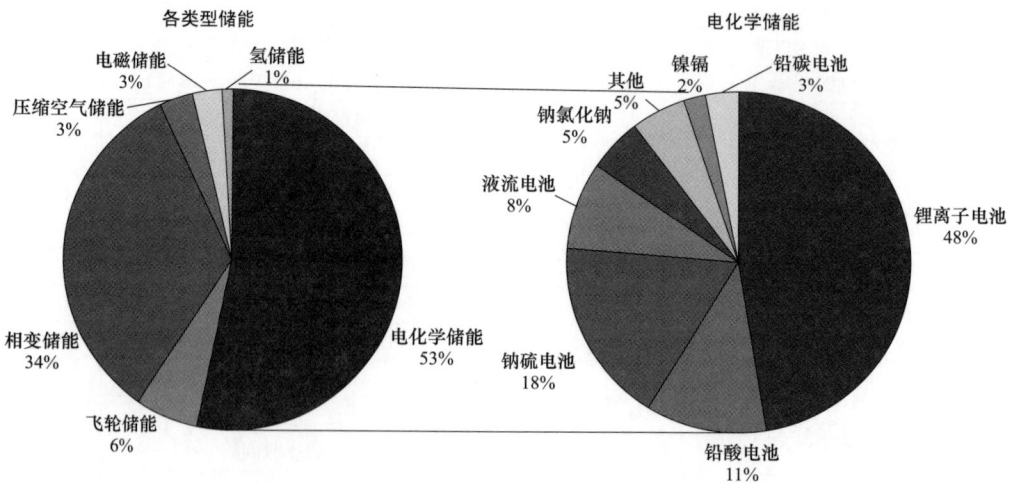

图 1-27　兆瓦级储能项目中各储能类型项目数占比与增长趋势图（一）

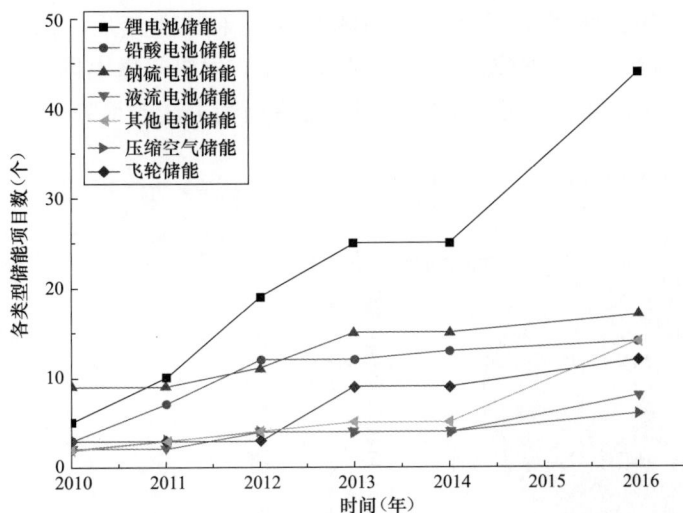

图 1-27　兆瓦级储能项目中各储能类型项目数占比与增长趋势图（二）

在电化学储能装机容量分析中，锂离子电池储能前期装机容量小，自 2012 年后，其装机容量得到大幅提升，在电池储能中位列最高；铅酸电池自 2012 年后处于停滞状态；钠硫电池装机容量在 2011 年之前位居第一，之后增长缓慢，如图 1-28 所示。可见看出，兆瓦级储能示范项目中，电化学储能在项目数上呈现优势。其中，又以锂离子电池储能示范的项目数、装机容量为最大，增长幅度也最快。锂离子电池将成为应用最广的电化学储能技术。

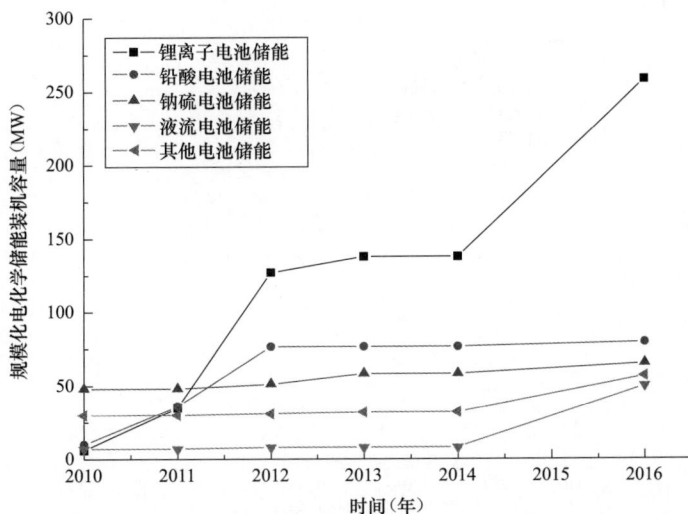

图 1-28　兆瓦级储能项目中各类型储能总装机增长趋势图

从功能应用上看，较多项目中储能应用于风电场/光伏电站等可再生能源并网，项目数所占比重为 39％；其次为输配电领域应用，项目数占比为 31％；分布式发电及微网与辅助服务的项目数占比分别为 18％和 12％，如图 1-29 所示。

储能技术在各应用领域的项目数占比逐年增长趋势如图 1-29 所示，在 2010 年，储能在分布式与微网领域应用最少，其他三个领域相当；自 2011 年后，储能在可再生能源发电领域的应用增长最快，居于领先地位；储能在分布式发电与微电网领域的应用呈现抬头态势，并在 2012 年超过辅助服务方面的应用，呈现渐受关注的趋势。

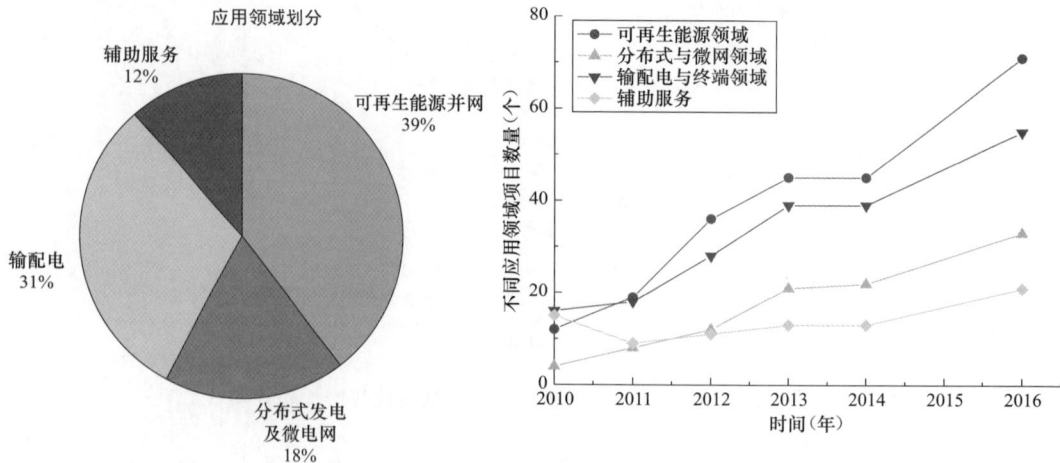

图 1-29　兆瓦级储能项目的各应用领域项目数占比与趋势图

　　储能技术在各应用领域中的总装机容量增长趋势如图 1-30 所示，储能技术在可再生能源发电领域中的装机容量由 2010 年的最小跃居到 2012 年后的最高；在输配电与辅助服务领域的装机容量大小相当；其在分布式发电与微网中的应用项目数上增长明显，但目前的装机大小尚为较小。

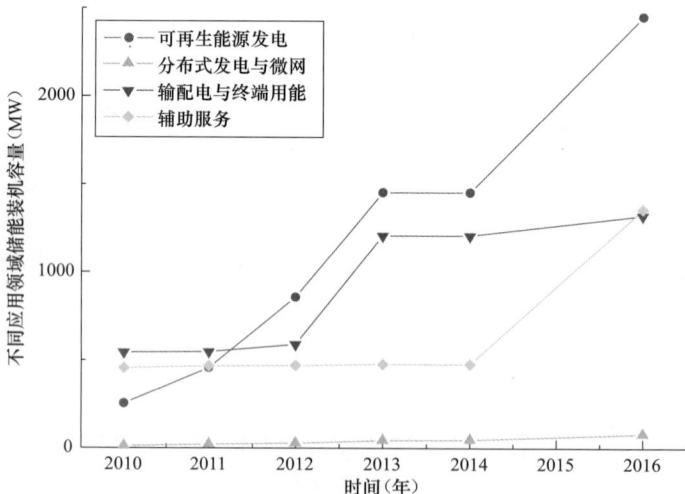

图 1-30　兆瓦级储能项目在各应用领域装机容量增长趋势图

　　由此可见，大规模储能在可再生能源发电领域的应用，在项目数与装机容量上均处于快速增长的态势；储能技术在分布式发电与微电网领域的应用项目数量也有较快增长，逐渐受到关注。

1.3.2　中国储能项目现状

截至 2015 年底，我国电力系统的储能项目（不含抽蓄、压缩空气和储热）累计装机容量达 105.5MW，年复合增长率 110%，我国储能累计装机规模如表 1-3 所示。

表 1-3　　　　　　　　　　　我国储能累计装机及增长情况

时间	2000~2010	2011	2012	2013	2014	2015
储能安装装机（MW）	2.4	38.5	41	58.2	93.7	105.5
年增长率（%）	—	1381	6	42	61	13

从技术分类上看，在运行项目中，应用的储能技术主要以锂离子电池、铅蓄电池和液流电池为主，且锂离子电池的累计装机规模占比最大，占中国市场总装机的 2/3，如图 1-31 所示。

从储能项目的分布区域来看，我国各个区域基本上都有储能项目开展，其中华北区域项目开展数最多，东北、西北、华东、华南区域较为平均，西南和华中地区项目开展数目最少。

华北地区（含北京、天津、河北、山西、内蒙古五省市）储能项目开展最多，这与该地区丰富的风电资源有关，13 个项目中约有 1/3 为风电储能项目，其

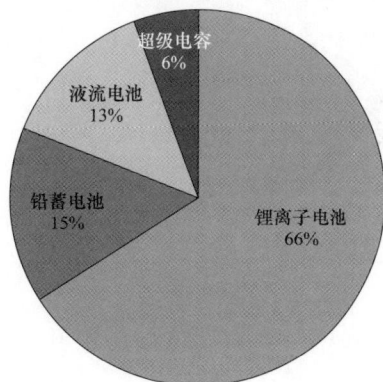

图 1-31　中国储能项目技术分类

中包括最著名的张北风光储输示范项目。这一区域离网分布式项目也占有很大比例（约 1/3），主要分布在河北北部、内蒙古区域，如冀北围场分布式发电/储能及微电网项目、陈巴尔虎旗赫尔洪得移民村微网试点工程等。另外，华北地区还拥有我国唯一一个调频储能电站，石景山热电厂储能电站项目。

东北地区（含辽宁、吉林、黑龙江三省）储能项目的开展与风电密切相关，超过 50% 的项目为风电储能项目。近年来，东北地区风电装机容量持续上升，相关数据显示，目前该地区风电占总装机的比例已达 30%，而东北地区调频调峰资源一直处于紧缺状态，风电装机的不断加大，进一步加剧了电网调峰、调频的压力，冬季供暖期表现更为明显。该区域的风电建设、运营商以及电网运营商都在积极尝试使用储能缓解风电带给电网的冲击，这其中比较著名的项目有国电和风北镇风电场储能项目、龙源法库卧牛石储能项目等。

西北地区（含宁夏、新疆、青海、陕西、甘肃五省）项目主要为分布式发电及微电网项目，其中又以离网项目居多，约占该地区项目的 70%。西北地区一方面拥有丰富的风电、太阳能发电资源，另一方面全国大部分无电人口也分布在该区域，因此通过离网分布式发电及储能系统为该地区人民提供电力，获得了较大的发展空间。

华东地区（含山东、江苏、安徽、浙江、福建、上海六省市）的储能项目中，海岛分布式发电及微网储能项目最多，约占总项目数的 50%。福建、浙江附近，分布着大量的海岛，建设海底电缆为海岛供电经济性欠佳，近年来，离网分布式发电系统越来越得到大家的重视，加上该地区经济条件较好，因此出现了一批示范项目，较为著名的有舟山市东福山岛风光储柴及海水淡化综合系统工程、山东长岛间歇式海岛电网项目等。另外该地区为

缓解个别地区特定时段用电紧缺而投入的移动储能项目，也非常具有借鉴意义，例如为缓解采茶期用电紧张投入的安溪移动式锂电池储能电站。

华南地区（含广东、广西、海南三省区）的储能项目以配电网侧的储能应用最为亮眼，约占项目总数的50%，其中包含广为人知的南网宝清储能电站项目。另外，海岛分布式发电及微电网也占有很大比例（约占40%），包括珠海东澳岛智能微电网、海南三沙智能微电网项目等。华南地区，尤其是广东省，对储能的关注度很高，早在2009年政府出台的新能源相关规划中，就提到了储能的发展，储能在广东将会获得很好的发展机遇。

由上述分析可知，从应用上看，可再生能源并网、分布式发电及微电网是中国储能应用最重要的两个领域，按装机容量，我国储能项目应用分类情况如图1-32所示。

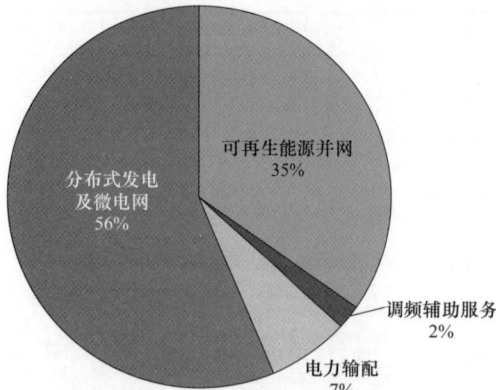

图1-32　中国储能项目应用分类

第2章

储能在智能电网及能源互联网中的作用及适用领域研究

我国智能电网的设定目标是优质、自愈、安全、清洁、经济、互动，储能技术尤其大规模储能技术具备的诸多特性得以在发电、输电、配电、用电四大环节得到广泛应用，储能技术是构建智能电网及实现目标不可或缺的关键技术之一。能源互联网通过电能、热能、化学能等多种能源的相互转换和互补，实现电网、气网、热力网、交通网等能源网络的紧密结合。可再生能源发电、多能联供技术、储能技术等是实现上述物理系统融合的关键。

储能技术包括电化学储能、压缩空气储能、储热、储氢等，其建立了多种能源之间的耦合关系，是智能电网及能源互联网构建中不可缺少的组成部分，发挥能量中转、匹配和优化的重要作用。能源互联网中，大规模波动性及间歇性可再生能源发电的接入使得电源侧的不确定性增加，加大了电网功率不平衡造成的风险。电网对储能的需求大体可以分为功率服务和能量服务两类。对于功率服务，需要响应快速的大容量储能技术，如飞轮储能、超级电容储能、电池储能等，这些储能技术与电力电子技术相结合，具有四象限调节能力，可对有功和无功进行双向调节，对电网的电压和频率进行支撑。对于能量服务，双向的电力储能需要具有长时间尺度的存储能力、高的循环效率及较低的成本，实现可再生能源发电在时间维度上的转移。而储氢、储热等单向的大规模储能技术，为冗余的新能源发电提供了向其他能源形式转移的途径。用电负荷的柔性调节能力也是缓解电网压力的有效方式，在负荷侧，分布式的电池储能、电动汽车、蓄热、蓄冷等技术的应用也大大提高了负荷的柔性调节能力。在综合能源供应系统中，储电/储热等多种储能形式的应用对提高系统可靠性，优化系统结构具有重要的意义。当前阶段储能在可再生能源发电场站、配电网、微电网、智能家居等智能电网场景中的示范为储能在能源互联网中的应用奠定了基础。能源互联网对储能的应用提出了新需求，能源互联网背景下对储能系统的储能材料、储能元件寿命、存储效率以及能量密度等方面要求也更高。除储能本体研发外，还需要在储能的规划、设计、控制调度等应用关键技术开展深入研究。

2.1　储能在智能电网及能源互联网中的作用

2.1.1　支撑高比例可再生能源发电电网的运行

能源互联网以可再生能源为主要一次能源，利用可再生能源发电、供热、制氢均是能源互联网中可再生能源利用的重要形式。

全球范围内，可再生能源发电目前处于快速增长阶段。大规模波动性及间歇性可再生能源发电的接入使得电源侧的不确定性增加，加大了电网功率不平衡造成的风险。针对大规模可再生能源发电的接入，一方面通过储能技术与可再生能源发电的联合，减少其随机性并提高其可调性；另一方面通过电网级的储能应用增强电网对可再生能源发电的适应性。对于后者，储能作为电网的可调度资源，具有更大的应用价值和应用空间。在电网级的应用中，对储能的需求大体可以分为功率服务和能量服务两类。功率服务中储能应对电网的暂态稳定和短时功率平衡需求，作用时间从数秒至数分钟。能量服务中，储能用于长时间尺度的功率调节，作用时间可从数小时延伸至季节时间尺度，用于应对系统峰谷调节以及输配电线路的阻塞问题。

对于功率服务，需要响应快速的大容量储能技术，如飞轮储能、超级电容储能、电池储能等，这些储能技术与电力电子技术相结合，具有四象限调节能力，可对有功功率和无功功率进行双向调节，对电网的电压和频率进行支撑。对于能量服务，双向的电力储能需要具有长时间尺度的存储能力、较高的循环效率及较低的成本，实现可再生能源发电在时间维度上的转移。实际上，大规模电力储能并不是解决高比例可再生能源发电利用问题的唯一手段，用电负荷的柔性调节能力也是缓解电网压力的有效方式，在负荷侧，分布式的电池储能、电动汽车、蓄热、蓄冷等分布式储能技术的应用也大大提高了电力负荷的柔性调节能力。

对于高比例新能源发电电网，为提高综合能源利用效率，储氢、储热等单向的大规模储能技术，为冗余的新能源发电提供了向其他能源形式转移的途径，同时在长时间尺度，为广域能源互联网的运行提供支持。

2.1.2 提高多元能源系统的灵活性和可靠性

能源互联网中存在多种能量流的相互耦合和影响，按照能源集线器建模方法，可将 k 时刻能源供应的耦合关系表述为

$$\begin{bmatrix} L_e(k) \\ L_h(k) \end{bmatrix} = \mathbf{C} \begin{bmatrix} P_e(k) \\ P_h(k) \end{bmatrix} + \mathbf{D} \begin{bmatrix} S_e^{hs}(k) \\ S_h^{hs}(k) \end{bmatrix} \tag{2-1}$$

式中：$\mathbf{C}$ 为集线器中能源转换元件的功率耦合矩阵，包括电力变压器、热电联供燃气轮机（CHP）、电锅炉；$\mathbf{D}$ 为系统中储能元件的功率耦合矩阵；$\mathbf{L}=[L_e \quad L_h]^T$ 为系统的输出功率向量；$\mathbf{P}=[P_e \quad P_h]^T$ 为系统的输入功率向量；$\mathbf{S}=[S_e^{bs} \quad S_h^{hs}]^T$ 为储能功率向量。

若系统中不存在储能，则有 $\mathbf{L}=\mathbf{CP}$，燃气轮机将按照以热定电、以电定热或混合运行 3 种模式工作。考虑储能作用时，CHP 可更加灵活地制定生产计划。一定条件下，系统还可利用储能实现电力和热力供应的解耦。当 CHP 检修或故障时，系统仍能维持一定输出，有效提高了系统的可靠性。

在支撑多能源系统的灵活性和可靠性方面，需要储能弱化多种能源间的强相关和紧密耦合关系，储能的技术类型和作用时间尺度要与系统的能源供应需求和转化元件的技术特性相匹配。

2.1.3 多元能源系统能量管理和路径优化提供支持

对于局域多元能源系统，管理者可根据价格信息合理安排各能源的生产、转换、存储及消费，使得系统运行成本最低，并保证系统可靠和高效运行。储能和释能管理是系统运

行决策的重要对象。除式（2-1）表示的功率耦合关系外，还应考虑储能的状态变化，即

$$E(k+1) = E(k) + \boldsymbol{\eta} S(k) \tag{2-2}$$

式中：$E(k)$ 为 k 时刻储能装置的能量存储状态向量；$\boldsymbol{\eta}$ 为与储/释能效率相关的向量。

系统可依据储能状态的动态变化，确定储能的功率方向和大小，维持系统内供需平衡。同时，系统中各转换元件的功率分配即系统潮流的分布将影响系统运行经济性和效率。储能的功率流向和大小是系统潮流优化的重要控制变量，可使系统获得最优的能量流路径。另外，根据能量在储能单元的滞留，还可判断系统中能量流拥塞情况，及时调整运行计划。储能的安装位置、容量大小和储能释能过程的优化对局域能源系统的经济高效运行起到重要作用。要求储能具有动态响应系统运行状态的能力、较高的转换效率以及便利的安装条件。

2.1.4 提高能源交易的自由度

在能源互联网中，传统的能源交易模式将发生变革，能源的生产者和消费者都将参与到市场竞争中，且生产者和消费者作为交易主体，其角色可相互转换。理想的能源交易市场不仅可促进能源在局部区域的优化分配，也可在广域范围内提升资源配置的效率，使电能和其他能源自发形成合理高效的分配格局。对于大型的能源供应商，利用大规模储能的"库存"能力，响应市场价格的变动，促进了资源的合理分配和布局。同时，分布式储能与能源生产的存在改变了用户与能源供应商之间固有的供需关系，使用户具有自由选择参与或退出市场的权利。外部能源供给成本越高，用户便更具有"脱网"的趋势；反之，用户更有"并网"的倾向。储能的存在还提供了用户参与能源交易的可能性，用户根据自身的能源消耗需求和生产能力，结合储能的配置，向能源市场发出定制的能源需求，在一些时段，将以生产者的角色向市场提供可靠的能源供给。在一定的市场机制下，储能的经济性对能源互联网的构件起到关键性的作用。

2.2 储能技术应用场景

2.2.1 应用场景分类

根据电网对储能的应用功能需求，通常按照发、输、变、配、用及调度环节，分别对储能技术的应用场景进行划分。如表 2-1 所示，按照电力系统各环节的主要需求，将储能应用分为以下典型应用场景。

表 2-1 储能技术在电力行业的应用场景

应用领域	应用场景	储能的功能或效应
发电领域	辅助动态运行	（1）通过储能技术快速响应速度，在进行辅助动态运行时提高火电机组的效率，减少碳排放。 （2）避免动态运行对机组寿命的损害，减少设备维护和更换设备的费用
	取代或者延缓新建机组	储能可以降低或延缓对新建发电机组容量的需求
辅助服务领域	二次调频	（1）通过瞬时平衡负荷和发电的差异来调节频率的波动。通过对电网的储能设备进行充放电以及控制充放电的速率，来调节频率的波动。 （2）减少对火电机组的磨损

续表

应用领域	应用场景	储能的功能或效应
辅助服务领域	电压支持	电力系统一般通过对无功的控制来调整电压。将具有快速响应能力的储能装置在负荷端，根据负荷需求释放或吸收无功功率，以调整电压
	调峰	在用电低谷时蓄能，在用电高峰时释放电能，实现削峰填谷
	备用容量	备用容量应用于常规发电资源的无法预期的事故。在备用容量应用中，储能需要保持在线，并且时刻准备放电
输配电领域	无功支持	通过传感器测量线路的实际电压，调整输出的无功功率大小，进而调节整条线路的电压，使储能设备能够做到动态补偿
	缓解线路阻塞	储能系统安装在阻塞线路的下游，储能系统会在无阻塞时段充电，在高负荷时段放电从而减少系统对输电容量的需求
	延缓输配电扩容升级	在负荷接近设备容量的输配电系统内，将储能安装在原本需要升级的输配电设备的下游位置来缓解或者避免扩容
	变电站直流电源	变电站内的储能设备可用于开关原件、通信基站、控制设备的备用电源直接为直流负荷供电
用户端	用户分时电价管理	帮助电力用户实现分时电价管理的手段，在电价较低时给储能系统充电，在高电价时放电
	容量费用管理	用户在自身用电负荷低的时段对储能设备充电，在需要高负荷时，利用储能设备放电，从而降低自己的最高负荷，达到减低容量费用的目的
	电能质量	提高供电质量和可靠性
分布式发电与微网	小型离网储能应用	提供稳定电压和频率；备用电源
	海岛微网储能应用	提供稳定电压和频率；备用电源
	商业建筑储能（储能的多重应用）	（1）解决可再生能源发电的间歇性问题。 （2）降低用户侧用电成本。 （3）提高供电质量。 （4）可靠的备用电源
	家用储能系统（储能的多重应用）	（1）解决可再生能源发电的间歇性问题。 （2）降低用户侧用电成本。 （3）提高供电质量。 （4）可靠的备用电源
大规模可再生能源并网领域	可再生能源电量转移和固化输出（可再生能源削峰填谷）	（1）平抑可再生发电出力波动。 （2）跟踪计划出力。 （3）避免弃风。 （4）减少线路阻塞。 （5）进行电价管理。 （6）在电网负荷尖峰时，向电网提供功率支持。 （7）减少其他电源的调峰压力。 （8）减少备用电源预留量

1. 储能在发电领域的应用

储能在发电领域中的应用主要体现在：通过储能技术快速响应速度，在进行辅助动态运行时提高火电机组的效率，减少碳排放；避免动态运行对机组寿命的损害，减少设备维护和更换设备的费用；储能可以降低或延缓对新建发电机组容量的需求。

2. 储能在辅助服务领域的应用

我国的电力辅助服务分为基本辅助服务和有偿辅助服务两大类。其中，基本辅助服务包括一次调频、基本调峰、基本无功调节等；有偿辅助服务包括自动发电控制（AGC）、有偿调峰、备用、有偿无功调节、黑启动等。基本服务是发电机组必须提供的，不进行补偿，有偿辅助服务应予以补偿。我国目前的辅助服务由并网发电厂提供，储能很少参与其中，但从国外的相关经验可以看出，储能在辅助服务中的应用主要包括四种，分别为：调频服务、电压支持、调峰、备用容量。

通过对电网中的储能设备进行充放电以及控制充放电的速率，储能达到调节系统频率的目的。储能设备与火电机组相结合共同提供调频服务，可以提高火电机组运行效率，大大降低碳排放。储能设备还能经济运行在非满负荷状态，可以提供本身容量2倍的调节能力。因此，储能设备非常适合提供调频服务。储能装置，特别是分布式储能装置，如果具有快速响应的能力，能在几秒钟内快速响应负荷需求，并为负荷提供持续几分钟以上甚至一个小时的服务，那么将其布置在负荷端，根据负荷需求释放或吸收无功功率，能很好地避免无功功率远距离输送时的损耗问题。抽水蓄能最主要的功能便是为电力系统提供调峰服务，目前已广泛应用于电网调峰领域。另外，在用电低谷时为抽水蓄能电站蓄水，在用电高峰时释放电能，还能实现削峰填谷，因此，抽水蓄能电站是非常优质的调峰电源。储能设备可以为电网提供备用辅助服务，通过对储能设备进行充放电操作，可实现调节电网有功功率平衡的目的。

3. 储能在电力输配领域的应用

储能在输配电领域的应用主要包括四个方面：无功支持、缓解输电阻塞、延缓输配电设备扩容和变电站内的直流电源。按照目前的成本，储能做无功支持和变电站直流电源，相对原有选择（电容器组、铅酸电池）价格较为昂贵。储能在缓解输电阻塞和延缓输配电扩容两个方面的应用，相对简单的扩容升级，更加灵活，减少了投资的风险，提高了电力资产的利用率。由于输配电网的稳定决定着整个电网的可靠性和安全性，所以要求对储能的可靠性进行论证，需要经过必要的示范项目进行检验。

决定线路是感性的还是容性与线路的电压等级和负荷大小有关。通过传感器测量线路的实际电压，按照规范要求的电压范围调整输出的无功功率大小，进而调节整条线路的电压，使其在规范要求的范围内，储能设备能够做到动态补偿。输电线路的容量是固定的，而负荷是随时间有规律的变化的，存在尖峰负荷。有时候当负荷增长到一定程度时，输电线路的容量会低于尖峰负荷，这样就需要投入资金对线路进行扩容，提高了电力运行的边际成本。储能能够用于避免线路阻塞引起的相关成本和费用，尤其是在需要扩容的幅度不高的情况下。在负荷接近设备容量的输配电系统内，将储能安装在原本需要升级的输配电设备的下游位置来延缓或者避免扩容，利用较小容量的储能设备来延缓需要很大投入的电网扩容投资。这样做可以提高电力资产的利用率，更高效地利用电力企业的资金，而且还可以减少大规模资金投入产生的风险。

4. 储能在用户端的应用

储能在用户端的应用主要集中于用户分时电价管理、容量费用管理、电能质量管理三个方面。其中实现分时电价管理和容量费用管理功能的实现要依赖于电力市场中存在分时电价和容量电价体系。储能在用户端的另一种应用模式是通过在用户侧建设分布式发电和微电网来实现的。分布式发电是指利用各种可用和分散存在的能源，包括可再生能源（太阳能、生物质能、小型风能、小型水能、波浪能等）和本地可方便获取的化石类燃料（主要是天然气）进行发电供能的技术。微电网是指由分布式电源、储能装置、能量转换装置、相关负荷和监控、保护装置汇集而成的小型发配电系统，是一个能够实现自我控制、保护和管理的自治系统，既可以与外部电网并网运行，也可以孤立运行。

相对于传统的集中式发电、远距离输电构建的大电网，分布式能源与储能系统构建的微电网能够接入配电网就地平衡，从根本上改变传统的应对负荷增长的方式，同时在节能减排、提高电力系统可靠性和灵活性等方面具有优势，是解决电力供应不足和提高供电安全性的有效途径。储能应用于分布式发电及微网，主要实现了稳定太阳能、风能等可再生能源的平滑输出；还可以作为调峰电源，削峰填谷，并缓解新的发电机组和输配电设备的建设投资；作为备用电源，提高了供电的质量和安全可靠性，在大电网发生故障时，可以持续供电。

5. 储能在分布式发电与微电网的应用

应对大量分布式电源接入带来的配电网运行管理问题、用户互动需求以及多能源的互补高效利用，需要灵活高效的设备增强配电网的管理能力，使电力供应变得灵活，并满足用户对电能的个性化和互动化需求。储能可为分布式电源接入提供重要的支持：抑制分布式电源的功率波动，减少分布式电源对用户电能质量的影响；为未来可能出现的直流配电网及直流用电设备的应用提供支持；增强配电网潮流、电压控制及自恢复能力，促进配电网对分布式发电的接纳；提供时空功率和能量调节能力，提高配电设施利用效率，优化资源配置。

微电网能够实现自我控制、保护和管理，是分布式电源接入和利用的重要形式。储能是微电网中的必要元件，在微电网的运行管理中发挥重要作用：实现微电网与电网联络线功率控制，满足电网的管理要求；作为主电源，维持微电网离网运行时电压和频率的稳定；为微电网提供快速的功率支持，实现微电网并网和离网运行模式的灵活切换；参与微电网能量优化管理，兼顾不同类型分布式电源及负荷的输出特性，实现微电网经济高效运行。

分布式电源的接入还促进了电能与其他能源进行融合和转换，以实现多种能源的互补和高效利用。电力、天然气、热能、氢能、生物质能等多种一次和二次能源将在用户侧得到综合利用，联合提供用户所需的终端用能服务。在多能源互补和综合利用中，多种形式的储能为各类型能源的灵活转换提供了媒介，如相变储能、热储能在冷热电联供系统中的应用。电动汽车的推广应用，也将电网和交通网紧密联系在一起，电动汽车可视为移动分布的储能单元在电网中发挥重要作用。

6. 储能在大规模可再生能源并网的应用

包括风电和光伏发电在内的可再生能源发电具有不确定性和波动性的特点。按照不同时间范围内的间歇性可再生能源输出波动，归纳出其对电网的影响，包括：增加了调频压力（几秒到十几分钟）；短时间波动（十几分钟到几小时），浮动的云可以让光伏发电输出在短时间内剧烈波动，湍流也可以让风电输出在短时内发生较大的变化，增加了电网的实时调峰压力；较长时间波动（24 小时范围内）。主要指风电的反调峰特性，直接造成夜间弃风的问题。

　　上述影响的共同作用将增加电力系统的备用容量。电网调度需要为风电、光伏并网准备更多的备用机组容量，这就增加了电网运行的成本。针对上述影响，储能系统可以实现两种应用：电量转移固化输出和控制爬坡率。在夜间负荷较低电网无法消纳风电的情况下，将原本会弃掉的风电储存起来。线路负荷超出小路容量时，通过储能储电，减少线路阻塞。在发电端有峰谷电价的情况下，将夜间电价较低的风电存储起来，在电价高的时候向电网发电，提高风电的电量收益。在电网负荷尖峰时，向电网提供功率支持。减少其他电源的调峰压力，在我国做调峰的电源主要是煤电机组，减少煤电机组的动态运行，会降低动态运行对煤电机组的磨损，提高机组的效率，延长机组的使用寿命。减少备用电源预留量，风电输出的波动性和不确定性会要求建设更多的输出可控的发电厂为风力发电作备用电源。储能在可再生能源容量固定的应用，可使具有间歇性的风电的输出变得可控、可预测，可以调节其输出的大小，这样可以大大地增加可再生能源的并网率，并减少系统备用容量机组的使用。

　　此外，根据电力系统的需求，将储能的作用时间划分为三类：

（1）分钟级以下。

（2）分钟至小时级。

（3）小时级以上。

　　各时间尺度下的应用场景归类及对储能的技术需求归纳在表 2-2 中。

表 2-2　　　　　　　　　　　　　　　储 能 技 术 的 分 类

时间尺度	应用场景	运行特点	对储能的技术要求	重点关注的储能类型
分钟级以下	辅助一次调频； 提供系统阻尼； 电能质量	动作周期随机； 毫秒级响应速度； 大功率充放电	高功率； 高响应速度； 高存储/循环寿命； 高功率密度及紧凑型的设备形态	超级电容器； 超导磁储能； 飞轮储能
分钟至小时级	平滑可再生能源发电； 跟踪计划出力； 二次调频； 提高输配电设施利用率	充放电转换频繁； 秒级响应速度； 可观的能量	高安全性； 较快的响应速度； 一定的规模（MW/MWh 以上）； 高循环寿命（万次以上）； 便于集成的设备形态	电化学储能
小时级以上	削峰填谷； 负荷调节	大规模能量吞吐	高安全性； 大规模（100MW/100MWh 以上）； 深充深放（循环寿命 5000 次以上）； 资源和环境友好； 成本低	抽水蓄能； 压缩空气； 熔融盐； 储氢

　　其中，分钟级以下的应用包括提高系统的功角稳定性、支持风电机组低电压穿越、补偿电压跌落等，在这些场合下需要短时间的能量支持，要求储能能够根据系统的变化做出

自动、快速的响应，要求储能具有较大功率的充放电能力，适用的储能技术为超级电容储能、飞轮储能、超导磁储能等。

分钟至小时级的应用包括平滑可再生能源发电波动、跟踪计划出力、二次频率调节等。这些应用中，要求储能具有数分钟甚至小时级的持续充放电能力，并可较频繁地转换充放电状态，适用的储能技术主要为电化学储能。

小时级以上的应用包括削峰填谷、负荷调整、减少弃风等。在这些应用中，储能以数小时、日或更长时间为动作周期，要求储能具有大规模的能量吞吐能力。应选择易形成可观规模、环境影响较小、经济性好的储能技术，适用的储能技术为抽水蓄能、压缩空气储能、熔融盐、储氢等。

在上述三个时间尺度，电网对储能需求的迫切性和必要性不同。

对于分钟级以下的应用，储能多用于与现有 FACTS 设备结合，如 DVR、STAT-COM、UPFC 等，利用有功和无功的双重控制，以实现更好的效果。在该类应用中，变流器的控制是研究的重点，储能单元作为辅助元件，应用面较窄。另外在一些应用中还面临着传统技术的竞争，如 PSS 仍是阻尼系统振荡的最经济和有效的方法。

在分钟至小时级以上的应用中，储能用于平衡系统中变化周期在数小时及以内的不平衡功率，这些变化由负荷或可再生能源发电较快的波动引起。目前我国电网主要通过要求火电、水电等机组保持一定的备用容量（一级备用及二级备用）来应对该时间尺度下系统的不平衡功率。除一定的功率和能量调整能力外，还需要具有较快的响应速度，以维持系统频率的稳定。随着负荷的快速增长及可再生能源发电比例的不断提高，系统面临备用容量不足、经济性降低等问题。储能可灵活快速地对系统不平衡功率做出响应，这是其他技术手段难以代替的。

对于小时级以上的应用，储能用于平衡系统中日级乃至季节时间尺度的功率变化。目前，只有抽水蓄能技术实现了该领域的成熟应用，并已成为电网运行的重要组成部分。但受限于地理条件、环境影响、设备成本、技术成熟度等因素，大规模储能在小时级以上的应用具有较大的难度，受到较多的限制，目前开展需求侧响应技术、增强水电等已有电源的调节能力等是当前可行的一些替代方法。

因此，分钟至小时级的应用将是未来储能作用的主要领域。该尺度下的辅助服务通常具有较高的价值，如二次调频市场。在该类应用中，可充分体现储能的功能和价值，促进储能的规模化发展。从当前储能技术的示范应用来看，也多集中于该时间尺度。

2.2.2　储能应用技术发展趋势

（1）储能支撑多能源高效融合效应日益显现。能源生产者、消费者和二者兼具的能源生产消费者，分层分散接入，种类繁多，构成城市能源局域网，能源管理和控制运行呈现出分散自治和集中协调相结合的模式。

（2）储能系统功能由单一走向多元。储能应用场景日益丰富，作用时间覆盖从秒级到小时级，由单一功能向融合多能源＋新型用电等多元复合功能过渡。紧凑型、模块化、响应快是储能装置的发展方向。

（3）分布式储能系统促进终端用户用电方式多样化。随着用电需求多样化，不同电压等级下交直流用户共存，通过储能实现终端用户供用电关系转换、用能设备的能量缓冲、灵活互动以及智能交互是技术主流。

（4）分散式储能系统汇聚效应进一步发挥。储能系统汇聚效应在电动汽车 V2G 运行模式已得到初步显现，随着分散式储能系统的规模化普及，在新能源接入、用户互动等方面的聚合作用会逐步凸显。

（5）动力电池梯次利用试点逐步展开。随着动力电池筛选、重组技术、电池管理技术的进步及梯次利用电池的适应工况研究，退役动力电池在融合分布式可再生能源领域的作用将得到进一步发展。

2.3　储能技术适用性

2.3.1　储能技术应用现状

2.3.1.1　国外储能应用现状

1. 小时级以上的应用

小时级以上的应用包括削峰填谷、峰值负荷转移、减少弃风等。可选择的技术包括：抽水蓄能、压缩空气储能、熔融盐蓄热、储氢等。

抽水蓄能技术成熟，多年来已经在电力系统中广泛使用。法国、日本、德国、英国和美国等核电装机比重较大的国家，均建有一定抽水蓄能电站配套核电、风电等运行。国外抽水蓄能电站一般具有良好的收益水平，一是由于国外电网峰谷电价差距大，一般峰谷电价比例在 3～5 倍；二是这些国家一般对于电力系统发电质量的要求很高，对于性能优越、在维持发电质量中起重要作用的抽水蓄能电站的服务价格相当高。虽然这些国家采用了不同的价格机制，但都较好地解决了抽水蓄能电站经济效益的量化问题，对引导抽水蓄能技术的大力应用和产业健康发展起到了至关重要的作用。

压缩空气储能系统是基于燃气轮机技术发展起来的一种储能技术，自 1949 年 Stal Laval 提出利用地下洞穴实现压缩空气储能以来，国内外学者围绕压缩空气储能发电技术开展了大量的研究和实践工作，目前已有两座大型电站分别在德国和美国投入商业运行，积累了大量的运行经验。第一座是 1978 年投入商业运行的德国 Huntorf 电站，其空气压缩功率 60MW，释能输出功率为 290MW，压缩空气存储在地下 600m 的废弃矿洞中，矿洞总容积达 $3.1 \times 10^5 \mathrm{m}^3$，压缩空气的压力最高可达 10MPa，机组可连续压缩空气 8 小时，连续发电 2 小时，冷备用状态启动至满负荷约需 6 分钟。目前除德国、美国外，以色列、日本、瑞士、俄罗斯、法国、意大利、卢森堡、南非和韩国等也在积极开发压缩空气储能电站。

熔融盐蓄热主要应用于太阳能热发电领域，目前西班牙、意大利等国开展了熔融盐蓄热技术在太阳能热发电中的应用示范。西班牙是全球太阳能光热发电产业的领先国家，截至 2010 年 8 月，西班牙已建成的太阳能光热发电站装机容量为 48 万 kW，其中相当一部分光热发电站均采用熔融盐进行储能。目前已投入运行的 17MW 西班牙 TorresolGemasolar 塔式太阳能热电站，利用熔融盐蓄热实现了太阳下山后继续满负荷运行 15 小时的效果，被认为是太阳能发电领域的重大突破。

氢储能近年来获得了世界各能源使用大国的重视。2004 年 2 月，美国能源部出台的"氢态势计划"阐述了美国能源安全所面临的挑战及发展氢能的必要性和紧迫性，并提出

2040 年美国将实现向氢经济过渡的预想。同时期的欧盟将氢能视为改变未来能源利用方式和能源基础设施的战略对策，2008 年 11 月初欧盟、欧洲工业委员会和欧洲研究社团联合制订了 2020 年氢能与燃料电池发展计划，将在燃料电池和氢能研究、技术开发及验证方面投资 10 亿欧元，以实现氢能在燃料电池利用上的技术突破。德国 EON 公司目前在德国东部的 Falkenhagen 地区建成了制氢示范工厂，每小时可制氢 360m³，并将氢气注入天然气管道系统。总的来看，大规模氢储能技术的应用涉及制氢、储氢、输氢、用氢等多个环节，目前还面临一系列技术问题尚待解决。

2. 分钟至小时级的应用

分钟至小时级的应用包括平滑可再生能源发电波动、跟踪计划出力、二次频率调节、微电网能量管理等，适用的储能技术主要为电化学储能，也是目前国内外的研究重点，美国、德国和日本等已经开展了 200 多项示范和商业化运行项目，其中钠硫电池由于具有先发优势占比较高，但目前正在逐步缩小。

日本主要开展液流电池和钠硫电池在风电等新能源发电的应用示范，注重开发风/储、光/储的集成技术。北海道电力公司与住友电气工业株式会社联合，将在北海道安装 15MW/60MWh 的液流电池；东北电力有限公司将在日本东北地区安装 20MWh 的锂离子电池，用于调频、平衡负荷和提高风电和太阳能光伏发电的接纳能力。

美国储能技术的应用正在向电力系统辅助服务的方向发展，目前各地使用的电网自动发电控制指令（AGC）调频的储能系统的总规模已超过 100MW。美国加利福尼亚州于 2013 年 9 月 3 日做出决定，要求该州三大电力公司在 2020 年前建设成 1325MW 的储能系统，以增加风能、太阳能发电的接纳能力、提高电网的稳定可靠性、改善需求侧的管理及调控能力。

总的来说，由于欧美和日韩等国的电力市场体制机制比较健全和成熟，其应用的一个主要特点是基本都实现了储能用于电力系统辅助服务的商业化运行。

3. 分钟级以下的应用

分钟级以下的应用包括提高系统的功角稳定性、支持风电机组低电压穿越、补偿电压跌落等，适用的技术包括超级电容器储能、飞轮储能、超导磁储能等。

飞轮储能主要用于电能质量改善、不间断电源等场合，目前已经实现商业化应用。超导储能适合用于提高电力系统的功角稳定性和补偿短时电压跌落等，目前兆焦级的超导储能系统已有示范应用。超级电容器在列车制动能量回收以及动态电压恢复器（Dynamic Voltage Restorer，DVR）等方面有一些工程应用，但因成本较高，不具备大规模应用的条件。

总之，目前国外储能在小时级以上的应用主要包括商业化运行的抽水蓄能，局部商业化、部分示范运行的压缩空气储能，以及开展前瞻性研究的氢储能。在分钟到小时级的应用上，主要包括两个方向，一是针对大规模集中和分布式可再生能源开展应用示范，以验证储能的功能和性能；二是针对调频等辅助服务实施商业化运行项目。在分钟级以下的应用上，主要开展了超级电容器储能和超导储能用于提高电能质量领域的示范应用，而飞轮储能在不间断电源上已经实现了商业化应用。总体看，国外发达国家的研发和工程示范的重点是在分钟至小时级的电化学储能技术。美国于 2012 年成立了先进电池与储能能源创新中心，其工作重心即是电化学储能。日本新能源产业的技术综合开发机构（NEDO）及欧盟的技术路线图也有同样的指向。国外储能技术应用案例见表 2-3。

表 2-3　　　　　　　　　　　　国外储能技术应用案例

序号	示范项目	储能配置	储能功能
1	日本仙台变电站电池储能工程	锂离子电池：40MW×0.5h	频率调节、电压支撑
2	日本青森 Rokkasho-Futamata 风电场	钠硫电池：34MW×7h	平滑风电功率输出波动、削峰填谷、无功补偿
3	美国夏威夷 Auwahi 风电场	锂离子电池：11MW×0.4h	调频、削峰填谷、增加电网的稳定性、提高电能质量
4	美国 Tehachapi（蒂哈查皮）	锂离子电池：8MW×4h	电压支撑/系统稳定、减少输电线路阻塞、延缓改造
5	美国夏威夷 Kahuku 风电场	先进铅酸电池：15MW×0.25h	抑制风电场快速波动、紧急备用、电压支撑
6	美国夏威夷 Kahuku 风电场	先进铅酸电池：15MW×0.25h	抑制风电场快速波动、紧急备用、电压支撑
7	美国西佛吉尼亚州劳雷尔山	锂离子电池：32MW×0.25h	平滑风电输出
8	美国德州 Notrees 风电场储能项目	先进铅酸电池：36MW×0.68h	参与调频市场
9	美国阿拉斯加 BESS GVEA	镍铬电池：27MW×0.25h	辅助服务、紧急备用、稳定性支撑
10	美国俄亥俄州 TaiT	锂离子电池：20MW×0.25h	调频辅助服务（PJM 电力市场）
11	美国加州普利莫斯 Irrigation 供电区	锌氯氧化还原液流电池：25MW×4h	提高风电利用能力、稳定性支撑、改善电能质量
12	智利梅希约内斯 Angamos BESS	锂离子电池：20MW×0.25h	提供备用容量、频率响应、故障支撑
13	美国 Detroit Edison	锂离子电池：1MW×2h	储能提高新能源利用率、辅助服务
14	美国 Shell Point Retirement Village	冰蓄冷：4.8MW×6h	储能提供泵冷却水、电厂停电时提供发电量
15	美国 L. A. CCD	冰蓄冷：4.62MW×6h	储能平抑光伏波动、提高新能源利用率
16	日本 Kasai	锂离子电池：1.5MW×1h	储能与光伏结合、实现昼充夜放、测试动力电池特性
17	美国 Battelle Memorial	锂离子电池：5MW×0.25h	储能整合新能源接入、降低功率峰值，提高分布式系统可靠性
18	法国 Nice Grid	锂离子电池：1MW×0.5h	储能整合高比例的太阳能发电、使用户主动管理其电能消耗及预算

2.3.1.2　国内储能应用现状

我国虽然在储能本体的原创技术上总体落后于国外发达国家，但在储能应用技术特别是化学电池储能示范应用方面处于国际先进水平，示范应用场景主要包括用于新能源的并网发电、配电网的削峰填谷、分布式电源和微电网以及电能质量改善等，目前这些项目还处于储能系统功能验证的示范运行阶段。

在新能源接入应用方面，国家电网公司建设了世界上规模最大的、集风力发电、太阳能光伏发电、储能和智能输电"四位一体"的新能源综合利用工程——张北风光储输示范工程，其中一期建设储能系统包括14MW/6MWh锂离子电池和2MW/8MWh全钒液流电池储能系统。该系统具备平抑可再生电源出力波动、辅助可再生电源按计划曲线出力、黑启动及调峰填谷等各项功能。运行情况表明，储能技术能满足风电和太阳能发电并网的功能性要求，但其储能电池的寿命、大规模应用的安全性等还需要作进一步的验证和评估。

在配电网中的应用方面，南方电网公司建设了深圳宝清电池储能站，目前已投运4MW/16MWh，可实现配网侧削峰填谷、调频、调压、孤岛运行等多种电网应用的功能；全站综合效率达80%，储能系统最优效率达88%。

在电能质量改善方面，开展了飞轮储能保障医院、数据中心等特定场合供电可靠性的应用示范。

总之，目前国内储能示范项目主要集中在大规模可再生能源和分布式电源及微电网两个方向，大多数是在某个典型应用场景下对储能预期功能的展示，还缺乏对具体应用功能下储能系统的性能和运行效果进行全面的评价；未从电力系统规模化应用的全局角度，对储能规划的布局及运行控制开展系统性的深入研究；在储能系统的运行维护、检测评价及安全防护技术等方面的研究也基本上处于起步阶段；对于电力系统来说，没有深入研究储能的未来应用场景及需求规模，在未来储能技术广泛接入电力系统方面还缺少预研和相关技术的储备。其次，在第三次工业革命的大形势下，国内还没有针对多种分布式能源的综合高效利用开展储能应用关键技术研究与应用示范。此外，由于我国电力市场的设计以及储能应用相关的电价体制机制还不健全，因此这些示范项目基本上还属于示范应用，尚未实现商业化运行。

分布式电源的应用也增加了储能的需求。分布式电源引起的问题包括配电网保护、电压控制和电能质量等方面，储能在上述领域都可发挥作用。储能更是维持微电网运行的重要元件，储能在微电网能量管理和独立运行中都是必不可少的。

随着可再生能源比例的不断提高，储能从平抑可再生能源输出功率波动、减少预测误差等方面，逐渐向系统级的应用发展，如参与系统频率调节、削峰填谷、提高输配电设施的利用率等。在上述领域发挥作用时，需要对储能技术的类型选择、规划布局和控制方法进行深入的研究。

储能技术在电力系统中的应用，既要满足电力系统的需求，又要注重利用储能技术本身的优势。当前面向电力系统应用的储能技术尚存在许多基础理论和关键技术问题需要深入研究，主要包括：

（1）规模化储能在电力系统应用中的建模仿真及系统分析与规划技术；

（2）不同应用场景下储能载体、能量转换及系统接入的关键技术；

（3）基于储能的系统有功功率的调节控制技术；

（4）多类型储能组合的应用及其协调控制技术等；

（5）高效高可靠功率变换系统拓扑结构以及控制；

（6）储能规模化应用时的安全体系，包括状态监测、系统管理和评测表征、内部和外部安全防护措施等。

国内储能技术应用案例见表 2-4。

表 2-4　　　　　　　　　　国内储能技术应用案例

序号	示范项目	储能配置	储能功能
1	中国电力科学研究院张北储能实验基地	锂离子电池：1MW×1h；全钒液流电池：0.5MW×2h	实验测试储能在风力发电中的各项作用
2	深圳龙岗	锂离子电池：1MW×4h	削峰填谷
3	上海漕溪站的能源转换综合展示基地	钠硫电池：100kW×8h	储能电站
4	辽宁阜新彰武风电场	锂离子电池：5MW	平滑风电功率输出、提高并网电能质量、降低弃风、增强电网接纳风电能力
5	南方电网兆瓦级宝清储能电站	锂离子电池：10MW	削峰填谷、辅助电网调频、改善电能质量
6	张北风光储输示范工程	锂离子电池：14MW；全钒液流电池：2MW	平滑风光功率输出、跟踪风光计划发电、辅助削峰填谷、参与系统调频
7	国电辽宁塘坊储能型风电场	储能系统：5MW×2h	平滑风电功率输出、提高并网电能质量、降低弃风、增强电网接纳风电能力
8	比亚迪湖南长沙10MW级储能电站	锂离子电池：22.5792MWh	削峰填谷
9	中新天津生态城储能示范项目	锂离子电池：35kW×2h	新型用电
10	河南分布式光伏发电及微电网运行控制试点工程	锂离子电池：100kW×2h	融合新能源
11	舟山海岛储能项目	超级电容器：200kW；锂离子电池：1MW×5h	融合多能源
12	杭州电子科技大学微电网系统	超级电容器：100kW；铅酸电池：50kW×1h	融合新能源
13	青海玉树杂多线独立光储微电网项目	铅酸电池：20MWh	融合新能源
14	上海虹桥智能电网项目	钠硫电池：1MW×8h	融合新能源
15	浙江摘箬山海洋科技示范岛新能源示范项目	锂离子电池：1MW×0.5h	融合多能源
16	未来科技城国电研发楼风光储能建筑一体化示范	锂离子电池：0.5MW×2h	融合多能源

2.3.2　储能技术适用性

目前，各种储能的技术发展水平各有不同，在集成功率等级、持续放电时间、能量转换效率、循环寿命、功率/能量密度及成本等方面均有差异，主要技术参数对比见表 2-5。

表 2-5　储能技术参数

技术类型		安全性	集成功率等级	持续放电时间	响应速度	放电深度	工作温度范围（℃）	循环寿命（次）	能量转换效率（%）	设备占地	
										体积功率密度（kW/m³）	体积能量密度（kWh/m³）
机械类储能	抽水蓄能	高	100~2000MW	数小时	s-min	较低	0~60	>15000	70~80	0.1~0.2	0.2~2
	压缩空气储能	高	10~300MW	数小时	s-min	—	35~50（储气温度）	>10000	41~75	0.2~0.6	2~6
	飞轮储能	中	5kW~5MW	数分钟	1~20ms	较低	-40~50	50000	80~90	5000	20~80
电化学类储能	钠硫电池	低	1kW~10MW	数小时	20ms-s	较高	300~350	1500~3000/100%DOD	83	120~160	150~300
	钒液流电池	高	10kW~10MW	数小时	20ms-s	全部	0~40	13000/100%DOD	60	0.5~2	15~25
	胶体电池	中	1kW~10MW	数小时	20ms-s	低	-20~60	4000次（60%DOD）	70~75	90~700	50~80
	铅炭电池	高	1kW~10MW	数小时	20ms-s	低	-40~50	2500-3000/100%DOD	90	—	—
	磷酸铁锂电池	中	1kW~10MW	数小时	20ms-s	高	-20~60	2000~3000/100%DOD	90~95	1300~10000	200~400
	钛酸锂电池	中	1kW~10MW	数小时	20ms-s	高	-30~40	10000	>90	—	176
电气类储能	氢储能	低	1kW~1GW	数小时~数周	20ms-s	—	—	—	40~50	600	0.2~20
	超导储能	中	10kW~10MW	数秒	1~5ms	较高	-253~-196	100000	75~80	2600	6
	超级电容	中	10kW~1.5MW	数秒	1~20ms	较高	-40~70	10^4~10^5	85~90	40000~120000	10~20
热储能	熔融盐蓄热	中	50~280MW	数小时	min	—	60~1000	—	—	—	—

　　储能系统主要由储能本体和能量转换装置构成，其中核心是储能本体，决定了储能系统整体的使用效能和性价比。依据各储能方式的技术特点，总结储能技术适用性及优劣势分析如表 2-6 所示。

表 2-6　　　　　　　　　　　　各储能方式的技术特性对比分析表

	储能类型	典型功率	典型能量	优势	劣势	应用方向
机械类储能	飞轮储能	5kW～1.5MW	15s～15min	大容量	低能量密度	调峰、频率控制，电能质量调节
	抽水储能	100～2000MW	4～10h	大功率、大容量、低成本	场地要求特殊	日负荷调节频率控制和系统备用
	压缩空气	100～300MW	6～20h	大功率、大容量	场地要求特殊	调峰发电厂、系统备用电源
电气类储能	超导储能	10kW～1MW	5s～5min	大容量	低能量密度、高成本	UPS、电能质量调节、电网稳定性
	超级电容	1～100MW	1～30s	长寿命、高效率	低能量密度	电能质量调节、输电稳定性
电化学类储能	铅酸电池	1kW～50MW	1min～3h	低投资	寿命短	电能质量调节、可靠性、UPS
	钠硫电池	100kW～100MW	Min～h 级	高能量密度、高成本	运维复杂	调峰、备用电源、电能质量调节
	液流电池	5kW～100MW	1～20h	大容量、长寿命	低能量密度	电能质量调节、可靠性、备用电源
	锂离子电池	100kW～10MW	Min-h 级	高能量密度、污染小	造价高	调峰、备用电源

2.3.3　储能综合适用性

　　储能技术必须在具体应用中实践，才能真正反映其自身价值，因此评价指标体系应紧紧的以判断储能技术在某一具体应用中的技术经济性这一目标来设计，并由影响经济性的各个要素作为指标体系的组成部分，多方位、多角度的反应储能技术在该应用领域中的综合试用性。

　　1. 削峰填谷

　　削峰填谷是指利用储能系统存储低谷时段电力，在用电高峰时释放，以平衡区域负荷。电网公司通过采用储能技术削峰填谷，可以延缓发电设备的容量升级，提高设备利用率，从而节省更新设备的费用。电力用户采用储能技术削峰填谷，则可以利用峰谷价差获取一定的经济收益。削峰填谷一般对于储能技术的存储容量有一定的要求，因此，能量型储能技术更适用于该场景。

　　从削峰填谷的技术雷达图（见图 2-1）中可以看到，液流电池主要是全钒液流电池最适用于该领域，从技术本身上看，全钒液流电池的电堆与电解液是分开的，可以根据需求扩展储能的存储容量，并且服役年限较长，而从目前国内已部署的示范项目上看，集中式风/光电站和输配侧的储能电站较多需要削峰填谷这类应用，技术上也大多选用了全钒液流电池。除此之外，钠硫电池、超临界压缩空气储能、铅蓄电池和锂离子电池在该领域也拥有若干示范项目，特别是钠硫电池已在国外实现商业化运作，未来在中国市场也将会有一定的发展前景。

　　2. 调频辅助服务

　　调频辅助服务主要是通过实时调节电网中的调频电源的有功出力，从而实现对电网频率及联络线功率的控制，以解决区域电网的短时随机功率不平衡问题，因此调节速率快、调节精度高的电源才可以帮助电网更高效地完成调频任务。储能相对于传统的火电机组，具有快速精确的响应能力，可以在 1s 内完成调频调度指令，调频效果也远好于传统的火电机组。由此可见，储能技术功率性能的优劣决定了其是否适用于调频辅助服务。

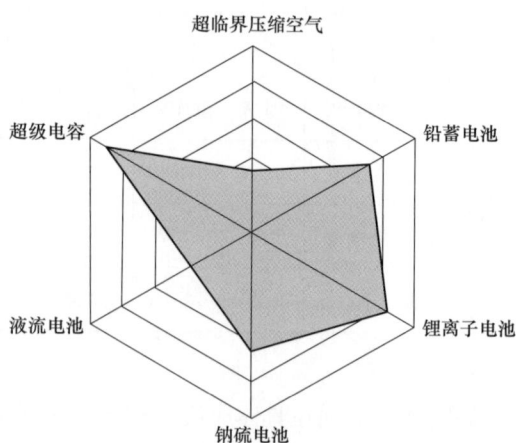

从调频辅助服务的技术雷达图（见图 2-2）中可以看出，超级电容最适用于该领域，其次是锂离子电池。由于超级电容的功率等级较小，并不适于电网级的调频辅助服务，因此，相对来说，锂离子电池更适于在调频领域中应用。目前，国内仅有睿能一家公司专注调频辅助服务项目的部署，例如石景山热电厂调频项目、山西京玉电厂项目等，采用的正是锂离子电池。从技术上看，锂离子电池，特别是磷酸铁锂电池具有较高的功率密度。此外，飞轮也是一个适用于该领域的储能技术，并在国外已有商业化运行的电站项目，而飞轮在国内还处于研究试验阶段，距离其实现示范应用预计还有 10 年左右的时间。

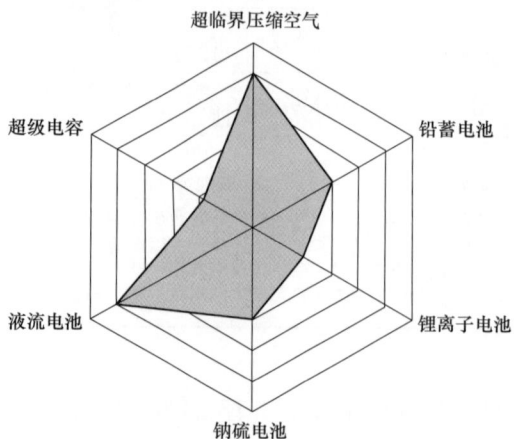

图 2-1　削峰填谷的技术雷达图　　　图 2-2　调频辅助服务的技术雷达图

3. 供电可靠性

储能可以提高供电可靠性，是指在发生电力故障时，储能能够将储备的电力供应给终端用户，避免了故障修复过程中的电能中断，以保证供电可靠性。储能设备充当了备用容量的角色，属于能量型应用，同时也对响应时间提出一定要求，在发生电力故障时，储能系统必须快速响应供电，以避免不必要的损失，因此对储能的功率性能也有一定的要求。而锂离子电池正是这种既具有一定能量性能也具有一定功率性能的储能技术，适宜应用于该领域。

从供电可靠性的技术雷达图（见图 2-3）中也可以看出，锂离子电池相对于其他五种储能技术来说，最适宜应用于该领域，其次是铅蓄电池，特别是性能更优的铅碳电池。二者都具有一定的优缺点，铅蓄电池成本低，但易造成环境污染，锂离子电池则拥有较高的能量密度和系统效率，但在安全性和成本上不如铅蓄电池，用户可以根据不同的需求选择合适的储能技术。

4. 电网稳定性

现代电力系统的稳定性主要依赖机组的惯性储能、继电保护和其他自动控制装置，基本属于被动实现电网稳定性。储能则是通过与电力电子器件的联结，实现有功、无功的快速灵活调控，主动参与系统的动态行为，当系统出现故障时快速响应，在较短时间内平移系统的震荡，稳定电网频率、电压等，提升电网运行的稳定性。与调频辅助服务类似，要求储能技术具有较高的的功率性能，在选定的六种储能技术中，只有超级电容和锂离子电池的性能比较符合要求。

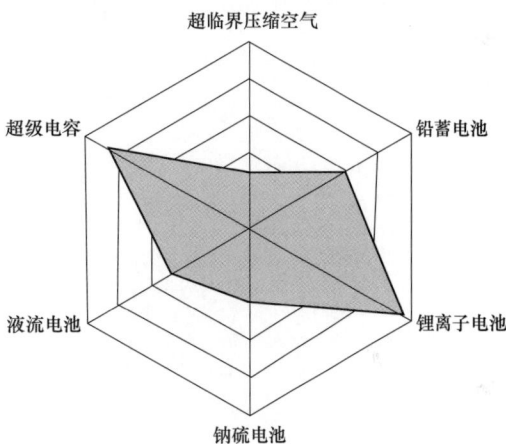

从电网稳定性的技术雷达图（见图2-4）中也可以看出，锂离子电池是最适宜应用在该领域的储能技术，其次是超级电容。二者均具有较好的功率性能，特别是超级电容，不但功率密度大，还具有较高的系统效率和较长的服役年限，但功率等级不大，目前在国内，超级电容还没有大规模的电网级储能项目，只是在一些小规模的分布式发电及微电网项目中有应用，以平衡瞬时功率的骤变。相比来说，锂离子电池的技术相对成熟，电网侧的示范项目较多，国内这类项目也均采用的锂离子电池，正在向着商业化运行的方向发展。

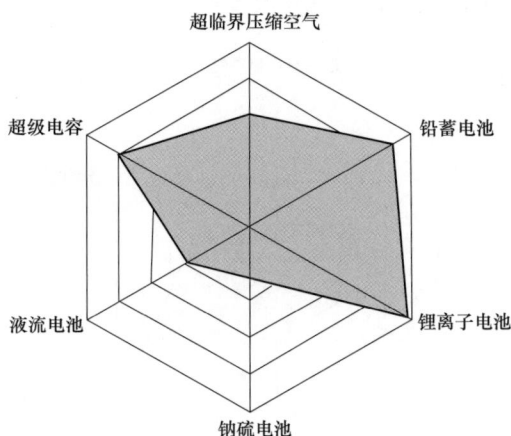

图 2-3   供电可靠性的技术雷达图   图 2-4   电网稳定性的技术雷达图

5. 电能质量

电能质量问题主要由供电质量和负荷质量两方面引起，有研究表明，电力系统的短路或断线以及线路操作、用电设备故障等因素引起的供电电压质量问题占电能质量问题的60％以上，其余均由负荷运行特性引起，如谐波、电压闪变、三相不平衡等。储能可以通过提供快速功率缓冲、进行有功或无功补偿而改善电能质量，同时还可以补偿负荷产生的谐波和波动功率，以改善负荷品质，并作为敏感负载和重要设备的不间断电源，对技术的功率性能要求较高。

从电能质量的技术雷达图（见图2-5）中可以看出，超级电容和锂离子电池较为适宜应用于该领域。特别是超级电容，除了具有较高的功率密度、系统效率和服役年限相比其他技术也具有较大优势，全寿命周期内的功率成本低。目前，国内的示范项目中，多以超级电容搭配锂离子电池，或者铅蓄电池搭配锂离子电池，这种混合型储能系统为主取长补短，发挥各种技术的优势，更好地改善电能质量。

6. 海岛/偏远地区供电

通常情况下，海岛、偏远地区的可再生能源资源较为丰富，储能一般结合当地资源，如水电、风电、光伏发电，或者柴油发电机等，组成供电电源，既可以离网运行也可并网运行，大幅使用可再生能源，降低对柴油发电的依赖，既能节省一定的能源开支，又能保护环境。但是随着波动性可再生能源渗透率的不断提高，将会对供电稳定性、安全性提出高要求，储能既可以有效平抑可再生能源的间歇性，平滑可再生能源输出，又可以存储可再生能源电力，在用电高峰时释放，提高可再生能源的利用率，既体现了储能的功率型应用又体现了储能的能量型应用。

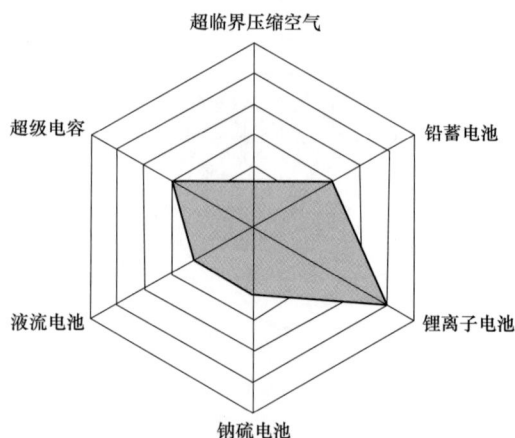

从海岛/偏远地区供电的技术雷达图（见图 2-6）中可以看出，锂离子电池最适宜应用于该领域。从目前国内的示范项目中可以发现，与储能在改善电能质量中的应用类似，混合型储能技术更受业主单位的青睐，既可以发挥功率型储能技术的功率特性，瞬时平衡可再生能源电力的功率骤变，又可以发挥能量型储能技术的能量优势，存储可再生能源电力或者低谷时段电力，在高峰时段释放，还可以用作备用电源。示范项目中的混合型储能技术多以铅蓄电池搭配超级电容，或者锂离子电池搭配超级电容的形式为主。

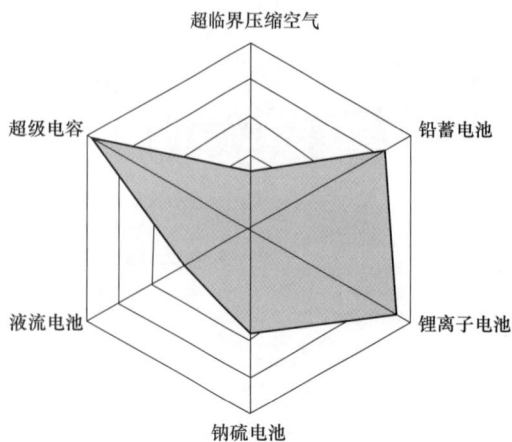

图 2-5　电能质量的技术雷达图　　图 2-6　海岛/偏远地区供电的技术雷达图

综合上述六种储能技术的技术特性，及其在不同领域的综合评价结果与实际应用情况，可以看出：

（1）超临界压缩空气储能，突破了传统压缩空气储能对地理条件和化石燃料的限制问题，能量转换效率提高了10%以上，同时又具有传统压缩空气服役年限长、工作时间长等特性，受占地面积大的影响，可以作为集中式可再生能源并网、电网侧调峰等的备选技术之一。

（2）铅蓄电池，成本相对便宜、产业链相对成熟，已在交通运输、通信、国防、航空等领域得到成熟应用，是预算不高或早期建设阶段储能技术的最佳选择，可作为分布式发电及微电网、备用电源、电能质量等领域的备选技术之一。

（3）锂离子电池，既可做削峰填谷这种能量型应用又可做调频这种功率调节型应用。因此，均可作为集中式可再生能源并网、电力调频、电力输配、分布式微网、电动汽车等领域的备选技术之一。

（4）钠硫电池，在存储容量、能量密度和服役年限等方面均具有较强的竞争力，可长时间高效地保证电力供给，但目前全球的钠硫电池市场基本被日本 NGK 一家公司所垄断，保密并掌握核心技术。国内仅有上海电气集团、上海硅酸盐研究所对其有相关研究，但仍与 NGK 公司的技术存在较大差距，且规模很小。受技术垄断影响，钠硫电池未来在国内的发展前景尚不明朗，但仍可以将其作为集中式可再生能源并网和电网侧调峰的备选技术之一。

（5）液流电池，具有功率和容量可独立设计的特点，其中全钒液流电池在存储容量方面具有较强优势，此外，在服役年限、全寿命周期内的成本等方面也具有较强的竞争力，可作为集中式可再生能源并网、电网侧调峰等领域的优先备选技术；锌溴液流电池具有能量密度高、可频繁深度放电等特点，可作为分布式发电及微电网领域的备选技术之一。

（6）超级电容，具有功率密度高、充放电速度快、服役年限长、安全可靠、环境友好等特点，在电力系统中，目前多被作为分布式微电网领域的备选技术之一，以调节瞬时功率，维持区域网络的稳定。

另外，从目前储能技术的发展水平及其在各领域中的应用发现，混合型储能系统正逐渐成为主流的技术应用形式。因为即使某种储能技术非常适合应用于某一领域，但单一的技术却很难同时满足该应用领域所需的各种性能要求，在这种背景下，混合型储能系统应运而生，需要项目规划方在研究最终的技术方案时，要综合考虑各种技术的性能，确定某种主要的储能技术之后，还要结合项目的实际需求，辅以与之互补的其他储能技术，形成可以最大限度地满足项目需求且发挥储能技术最优效用的技术方案。

2.4　储能的技术成熟度和发展前景评估

2.4.1　储能技术评价要素

基于近几年来关于储能技术的研究工作，归纳出大容量储能技术推广应用的关键因素，并提出规模等级、技术水平、经济成本以及技术形态这四项指标，用于判断适宜规模化发展的储能技术类型。

未来广泛用于电力系统的储能技术，至少需要达到兆瓦级/兆瓦时级的规模，而对于现有技术发展水平来说，抽水蓄能、压缩空气储能和电池储能、熔融盐蓄热、氢储能具备兆瓦级/兆瓦时级的规模，而飞轮、超导及超级电容器储能很难达到兆瓦时量级。

安全与可靠始终是电力系统运行的基本要求，兆瓦级/兆瓦时级规模的储能系统将对安全与可靠性提出更高的要求。储能系统的安全问题，与储能系统本身的材料体系、结构布局以及系统设计中所考虑的安全措施等因素相关，尤其对电池储能系统而言，由于在应用过程中往往需要通过串并联成组设计将电池单体组成电池模块及电池系统才能满足应用需求，所以电池系统内部各单体电池的性能一致性问题，也成为影响电池系统安全性与可靠性的又一个因素。

在技术水平方面，首先，转换效率和循环寿命是两个重要指标，它们影响储能系统总成本。低效率会增加有效输出能源的成本，低循环寿命因导致需要高频率的设备更新而增加总成本。其次，在具体应用中，影响储能系统比能量的储能设备体积和质量也是考虑因素。体积能量密度影响占地面积和空间，质量能量密度则反应了对设备载体的要求。

在经济成本方面，现有电价机制和政策环境下，单就储能技术的成本来讲远不能满足商业应用的需求。以风电应用为例，配套的储能设施单位千瓦投资成本几乎都超出了风电的单位投资成本，同时大规模化的储能系统还要考虑相应的运行维护成本。因此，所关注的规模化推广的储能技术必须具备经济前瞻性，也就是说应该具备大幅降价空间，或者从长时期来看具有一定显性的经济效益，否则很难推广普及。

衡量一种储能技术能否得到大规模推广运用的第四项指标应是储能系统能否以设备或工程形态（批量化、标准化生产，便于安装、运行与维护）运用在电力系统中，在众多储能方式中，电池储能是契合设备形态需求较好的储能技术类型。

2.4.2 储能技术成熟度

1. 国外储能技术成熟度

（1）压缩空气储能技术。目前传统使用天然气并利用地下洞穴的压缩空气储能技术已经比较成熟，效率可达 70%，但存在对特殊地理条件和化石燃料的依赖问题，为解决这些问题，国内外学者相继提出了带回热的压缩空气储能系统（AA-CAES）、液态压缩空气储能系统和超临界压缩空气储能系统等多种新型压缩空气储能技术，不过目前基本还处于关键技术研究突破、实验室样机或小容量示范阶段。

（2）熔融盐蓄热储能。熔融盐蓄热是利用熔融盐使用温区大、比热容高、换热性能好等特点将热量通过传热工质和换热器加热熔融盐存储起来，需要利用热量的时候再通过换热器、传热工质和动力泵等设备将储存的热量取出以供使用。由于熔融盐在 300℃ 以上的高温区具有价格低廉和良好的化学和热稳定性，是目前有效的高温热量储存介质。熔融盐蓄热在技术方面目前还存在热量存储和输送有关的关键设备材料及工质的选择等难题有待突破解决，目前成本较高、效率和可靠性较低，且其发展和应用和太阳能热发电的发展和应用密切相关。

（3）氢储能。氢储能目前存在的问题主要包括：①能量转换效率低，目前生产 $1m^3$ 的氢气耗电量约为 5kWh，$1m^3$ 的氢气理论发电量约为 2.5kWh，再加上管道输送的损耗，总的效率低于 50%；②制氢、储氢、输氢、用氢各环节有关的材料和设备制造成本高；③基础实施问题，建立氢储能的相关基础设施，如氢气输送管线、加氢站等需要很大的前期投入；④安全环保和资源问题，氢的存储和输送过程中有可能发生渗漏，同时大规模制氢面临着水资源问题。

（4）高温钠系电池。高温钠系储能电池包括钠硫电池（Na/S）和钠盐（ZEBRA）电池。钠硫电池是电化学电池中最早开始工业示范运行的技术，具有先发优势。但国际上只有日本 NGK 公司解决了钠硫产业化生产中的技术问题，目前也只有日本 NGK 公司一家从事产品生产。但钠硫电池倍率性能差、寿命有限、成本高且降价空间小，并存在安全隐患。2011 年 9 月 21 日，NGK 公司设置于三菱材料株式会社筑波制作所内的电力储能用钠硫电池在使用过程中发生了火灾，导致 NGK 公司暂停了钠硫电池产品的销售。高温运行条件和存在的安全隐患限制了钠硫电池在电力系统的规模化应用。ZEBRA 电池是在钠硫电池基础上发展起来的，其工作温度比 Na/S 电池略低，由于没有金属钠，其安全性有所提高。但目前仍处在研究和小规模示范阶段。

（5）液流电池。液流电池的体系众多，如铁铬体系、全钒体系、锌溴体系和多硫化钠溴体系等。其中，全钒液流电池目前最受关注，是液流电池最主要的发展方向。由于它的正、负极活性物质均为钒，因此可以避免离子通过交换膜扩散时所造成的元素交叉污染。液流电池的优点是循环寿命长、能量和功率独立设计易于调节、电解液可重复循环使用、安全性好，缺点是能量密度低、效率低、环境温度适用范围窄、系统可靠性较差、成本较高。

（6）铅酸电池。近年来，铅酸电池的性能获得了很大的提升。如将具超级活性的碳材料添加到铅酸电池的负极板，可使铅碳电池的循环寿命和倍率特性比传统铅酸电池高很多，这种电池已在一些新能源储能系统和混合电动车上示范运行。铅酸电池生产工艺相对简单，成本低。目前先进铅酸电池还处于技术攻关阶段，一旦实现关键技术的突破，其在电力系统储能领域将具备广阔的应用前景。

（7）锂离子电池。锂离子电池是目前比能量最高的实用二次电池体系，其材料丰富多样，其中适合作储能电池正极的材料有锰酸锂、磷酸铁锂、镍钴锰酸锂；适合作负极的材料有石墨、硬（软）碳和钛酸锂等。已获得规模示范应用的锂离子储能电池的主流为采用磷酸铁锂为正极的能量型/功率型电池和采用钛酸锂为负极的功率型电池。

锂离子的能量密度高、循环寿命较长（磷酸铁锂电池寿命可达 3000 次，钛酸锂电池寿命可达 10000 次），但目前成本较高且存在发生燃烧、爆炸等安全事故的可能性。目前，锂离子储能电池材料的研究重点，一是继续提升锰酸锂和三元正极材料电池的寿命和安全性，二是研究和开发新材料（如富锂相正极材料和软碳、硬碳负极材料）。

总之，锂离子电池正在长寿命、低成本的基础上，向高安全性、突破锂资源依赖、提高比能量、提高环境适应性等方向发展，如目前处于探索研究阶段的全固态电池、钠离子电池、锂硫电池、锂—空气电池等，都有可能成为未来大规模储能应用潜在的或备选的技术。

（8）飞轮储能。飞轮储能具有功率密度高、使用寿命长和对环境友好等优点，其缺点主要是储能密度低和自放电率较高，目前主要用于电能质量改善、不间断电源等应用场合。近年来，国际上飞轮储能技术的开发和应用研究十分活跃，其中美国投资最多，规模最大，进展最快。

（9）超导储能和超级电容器储能。超导储能和超级电容器储能在本质上是以电磁场来储存能量的，不存在能量形态的转换过程，具有效率高、响应速度快和循环使用寿命长等优点，适合在提高电能质量等场合应用。

2. 国内储能技术成熟度

（1）压缩空气储能。国内从事与压缩空气储能相关的单位有：中国科学院工程热物理研究所、清华大学和华北电力大学等。中国科学院工程热物理研究所在国际上首次提出并自主研发出超临界压缩空气储能系统，已建成 1.5MW 超临界压缩空气储能示范系统。

（2）熔融盐蓄热。国内在蓄热方面的研究主要集中在相变材料的研究和应用上，已取得了一定的成果。主要研究机构有中国科学院过程工程研究所、清华大学和北京工业大学等。但是在国内至今没有一家商业运行的热电站及熔融盐蓄热储能系统，主要面对的困难包括导热油和熔融盐之间的换热器设计、熔盐泵的制作、整个电站保温、预热系统以及故障监控的设计，镜场跟踪、传热介质在不同时刻的流态、传热和蓄热系统的配合，以及整个电站的匹配和控制等。

（3）储氢。我国在 2003 年 11 月加入了"氢能经济国际合作伙伴（IPHE）"，成为 IPHE 首批成员国之一。在我国公布的《国家中长期科学和技术发展规划纲要（2006～2020 年）》和《国家"十一五"科学技术发展规划》中都列入了发展氢能和燃料电池的相关内容。我国电解水装置工业基础良好，部分厂商的电解装置出口到欧美，在欧美加氢站中有应用；在科技部、科学院及相关部委的支持下，我国 SPE 水电解已应用于航天和水下，奥运和世博的氢燃料电池汽车示范展示了国内氢储运和车用燃料电池技术，正在进行氢燃料电池分散发电技术研发。总体而言，我国在氢能开发及应用领域的技术研发工作开始得较晚，无论是在基础研究、系统集成还是在示范运行等多方面，都与国际先进水平有一定差距。

（4）全钒液流电池。我国钒电池的研究主要集中在大连化学物理研究所、清华大学、攀钢集团有限公司和中南大学等单位。目前已实施了包括用于 50MW 风电场的全球最大规模的 5MW/10MWh 全钒液流电池储能系统在内的约 20 项示范工程，初步建立了布局较完整的产业链。未来需要重点突破液流储能电池的关键材料制备技术及其工程化和批量化的生产技术。

（5）高温钠系电池。中国科学院上海硅酸盐研究所长期从事钠系电池的研究，目前攻克了 Na/S 电池及其核心电解质材料的关键技术，其主要指标达到国外先进水平；ZEBRA 电池目前正在研制当中。

（6）锂离子电池。国内开展锂离子电池研究的单位包括中国科学院物理研究所、北京理工大学和南开大学等。我国不少电池厂以及一些有实力的企业集团均看到了锂离子电池的潜在市场，已经投资或正准备建立锂离子电池的生产基地，已形成了比较完整的产业链，在市场占有率上形成了中国、日本、韩国三分天下的局面。

（7）新型铅酸电池。国内目前南都电源、解放军防化研究院、双登集团等已开展关键技术研究并在混合动力电动汽车的能量回收方面实施了示范应用。

（8）飞轮储能。国内从事飞轮研究的单位主要有北京航空航天大学和清华大学等。这两家大学合作，正在研发采用电磁轴承的飞轮储能系统，该系统采用高强度玻璃纤维/碳纤维多层复合材料的轮缘—高强度金属的轮毂、永磁直流无刷电动/发电机、永磁悬吊式上阻尼、动压油膜螺旋槽轴承、挤压油膜下阻尼和真空密封。

（9）超级电容器。近年来，上海交通大学、中国人民解放军总装备部防化研究院和成都电子科技大学等都开展了超级电容器的基础研究和器件研制工作。其中基于碳纳米管—聚苯胺纳米复合物的超级电容器的能量密度已达到 6.97Wh/kg。

（10）超导储能。国内从事超导储能研究的单位主要有中国科学院电工研究所、清华大学、华中科技大学、中国电力科学研究院等单位近年来先后开展了超导磁储能实验室样机开发及小容量的应用示范。

2.4.3　储能技术发展趋势

储能从技术原理上主要可分为适合能量型应用的电化学储能、压缩空气储能、熔融盐蓄热、氢储能以及适合功率型短时应用的飞轮、超导和超级电容器储能等。

抽水蓄能是目前技术最成熟、应用最广泛的大规模储能技术，具有规模大、寿命长、运行费用低等优点，目前效率可达 70% 左右，建设成本大致为 3500～4000 元/kW。缺点主要是电站建设受地理资源条件的限制，并涉及上、下水库的库区淹没、水质的变化以及库区土壤盐碱化等一系列环保问题。

钠硫电池具有能量密度大，无自放电，原材料钠、硫易得等优点，缺点主要是倍率性能差、成本高，以及高温运行存在安全隐患等。未来发展趋势主要是提高倍率性能、进一步降低制造成本、提高长期运行的可靠性和系统安全性。目前主要的液流电池体系有：多硫化钠/溴、全钒、锌/溴、铁/铬等体系，其中全钒体系发展比较成熟，已建成多个兆瓦级工程示范项目，具有寿命长、功率和容量可独立设计、安全性好等优点。缺点主要是效率和能量密度低、运行环境温度窗口窄。发展趋势主要是选用高选择性、低渗透性的离子膜和高电导率的电极提升效率，提高工作电流密度和电解质的利用率以解决高成本问题等。

铅碳电池是在传统铅酸电池的铅负极中以"内并"或"内混"的形式引入，具有电容特性的碳材料而形成的新型储能装置。相比传统铅酸电池具有倍率高、循环寿命长等优点。但是碳材料的加入易产生负极易析氢、电池易失水等问题，发展趋势主要是进一步提高电池比能量密度和循环寿命，同时开发廉价、高性能的碳材料。

锂离子电池的材料种类丰富多样，其中适合作正极的材料有锰酸锂、磷酸铁锂、镍钴锰酸锂；适合作负极的材料有石墨、硬（软）碳和钛酸锂等。锂离子电池的主要优点是储能密度和功率密度高，效率高，应用范围广；关注度高，技术进步快，发展潜力大。主要缺点是采用有机电解液，存在安全隐患；寿命和成本等技术经济指标仍待提升。

近年来以美国和日本为代表的发达国家对储能电池的发展路线进行了探索，在实现电池的长寿命、低成本、高安全方面取得了一定的进展。以零应变材料为代表的长寿命电池材料、能够摆脱锂资源束缚的钠系电池体系、基于固态电解质的全固态电池等是目前主要的研究热点和发展趋势。

压缩空气储能具有规模大、寿命长、运行维护费用低等优点。目前传统使用天然气并利用地下洞穴的压缩空气储能已经比较成熟，效率可达70%。近年来，国内外学者相继提出了绝热、液态和超临界等多种新型压缩空气储能技术，摆脱了对地理和资源条件的限制，但目前基本还处于技术突破或小规模示范阶段，效率基本低于60%。发展趋势主要是通过充分利用整个循环过程中的放热、释冷来提高整体效率，同时通过模块化实现规模化。

熔融盐蓄热是利用熔融盐使用温区大、比热容高、换热性能好等特点，将热量通过传热工质和换热器加热熔融盐存储起来，需要利用热量时再通过换热器、传热工质和动力泵等设备，将储存的热量取出以供使用，目前已在太阳能热发电中实现应用。其优点主要是规模大，可方便配合常规燃汽机使用等。但目前还存在成本高、效率和可靠性低等缺点，发展趋势主要是突破工质选择和关键材料。

氢储能是通过电解把水分解成氢气和氧气，实现电能到化学能的转化，被认为是未来能源互联网的重要支撑，日趋成为多个国家能源科技创新和产业支持的焦点。目前存在的问题主要是能量转换效率低（总效率低于50%）、生产过程能耗大，需配套建立氢气输送管线、加氢站等相关基础设施。在氢储能的各环节中，制氢的主要发展趋势是减少能耗、降低成本、提高转化效率，储氢主要是发展新型高效的储氢材料、提高储氢容器的耐压等级，输氢主要是发展抗氢脆和渗透的输氢管道材料及研究氢与天然气混合输送的技术、建设及完善相关配套设施，用氢主要是发展低成本的气体重整技术、降低氢燃料电池的成本、提高性能稳定性。

飞轮储能具有功率密度高、使用寿命长和对环境友好等优点，其缺点主要是储能密度低和自放电率较高，目前主要适用于电能质量改善、不间断电源等应用场合。

超导储能和超级电容器储能在本质上是以电磁场储存能量，不存在能量形态的转换过程，具有效率高、响应速度快和循环使用寿命长等优点，适合在提高电能质量等场合应用。超导储能的缺点是需要低温制冷系统、系统构建复杂、成本较高等。超级电容器在大规模应用中面临的主要问题是能量密度低，其发展趋势主要是开发高性能电极及电解液关键材料技术，以提高储能密度、降低成本。

储能技术发展趋势见表2-7。

表 2-7　储 能 技 术 发 展 趋 势

技术类型		维护量	对环境的影响	价格(元/kW)	价格(元/kWh)	技术成熟度	优势	不足	突破方向	发展预期
机械类储能	抽水蓄能	较大	无污染	3600~12000	300~500	商用	规模大、寿命长、运行维护费用低	选址受限	采用变速恒频技术，蒸发冷却技术以及智能控制技术等，提高效率	具备大规模应用前景
	压缩空气储能	小	空气污染	3000~4000	20~50	示范工程	容量大	选址受限，需化石燃料、响应速度慢	新型地上压缩空气储能。通过利用循环过程中的放热、释冷提高效率，通过模块化实现规模化	具备大规模应用前景
电化学类储能	飞轮储能	较大	无污染	1500~10000	2000~5000	示范工程	功率密度高、使用寿命长、对环境友好	储能密度低、自放电率较高	—	仅限于功率型应用场合，不适合电力系统大规模应用
	钠硫电池	小	有残留	2500	5000~7000	商用	无自放电、原材料钠、硫易得、规模应用	倍率性能差、充放电能力不对称，高温运行，存在安全隐患	提高倍率性能，进一步降低制造成本，提高运行的可靠性	成本显计有较大幅度下降，但仍明显高于锂电池。高温运行及钠、硫化学活性决定了安全性差，不适合电力系统大规模应用
	钒液流电池	小	基本无污染	11000	5000~10000	示范工程	寿命长、功率和容量独立设计；安全性好	能量效率低、运行温度窗口窄、可靠性差，关键材料在国产化问题	选用高选择性、低渗透性的离子膜和高导电率电极提高效率；提高液流电池的工作电流密度和电解质利用率降低成本	从良好的安全性、循环寿命及其成本预期来看，具有大规模应用前景
	胶体电池	小	铅污染	1500	1000	商用	无热失控、耐高温性能好、循环稳定性能好	胶体灌装困难、不适合高倍率放电、相对成本较高	—	宜与可再生能源结合使用，解决无电地区供电，在短期内有大规模应用前景
	铅碳电池	小	铅污染	1500	900~1200	研发	充电倍率高、安全性好、寿命长、循环效率高、能量转化资源丰富、成本较低	复合电极制造技术难度大、正板、正极存在活性质脱落、板栅腐蚀现象，正极活性材料利用率不高、比能量低	复合电极的制备、耐腐蚀合金板栅/正极材料的研发	技术成本较低、安全性较好、具有大规模应用前景

续表

技术类型		维护量	对环境的影响	价格(元/kW)	价格(元/kWh)	技术成熟度	优势	不足	突破方向	发展预期
电化学类储能	磷酸铁锂电池	小	有残留污染	1500	3000~4000	示范工程	储能密度/功率密度高、效率高、自放电小	安全性低、寿命不长、成本较高	提高寿命、降低成本	循环寿命突破万次、成本降低至1元/Wh后，具备大规模应用前景
	钛酸锂电池	小	有残留污染	1500	8000~10000	示范工程	储能密度/功率密度高、安全性好、循环寿命长	成本较高	在不过分追求能量密度和功率密度的前提下，通过材料微复合、电极配方调整、生产工艺等方法延长电池寿命、降低电池成本	在电力系统调频领域、应对电网电压冲击等方面具有大规模应用前景
电气类储能	氢储能	小	无污染	—	30000	示范工程	热值高、资源丰富、应用范围广、适应性强、可形成大规模的储能	能量转换效率低、成本高、基础设施投入大、存在安全性问题	研发储氢材料	具有大规模应用前景
	超导储能	大	磁场辐射	1200~1800	6000~60000	示范工程	效率高、响应速度快、循环寿命长	储能时间短、制冷能耗高	—	仅限于短期的功率型应用场合，不适合大规模应用
	超级电容	很小	些许残留物	600~1800	>10000	示范工程	功率密度高、效率高、响应速度快、循环寿命长、可靠性高	能量密度低、价格较高	—	能量密度可提高幅度有限，除非有重大技术突破，否则仅限于功率型应用场合，不适合大规模应用
热储能	熔融盐蓄热	—	无污染	—	—	研发	规模大、可方便配合常规燃汽机使用	成本高、效率低、可靠性低、受限于太阳能热发电技术的发展	热存储和输送有关的关键设备材料及工质的选择	值得关注的储能技术

2.4.4 储能技术发展前景评估

就目前储能技术发展水平而言，实现在电力系统的大规模应用，期望储能效率大于95%，充放电循环寿命超过 10000 次，储能系统规模可达到 10MWh 以上，并具有较高的安全性。在上述基准下，当前各类储能技术的技术水平状况如图 2-7 所示。从对比效果来看，各种储能技术互有短板，距期望值有一定差距，其中锂电池与应用指标差距最大的是寿命和成本，液流电池与应用指标差距最大的是效率和成本。

在促进新能源消纳领域，单一储能配置，从技术角度可以实现储能的多种功能应用，但是从经济性角度，并非优化方案，需要在实际配置中考虑各类型储能的工况适应性，采用多元复合储能方案，使不同的储能技术之间可以取长补短，以达到投资和运行成本最优。

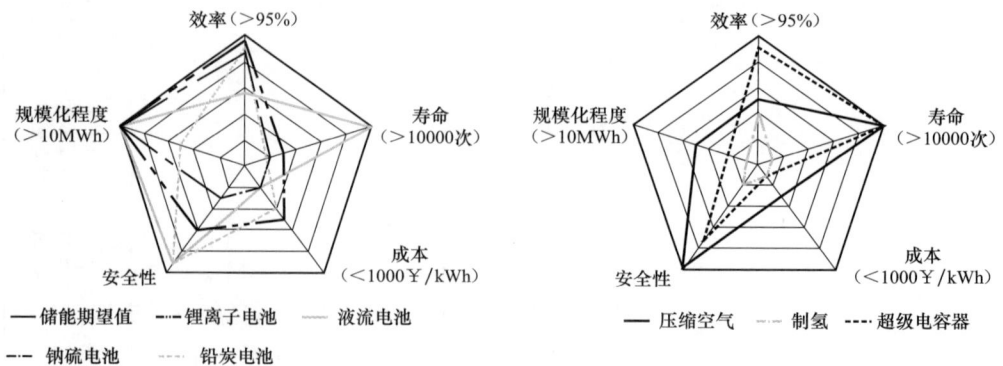

图 2-7　储能技术现状雷达图

到 2020 年，各项储能技术指标预期如图 2-8 所示。

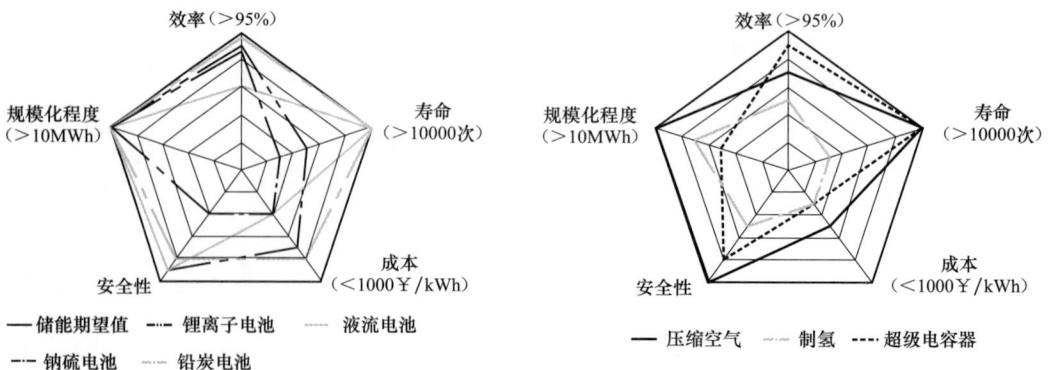

图 2-8　储能技术发展期望雷达图

2.5　典型储能示范工程介绍

根据当前国内兆瓦级储能示范的主要应用模式，分为 4 类：风电场或光伏电站应用、输配电及用户侧供电应用、分布式发电或微电网应用以及电网辅助服务应用。

针对提高新能源发电接入能力的应用，主要通过抑制爬坡、跟踪日前调度计划出力以及功率控制等措施实现；为提高输配电及用电侧供电可靠性，则通过解决输电线路容量阻塞、变压器峰值负荷与功率流控制、用电侧负荷与电能质量管理以及动态稳定性等实现；在提升分布式发电与微电网运行能力方面，通过提升分布式发电与微电网的功率控制、能量管理、运行稳定性以及分布式发电设备的有序并网等实现；在辅助服务中，主要用于调频、调峰、旋转备用与黑启动等。

2.5.1　风电场或光伏电站应用领域

1. 国家风光储输示范工程介绍

为改善新能源发电特性及提高源网协调性能，形成完整的新能源接入解决方案，国家电网公司建设了目前世界上规模最大，集风力发电、太阳能发电、储能和智能输电"四位一体"的新能源综合利用工程——张北风光储输示范工程。

为进一步改善"新能源发电特性"及提高"源网协调性能"，形成新能源接入电力系统的"发电—输电—调度"的整体系统性解决方案，国家电网公司在国家科技部、财政部和国家能源局等有关部委的支持下，全面启动了"国家风光储输示范工程"建设。国家风光储输示范工程是以"电网友好型"新能源发电为目标，以"技术先进性、科技创新性、经济合理性、项目示范性"为特点，是目前世界上规模最大、集风电、光伏发电、储能及输电工程四位一体的可再生能源综合示范工程。其中，一期工程建设风电 98.5MW、光伏发电 40MWp 和储能装置 20MW（包括 14MW/63MWh 锂离子电池和 2MW/8MWh 全钒液流电池），并配套建设 220kV 智能变电站一座。通过大规模储能电站监控系统实现了对多种储能设备的协调控制和能量管理，具备平抑可再生电源出力波动、辅助可再生电源按计划曲线出力及调峰填谷等各项功能。

图 2-9　国家风光储输示范工程

示范工程地处风、光资源丰富的张家口市坝上地区，是国家批复的八个千万千瓦级风电基地之一。当地负荷量较小，必须通过高电压、远距离输电送至京津唐电网负荷中心，具备我国新能源大规模开发利用的基本特征，在破解电网接纳大规模新能源技术难题上具有典型性和代表性。依托"国家风光储输示范工程"，突破我国新能源规模化发展的技术瓶颈，攻克风光储联合发电系统在设计集成、容量配比、监测控制、源网协调、功率预测和规模化储能中的关键技术，开发关键装置和系统，完成工程示范应用，提高新能源发电质量和电网接纳能力，实现源网友好互动。

示范工程储能电站（一期）设计总装机容量为 20MW，总储存电量 95MWh，目前已经安装磷酸铁锂储能装置 14MW（共 63MWh）和液流储能装置 2MW（8MWh），是目前世界上规模最大的多类型化学储能电站。因锂离子电池的倍率放电特性，14MW 的磷酸铁锂储能装置最大功率可至 23MW，共分为九个储能单元。开发了大规模电池储能电站监控系统，实现了数十兆瓦级多类型电池储能电站的系统集成、统一调度及工程应用，解决了电池储能电站协调控制及能量管理关键问题，实现了平滑风光功率输出、跟踪计划发电、参与系统调频、削峰填谷等高级应用功能，提高了风/光伏电站发电的可预测性、可控性及可调度性。图 2-10 为锂离子电池储能系统，图 2-11 为液流电池储能系统。

图 2-10 锂离子电池储能系统

图 2-11 液流电池储能系统

风光储出力互补，联合出力波动率满足小于 7％的系统设计目标，跟踪发电计划满足误差小于 3％的系统设计目标，减少了 89％的弃风电量。图 2-12 为风光储联合运行模式。

2. 辽宁卧牛石风电场液流电池储能示范电站

辽宁卧牛石风电场液流电池储能示范电站建成于 2012 年底，49.5MW 风电场配备 10％比例储能系统（5MW），储能装置容量按 5MW×2h 配置，是当时世界上规模最大的液流电池储能电站，具有完整功能的储能型风电场的储能系统，包括储能装置（包括电池系统和电池能量管理系统 BMS）、电网接入系统（或称 PCS，能量转换系统，包括变压

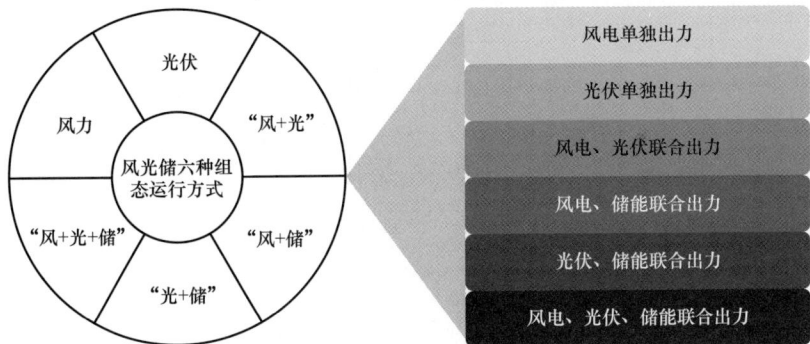

图 2-12 风光储联合运行模式

器）、中央控制系统、风功率预测系统、能量管理系统、电网自动调度接口、环境控制单元等部分。储能装置建设在风电场升压站内。本项目及其配套并网工程，静态总投资 6955 万元。

卧牛石储能系统用于跟踪计划发电（储能）、平滑风电功率输出，还将具备暂态有功出力紧急响应、暂态电压紧急支撑功能，接线图如图 2-13 所示。

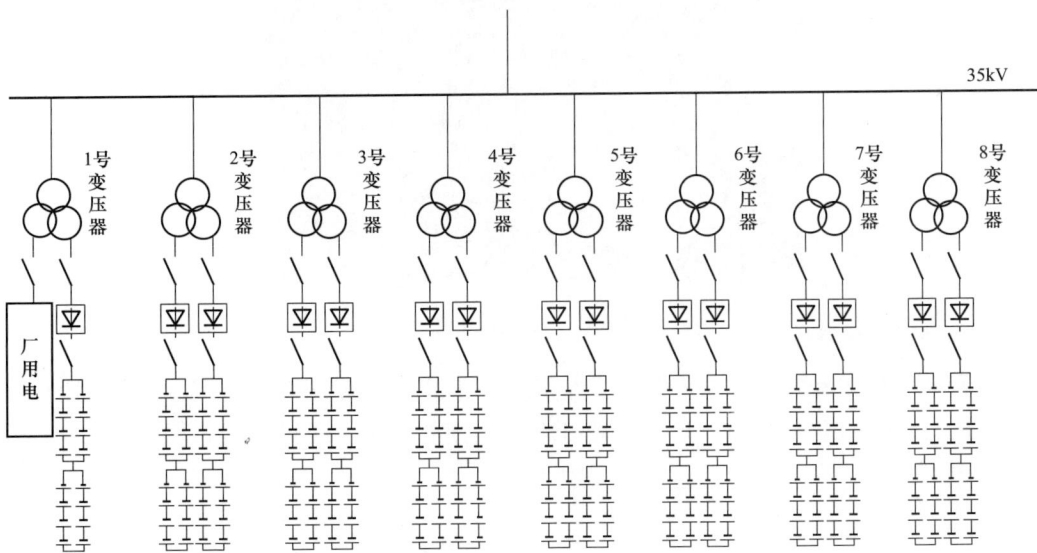

图 2-13 储能系统一次接线图

电池储能系统是由储能电池组、电池管理系统（BMS）、储能逆变器、升压变压器和就地监控系统及储能电站监控系统等设备组成。储能系统采用全钒液流电池，由 15 个 352kW×2h 全钒液流电池单元系统组成，每个 352kW×2h 全钒液流电池单元系统是由 2 个 176kW×2h 全钒液流电池系统组成，如图 2-14 所示。单个 176kW×2h 全钒液流电池系统包括 1 个正极电解液储罐、1 个负极电解液储罐、8 个电池模块（每个电池模块的功率为 22kW，8 个电池模块 4 串 2 并），每个 176kW×2h 电池系统在液体管路上各自独立，在电路上实现耦合连接。

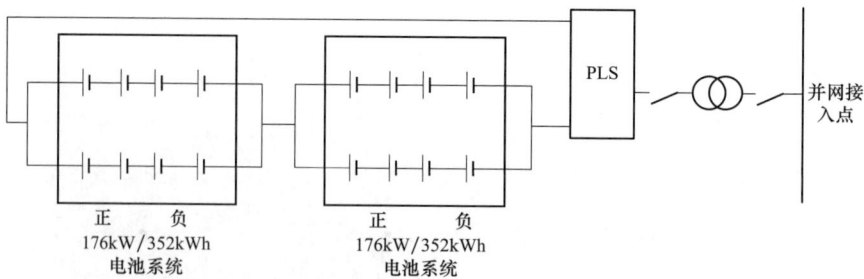

图 2-14　储能单元 352kW×2h 组成示意图

3. 甘肃酒泉"电网友好型新能源发电"示范

甘肃酒泉风电基地的风能开发利用主要集中在玉门、瓜州、马鬃山三个区域内，整个酒泉风电群距离兰州负荷中心的平均距离约为 1000km。甘肃酒泉瓜州干河口示范风电场由鲁能公司建设，分为南、北两个风电场，共包含 32 台 3MW 华锐 SL3000 双馈风电机组，图 2-15 为示范风电场现场。

图 2-15　示范风电场

每 8 台风电机组经一路 35kV 架空线路汇集至干北 330kV 升压站 3 号主变压器的 E 段 35kV 母线。示范风电场经 E1、E2、E3、E4 四路馈线接入 35kV 母线，系统接线示意图如图 2-16 所示。

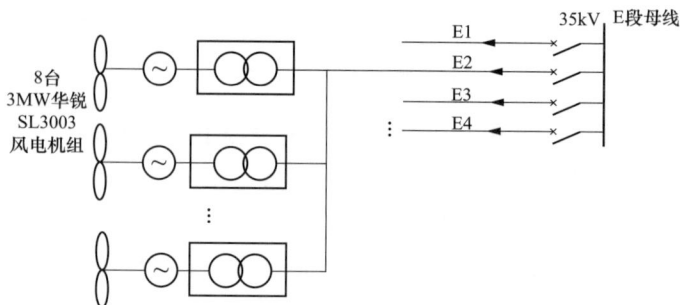

图 2-16　系统接线示意图

1MW/1MWh 箱式锂离子电池储能系统（如图 2-17 所示）经低压双分裂绕组变压器

并入 35kV 馈线。系统包含 2 台 500kVA DC/AC 变流器（PCS），每台 PCS 带 3 个电池簇，每簇电池由 19 个电池组串联而成；2 个 3.2V 125Ah 的锂离子电池单体并联后成为 1 个电池模块，12 个模块串联成组为 1 个电池组。每簇电池成组后直流额定电压 768V，工作范围为 600～876V。

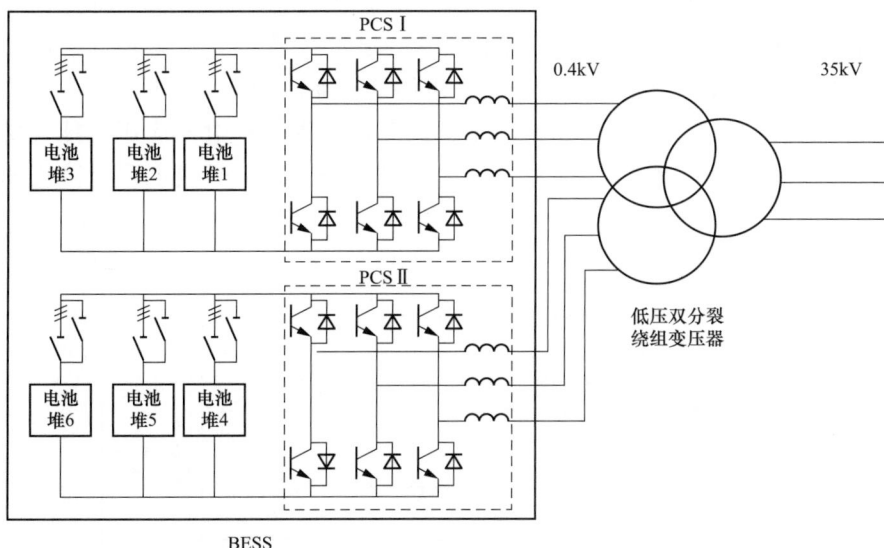

图 2-17 1MW/1MWh 箱式锂离子电池储能系统

储能系统箱体（如图 2-18 所示）采用玻璃钢材料，使用新型恒温材料以及通风阻沙系统替代传统空调系统对储能系统进行热管理，舱内包括动力配电箱、消防系统、监控系统、温控系统。适用于示范地区高温、高寒、强风、多沙的环境。

图 2-18 1MW/1MWh 箱式锂离子电池储能系统箱体

华锐 3MW 双馈机组，转子侧由 2×750kW 背靠背变频器并网，300kW 超级电容储能也由两组独立的超级电容储能经 150kW DC-DC 变流器分别并入变频器直流母线。每组超级电容器由 18 个 48V 模块串联。超级电容储能与机组变频器均安装于机舱内部。

示范风电场接入的 330kV 升压站安装了 1MW/1MWh 的锂离子电池储能系统，用于提高风电场功率调节能力和暂态支撑能力。300kW 超级电容储能系统，用于验证电池储能和超级电容储能在风电场稳态功率控制和暂态支撑中的作用。

2.5.2 输配电及用户侧应用领域

1. 深圳宝清储能电站示范工程

为推动电池储能在电网中的规模化应用，实现中国兆瓦级电池储能电站"零"的突破，南方电网于 2009 年 11 月启动"10MW 级电池储能电站关键技术研究及试点"工作，建成并投运了一座调峰调频锂离子电池储能电站——深圳宝清电池储能电站。该储能电站工程规模为 4MW/16MWh，首个兆瓦级储能分系统已于 2011 年 1 月成功并网运行，可实现配电网侧削峰填谷、调频、调压、孤岛运行等多种电网应用功能。储能电站以 2 回 10kV 电缆分别接入深圳电网 110kV 碧岭站 2 段 10kV 母线，系统接线如图 2-19 所示。

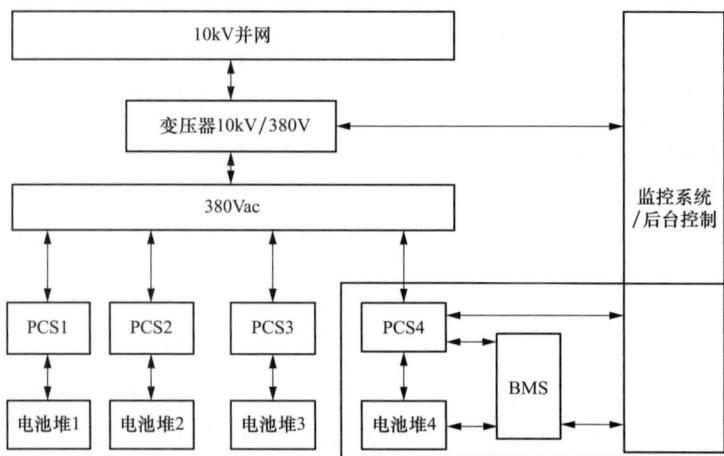

图 2-19 宝清储能电站系统接线示意图

储能电站由电池、能量转换系统（PCS）、电池管理系统（BMS）及监控系统（含电网应用策略）等关键设备组成，一期规模为 4WM/16MWh。储能电站以 500kW/2MWh 储能分系统为基本单元，共分为 8 个 500kW 储能分系统，全站共安装磷酸铁锂电池 34560 只。储能电站以 2 回 10kV 电缆分别接入深圳电网 110kV 碧岭站 2 段 10kV 母线。为实现大容量数据监控，储能电站采用基于 ICE 61850-7-420 标准的信息模型和监控系统，可实时监控和处理超过 60 万信息点。从 2011 年 1 月首个储能分系统并网运行到 2012 年 6 月 30 日，储能电站削峰填谷发电量 5060MWh，充电量 5920MWh，储能系统综合效率约为 85.5%（含站用电）；累计实施削峰 4980 次，填谷 3120 次。

2. 福建安溪移动式储能电站

福建省安溪茶乡感德镇地处安溪的西北部，是安溪闻名遐迩的名茶铁观音的三大主产区。感德镇用电负荷主要为制茶叶及居民用电，季节性用电负荷突出，电网最高负荷均出现在茶叶制作高峰期。近年来，随着茶产业的迅猛发展，制茶户配套有 9～15kW 左右的三相制茶机械以及空气调节设备逐年增加，在长达数月的制茶时段里，所有机械同时运转，用电负荷可以达到平时的 8～12 倍，这样感德镇的尖峰负荷逐年大幅增加。但是同时 10kV 及以下配网新建和改造无法同步，导致制茶季节区域局部配网和台区出现低电压现象；而在非制茶季节，所有机械停用，用电又仅为照明用电，变压器几近空载运行。综上所述，由于茶叶制作的季节性很强，再加上安溪茶叶制作的机械化、电气化水平较高，使得感德镇用电在局部地区和某些时段内负荷过于集中，给在用电高峰期几近饱和的电网以沉重的压力。

福建可移动式电池储能示范电站为国内首台接入配电网末端、功率最大的移动式锂电池储能装置，针对这种季节性负荷突出的用电需求，2012 年福建省电力公司电力科学研究院牵头实施完成了移动式储能电站的示范工程，在采茶季节应对高峰用电期间发挥作用。125kW/250kWh 移动式储能装置由 2 个电池柜、1 台 125kW PCS（双向变流器含变压器）、一套监控系统和一套 UPS 电源组成；125kW/500kWh 移动式储能电站由 4 个电池柜、1 台 125kW PCS（双向变流器含变压器）、一套监控系统和一套 UPS 电源组成。移动式储能装置在用电低谷时由电网向电池组充电，用电高峰期时电池组放电回馈电网，对电网进行局部削峰调谷，均衡用电负荷。

通过该工程项目实施，福建安溪农网试点配电台区供电能力提高 40％以上，有效提高电能利用效率，提高了配电网末端供电能力，有效缓解了安溪制茶用电尖锋负荷。

移动储能电站（如图 2-20 所示）采用紧凑化车载式设计，具有移动灵活、就地安装方便等特点，可在不同空间和时间内对储能设备进行方便快速调配，达到资源整合和充分利用的目的。利用移动灵活、就地安装方便的特性，移动储能电站还能在迎峰度夏，春节保供电等应急保供电，电动汽车道路救援，缓解制茶、烤烟、烤花生等季节性用电高峰方面发挥重要作用。

图 2-20　安溪移动储能电站现场接入图

2.5.3　分布式电源及微电网应用领域

1. 深圳欣旺达园区微电网示范工程

深圳欣旺达园区微电网示范工程主要包含：锂电池储能、太阳能光伏、微电网内负载、微电网外负载。其中，太阳能光伏的安装容量为 460kWp，使用 2 台 250kW 的光伏逆变器逆变后接入微电网内部。锂电池储能容量为 600kWh，使用一台 300kW 的储能双向变流器经过电能变换后接入微电网。图 2-21 为微电网系统结构示意图。

光伏系统的光伏组件安装已于 2014 年 12 月完成，分布式 5kW 光伏并网逆变器的安装，A 栋厂房屋顶 24 台 5kW 光伏并网逆变器已完成安装，C 栋厂房屋顶已完成安装 9 台。B 栋厂房 2 台集中式 100kW 光伏并网逆变器已安装于地下室配电房。

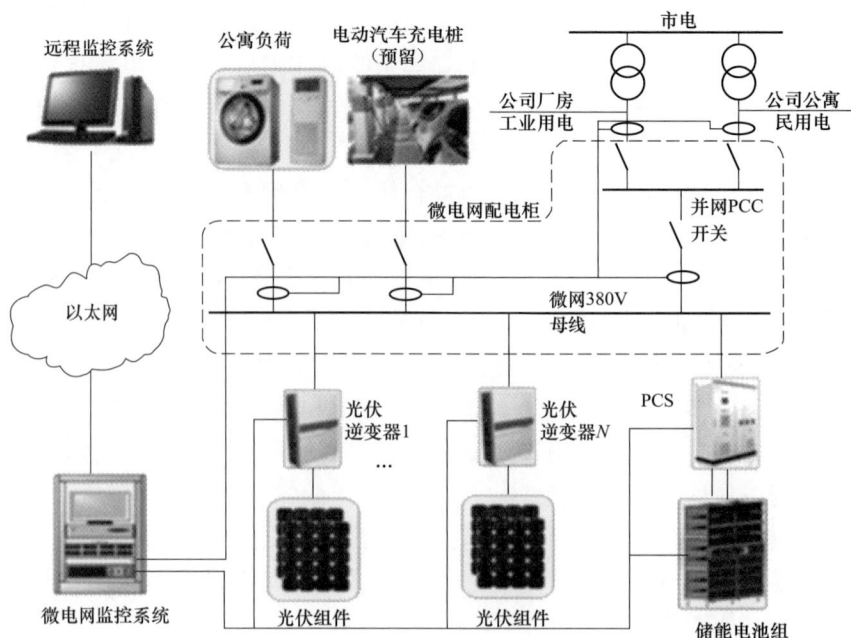

图 2-21　微电网系统结构示意图

储能系统装机容量 250kW/583kWh，集装箱（如图 2-22 所示）包括：电池箱、主控箱、BMS、PCS、并网柜、监控柜、接地铜排、动力电缆、监控通讯线、消防系统、照明系统和消防系统等。

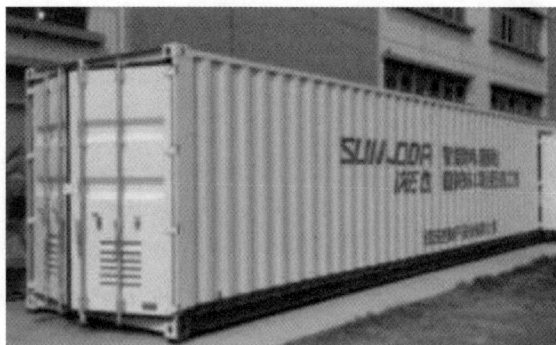

图 2-22　集装箱式储能系统

2. 浙江东福山岛微电网储能示范工程

东福山岛是舟山群岛最东端住人岛——东海第一哨，面积 2.95km²，常住居民约 300 人，居民日常用电负荷 20kW 左右，驻军用负荷 40kW 左右。居民由驻军的柴油发电机供少量照明用电，驻军的柴油发电费用昂贵，居民用电受到限制，用水主要靠现有的水库收集雨水净化和从舟山本岛运水，居民日常用水困难。

2010 年，东福山岛 300kW 风光储微电网供电系统破土动工，至 2011 年 5 月初开始试运，截至目前，系统运行稳定，全岛负荷用电基本由新能源提供。由浙江省电力试验研究院设计的风光柴微电网项目，包含一套日处理能力 50t/d 的海水淡化综合系统，是目前国内最大的离网型综合微电网系统。东福山岛 300kW 风光储微电网系统，由 300kW 储能变流器 PCS（型号 GES-300）、100kW 光伏电池组、210kW 风力发电机组、两组阀控式密封管式胶体蓄电池及 200kW 柴油发电机组成。其中光伏电池组分两路接入 PCS 直流侧，单组开口电压 754V，短路电流 67.2A；风力发电机单台额定容量 30kW，共七台，总容量 210kW；蓄电池单体额定容量 1000Ah，额定电压 2.0V，每组由 240 支单体串联组成，结构如图 2-23 所示。

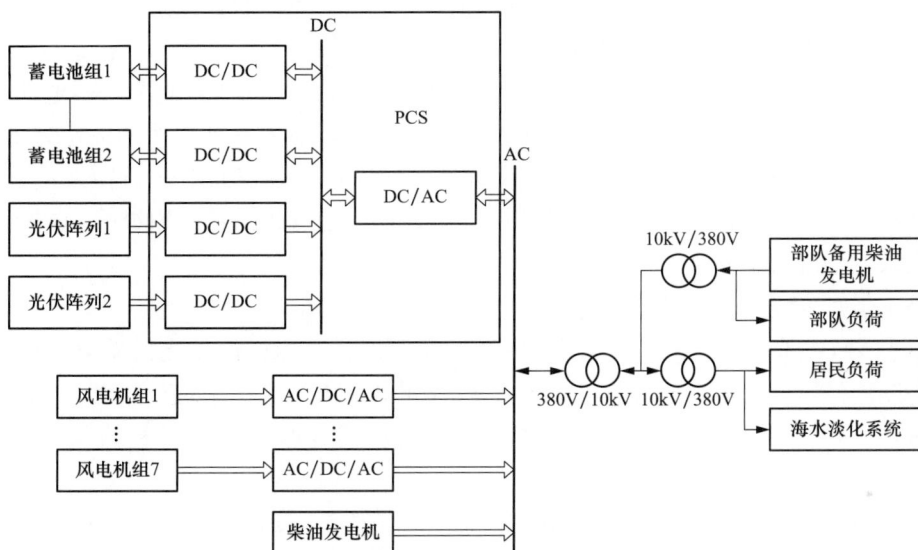

图 2-23　舟山东福山岛微电网项目系统结构图

交直流混合型微电网，风、光、柴、储综合应用。研究目标是通过储能系统的优化配置尽量减少柴发运行时间、最大化可再生能源利用率和电池使用寿命为目标。能量调度方面综合考虑最大化利用可再生能源减少柴油发电，同时兼顾蓄电池使用特性最大化电池使用寿命。

根据舟山物价局，东福山岛所在的东极镇是一个没有与大陆联网的乡镇，一直以自发自供的方式维持岛上用电所需。在东福山岛分光柴储项目投运之前，岛上全部用柴油发电机供电。

东福山岛风光柴储项目月度发电量情况如表 2-8 所示。

表 2-8　　东福山岛风光柴储独立供电系统月度数据

2011 年	电站发电量（kWh）	风机发电量（kWh）	光伏发电量（kWh）	柴油机发电量（kWh）	新能源发电占总发电量比率（%）	柴油机月度耗油量（t）
8 月	35996	11944	3334	20718	0.424436	4.97232
9 月	37384	9674	2937	24773	0.337336	5.94552
10 月	33330	10349	2904	20077	0.397629	4.81848
11 月	33257	11220	2603	19434	0.415641	4.66416
12 月	34773	14291	2889	17593	0.494061	4.22232

东福山岛 300kW 微电网系统运行模式可分为 PCS 模式及柴油发电机模式。PCS 模式指系统中蓄电池做主电源，储能变流器 GES-300 独立逆变做 V/F 控制，为系统提供恒压/恒频的交流电源，同时实现对光伏电池组的最大功率点跟踪控制，系统负荷用电主要由光伏、风机及蓄电池提供，当光伏与风机出力小于负荷时，差额容量由蓄电池供给，当光伏与风机出力大于负荷时，多出能量对蓄电池进行充电，一般当蓄电池 SOC 值较高时系统运行于 PCS 模式；柴油发电机模式指柴油发电机 V/F 运行，为系统提供恒压/恒频的交流电源，GES-300 为 PQ 运行，对蓄电池进行四段式充电，同时对光伏进行最大功率点跟踪控制，一般当蓄电池 SOC 值较低时系统按柴发模式运行。

东福山岛 300kW 微电网系统实际运行中以当前光伏、风机出力情况，蓄电池 SOC 状态及负荷大小为依据，以有效使用新能源及合理使用蓄电池为原则，按照设定好的运行策略在 PCS 模式或柴发模式下工作，根据系统内运行状态的改变而对运行模式进行自动切换。微电网系统的自动运行主要通过储能电池组、蓄电池管理系统（BMS）、储能变流器、后台监控系统的配合运行而实现。

3. 青海杂多微电网储能示范工程

电站由 3MW 光伏、3MW/12MWh 的双向储能设施组成；仅以光伏发电为能量来源，完全由储能变流器作为电网支撑向杂多县新县城配电系统供电；系统运用 6 台储能变流器离网并联，实现了在无大电网支撑下多台储能变流器并联、光储互补协调控制的技术创新。

该项目在青海省杂多县 4200 多米海拔高度上顺利投入运营，年平均发电能力为 500 多万千瓦时，解决了高海拔、偏远无电地区的供电需求难题，对于推动杂多县区域经济跨越式发展具有重要作用。该系统是目前国内首个运用于高原农牧地区的集中式离网智能光储路灯微电网系统。系统具有以下节能效益：采用了集中式光伏锂电池储能并以微电网形式供电，将传统的个体供电变为集中式微电网系统供电；以集中式、容量较大的锂电池替代了传统独立灯柱下埋放的铅酸电池，改变了目前户外铅酸电池使用寿命在两年的状况；由于光伏发电与电池储能系统适度集中，不仅能够提高发电效率，而且延长了微电网系统寿命；由于路灯的本体结构变得简单，节省了花费在灯柱上的成本，降低了维护难度。图 2-24 为青海杂多 3MW 大型离网光储微电网系统。

目前我国电网建设还没有完全连入地处偏远的西部农村，而这些地区的太阳能联网发电条件却很优越。此次北京索英电气提供的智能光储路灯微电网系统设计架构，其光伏发电与储能装置的容量未来可以根据载荷的增长进行扩容，以此来满足更大的用电需求。此外，微电网也预留了和主电网的接口，未来可以根据需要实现二者的互联，把若干个村落的微电网整体都纳入到主电网使用。

4. 福建湄洲岛储能电站示范工程

随着坚强智能电网的建设，配电网的发展在智能电网中具有举足轻重的作用。配电网分布广泛、构成复杂、影响面广，其供电能力、供电可靠性和供电质量对经济社会影响巨大。农村、山区、海岛等配电网末端由于网架结构薄弱，常常存在季节性和时段性负荷波动造成的供电能力不足、电能质量较差、供电可靠性低的问题。以我国东南沿海的福建省为例，闽东南沿海有大量海岛，位于配网末端的用户由于受地形等地理条件限制，供电可

图 2-24　青海杂多 3MW 大型离网光储微电网系统

靠性较低，且每逢台风、冻雨等自然灾害，配网故障较平常多，常常失去主网电源，加上受地形限制，配电网抢修工作极为不便，难以短时间恢复供电，易造成"大面积停电"。在全国其他地区也普遍存在偏远山区、海岛等典型的配电网末端供电用户，因此这类问题具有一定的代表性和普遍性。近年来储能电站已经成为配电网调峰填谷、提高系统稳定性及实现需求侧管理的一种有效手段。

福建省莆田市湄洲岛现由岛外两回 10kV 馈线供电，常会发生海缆遭受破坏的情况，供电能力缺乏。同时湄洲岛每年都有几次重要的保供电任务，每次保供电压力巨大。在大电网遇到故障停电时，储能系统通过无缝切换使配电网末端形成一个独立运行的微电网，可降低线路跳闸对配网用户的影响；针对配电网存在的末端线损、负荷高时压降大的问题，储能系统通过控制分时段充放电减少负荷运行时产生的线损问题；采用储能系统也能为配电网末端的分布式发电如风电、太阳能等提供电压支撑，更好的发挥微电网内分布式电源的作用；储能系统能够同时提供有功和无功支撑，稳定电网末端节点电压水平，提高配电变压器运行效率，增强配电网对新能源及分布式电源的接纳能力，并可在电网故障或检修时提供应急电源，是提高典型配电网末端供电能力和供电可靠性的有效技术手段。图 2-25 为湄洲岛储能电站储能设备。

福建湄洲岛储能电站项目，针对电网发展和建设中面临的迫切需求，开展了电池储能系统提高典型电网末端供电能力研究，从电网运行角度充分发挥了储能系统的削峰填谷和备用电源的作用，提高了输配电设备的利用率和供电效率。福建湄洲岛建成 1MW/2MWh电池储能系统进行示范应用，用于改善岛内供电可靠性。电池储能系统集成方案：总体规模 1MW/2MWh 磷酸铁锂电池储能系统，包括两套 500kW/1MWh 储能系统，每套子系统包括总控柜 1 台，150kWh 电池柜 7 台，每台电池柜中包含 20 个电池包，每个电池包中包含 36 块 66Ah 单体电池，单体电池以 3 并 12 串的方式组合。

图 2-25   湄洲岛储能电站储能设备

2.5.4   电力辅助服务应用领域

1. 睿能石景山电厂电池储能调频应用示范

为探索兆瓦级锂电池储能系统与火力发电机组进行联合调频的适用性，北京京能电力股份有限公司石景山热电厂、北京睿能世纪科技有限公司、北京源深节能技术有限责任公司三方合作在北京京能电力股份有限公司石景山热电厂 3 号机组安装 2MW 储能系统。

北京石景山热电厂具有 4 台 220MW 的火电机组，总装机容量为 880MW。2013 年 9 月 16 日，安装于北京石景山热电厂的 2MW 锂离子电池储能电力调频系统挂网运行，这是中国第一个以提供电网调频服务为主要目的的兆瓦级储能系统示范项目，主要目的是验证储能在电力调频领域中的商业价值。

该储能系统的功率为 2MW，容量为 500kWh，所用电池为 A123 生产的圆柱形磷酸铁锂电池，PCS 为 ABB 生产，由 100kW 模块并联组成 2MW，统一接到 380V 交流母线上，然后经升压器并到电网，储能系统的结构图如图 2-26 所示。

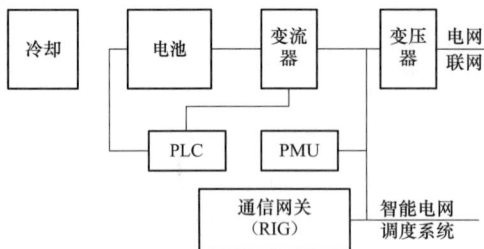

图 2-26   储能系统结构图

整个电池储能系统由变流柜和电池柜两个主要部分组成，变流柜中含有 ABB 公司 2MW 变流器和升压变压器，2MW 变流器由多台 100kW 模块变流器并联而成，电池柜中包含电池系统、BMS 电池管理系统、就地监控系统、冷却通风系统、消防系统组成，除此之外，还包括部分水冷机等辅机系统在室外。电池系统成组方式如图 2-27 所示。

图 2-27   电池系统成组方式

电池系统整体功率 2MW，电池系统容量为 500kWh，包括所有电池组、电池监控系统、电池冷却系统、消防系统等组成部分。电池采用的是磷酸铁锂电池，电池单体封装为

26500 圆柱封装，由多个电池单体组成一个电池箱，每五个电池箱与一个电池管理系统箱组成一个电池柜，多个电池柜分两组分别安装在一个集装箱内，集装箱示意图如图 2-28 所示。整个集装箱里包含了电池系统、电池管理系统、联接母线、断路器开关、消防设备、冷却通风设备和冷却系统的管道。整个集装箱的布线全部采用的顶部布线方式。

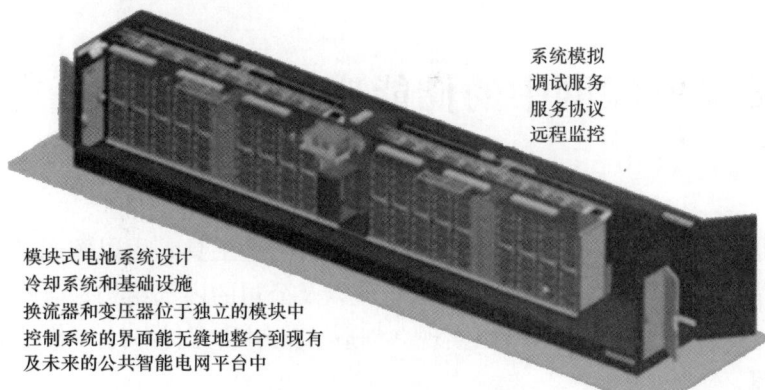

图 2-28 储能电池集装箱结构图

储能系统挂靠于此火电厂的主要作用是辅助石景山热电厂对电网进行调频，改善此火电厂的调频性能。据预估，若配置 6MW 或 10MW 的储能系统，则不需要此火电厂参与 AGC 指令跟踪，储能系统便能完全胜任。

调频动作的基本原理为：电网每 4s 发一个调度 AGC 指令，但不一定每次都发给石景山热电厂，由电网随机发送。不过一般 4s～2min 内便会有指令过来，动作时长为 30s 左右。储能系统接收到电网调度 AGC 指令后，并参考火电机组出力情况来确定储能系统的出力，当储能系统能完全满足 AGC 指令要求的功率，则不需要火电厂机组调整出力；当储能系统不动作或动作也未能达到 AGC 指令要求，则由火电厂机组调整出力以补充。北京睿能世纪科技有限公司储能系统辅助火电机参与电网二次调频的实现框图如图 2-29 所示。

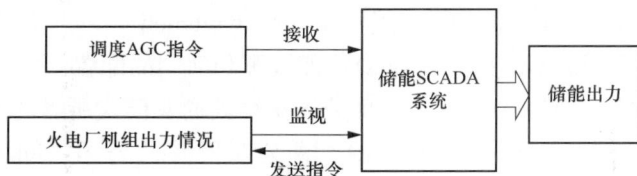

图 2-29 储能系统运行控制框图

石景山热电厂在储能系统未投入辅助其参与调频时，其跟踪调度 AGC 指令比较困难。当配置 2MW 锂电池储能系统后，每月均得到电网的调频奖励，其奖励金额为 1 万元左右，其中有 4000 元为电厂的奖励基数。

第3章

能源互联网中的储能应用商业模式研究

商业模式是一种包含了一系列要素及其关系的概念性工具，用以阐明某个特定实体的商业逻辑。它描述了公司所能为客户提供的价值以及公司的内部结构、合作伙伴网络和关系资本（Relationship Capital）等借以实现（创造、推销和交付）这一价值并产生可持续盈利收入的要素。

商业模式的定义：为实现客户价值最大化，把能使企业运行的内外各要素整合起来，形成一个完整的高效率的具有独特核心竞争力的运行系统，并通过最优实现形式满足客户需求、实现客户价值，同时使系统达成持续赢利目标的整体解决方案。商业模式主要包括以下要素：

（1）价值主张（Value Proposition）：即公司通过其产品和服务所能向消费者提供的价值。价值主张确认公司对消费者的实用意义。

（2）消费者目标群体（Target Customer Segments）：即公司所瞄准的消费者群体。这些群体具有某些共性，从而使公司能够（针对这些共性）创造价值。定义消费者群体的过程也被称为市场划分（Market egmentation）。

（3）分销渠道（Distribution Channels）：即公司用来接触消费者的各种途径。这里阐述了公司如何开拓市场。它涉及到公司的市场和分销策略。

（4）客户关系（Customer Relationships）：即公司同其消费者群体之间所建立的联系。通常所说的客户系管理（Customer Relationship Management）即与此相关。

（5）价值配置（Value Configurations）：即资源和活动的配置。

（6）核心能力（Core Capabilities）：即公司执行其商业模式所需的能力和资格。

（7）合作伙伴网络（Partner Network）：即公司同其他公司之间为有效地提供价值并实现其商业化而形成合作关系网络。这也描述了公司的商业联盟（Business Alliances）范围。

（8）成本结构（Cost Structure）：即所使用的工具和方法的货币描述。

（9）收入模型（Revenue Model）：即公司通过各种收入流（Revenue Flow）来创造财富的途径。

现代管理学之父彼得·德鲁克说过："当今企业之间的竞争，不是产品之间的竞争，而是商业模式之间的竞争。"据《科学投资》杂志调查显示：在创业企业中，因为战略原因而失败的有 23%，因为执行原因而夭折的有 28%，但因为没有找到赢利模式而走上绝路的却高达49％。没有一个合理的赢利模式或商业模式，不管企业名气有多大，资产有多大，也必定走向衰亡！商业模式是关系到企业生存存亡、兴衰成败的大事，企业要想获得成功就必须从制定适合该企业的商业模式开始，新成立的企业是这样，发展期的企业更是如此。商业模式是企业竞争制胜的关键。

近年来，我国可再生能源发电、分布式能源、电动汽车行业蓬勃发展，为能源互联网建设打下了良好基础。储能作为一种能源转移方式，在未来电力系统最优化中具有重要作用及意义，能源互联网需要更多的储能，电力的潮流控制、分布式电源及微网将实现广泛应用，但由于储能系统成本仍较高，导致市场推进缓慢。并且虽然我国能源互联网正处于起步阶段，但储能在能源互联网的框架下已不再局限于电力存储技术，储氢、储热和天然气存储等技术都将纳入进来，未来储能领域将涌现出更多的商业模式。

在这种情况下，储能作为可再生能源发展的重要技术支撑和能源互联网关键技术之一，其商业模式将成为突破储能发展的关键。本章将从支持储能发展的相关政策出发，从分布式光储系统、用户侧储能、微电网、电力辅助服务等多个应用领域开展储能系统的商业模式发展现状分析，并探讨潜在的商业运行模式。

3.1 储能技术的相关政策解析

2015年，中国电力体制改革大幕拉开，十三五规划相继启动，可再生能源、智能电网和新能源汽车等产业发展势头强劲。这其中政策无疑是最主要的推动因素。从战略规划到示范项目，储能的应用价值和潜在市场也在能源、电力、科技、交通、环保多个领域政策中得到体现。上述相关产业和应用领域的一系列政策支持、机制变革和发展规划也将对储能产业的发展起到积极的推动作用，进一步增强了储能产业发展的信心和预期。

作为重要的支撑技术，智能电网、能源互联网等产业发展指导意见的出台无疑为储能发展注入了一剂强心剂；电力体制改革及其一系列配套文件的发布，营造了更为灵活和市场化的电力市场环境，拓宽了储能在电力系统中的应用空间；面对三北地区严峻的弃风、弃光问题，储能在电力系统调峰、调频以及解决可再生能源并网中的重要作用受到越来越多的关注和重视；受电动汽车产业乐观发展预期的鼓舞，以锂离子电池为代表的电池行业也在快速扩张，相关规范措施的出台，将对储能技术产业的健康有序发展起到积极作用；随着电动汽车的快速推广应用，储能与电动汽车的相互渗透也越发密切，在退役动力电池梯次利用、车电互联、电动汽车充电站等方面，储能正在起着越来越重要的支撑作用。

下面将储能相关政策分为能源发展规划类政策、电改电价类政策、可再生能源发展类政策、储能技术行业规范类政策、新能源汽车类政策及智慧城市和智慧社区方面等六个大类进行详细梳理，并探讨相关政策对于储能产业的影响。

3.1.1 能源发展规划类政策

表3-1给出了2016年中国能源发展规划类政策。

表 3-1 2016 年中国能源发展规划类政策

政策名称	发布时间	政策要点
能源发展战略行动计划（2014～2020 年）	201411 国务院	从现在到 2020 年，是能源发展转型的重要战略机遇期。主要任务： 优化能源结构，大力发展可再生能源，提高可再生能源利用水平。加强电源与电网统筹规划，科学安排调峰、调频、储能配套能力，切实解决弃风、弃水、弃光问题。 推进能源科技创新。抓住能源绿色、低碳、智能发展的战略方向，围绕保障安全、优化结构和节能减排等长期目标，确立分布式能源、智能电网、储能、基础材料等 9 个重点创新领域，明确大容量储能、氢能与燃料电池、能源基础材料等 20 个重点创新方向
中国制造 2025	201505 国务院	在节能与新能源汽车领域，继续支持电动汽车、燃料电池汽车发展，提升动力电池、驱动电机等核心技术的工程化和产业化能力，形成从关键零部件到整车的完整工业体系和创新体系，推动自主品牌节能与新能源汽车同国际先进水平接轨。 在电力装备领域，推进新能源和可再生能源装备、先进储能装置、智能电网用输变电及用户端设备发展
关于促进智能电网发展的指导意见	201507 发改委 能源局	到 2020 年，初步建成安全可靠、开放兼容、双向互动、高效经济、清洁环保的智能电网体系。主要任务： 增强服务和技术支撑，积极接纳新能源。推广分布式能源、储能系统与电网协调优化运行技术，平抑新能源波动性。加强能源互联，促进多种能源优化互补。鼓励在可再生能源富集地区推进风能、光伏、储能优化协调运行；鼓励在城市工业园区（商业园区）等区域，开展能源综合利用工程示范，以光伏发电、燃气冷热电三联供系统为基础，应用储能、热泵等技术，构建多种能源综合利用体系。 满足多元化民生用电，建设低碳、环保、便捷的以用电信息采集、需求响应、分布式电源、储能、电动汽车有序充电、智能家居为特征的智能小区、智能楼宇、智能园区；推动用户侧储能应用试点。 加快关键技术装备研发应用，促进上下游产业健康发展。加紧研制和开发高比例可再生能源电网运行控制技术、主动配电网技术、能源综合利用系统、储能管理控制系统和智能电网大数据应用技术等。 加大投资支持力度，完善电价机制。研究设立智能电网中央预算内投资专项，支持储能、智能用电、能源互联网等重点领域示范项目。在电价市场化之前，鼓励探索完善峰谷电价等电价政策，支持储能产业发展
配电网建设改造行动计划（2015～2020 年）	201507 能源局	加快建设现代配电网，以安全可靠的电力供应和优质高效的供电服务保障经济社会发展。2015～2020 年，配电网建设改造投资不低于 2 万亿元。重点任务： 推动智能互联，打造服务平台。支持新能源及多元化负荷接入。综合应用新技术，大幅提升配电网接纳新能源、分布式电源及多元化负荷的能力；推进配电网储能应用试点工程，提高设备利用率。 加快建设电动汽车智能充换电服务网络，推广电动汽车有序充电、V2G 及充放储一体化运营技术，实现城市及城际间充电设施的互联互通。2020 年满足 1.2 万座充换电站、480 万台充电桩接入需求，为 500 万辆电动汽车提供充换电服务
关于加快配电网建设改造的指导意见	201508 发改委	完善新能源和分布式电源接入体系。规范完善新能源、分布式电源并网标准，有序建设主动配电网、微电网，鼓励应用分布式多能源互补、发电功率预测等方式，提高分布式电源与配电网协调能力，满足新能源、分布式电源广泛接入要求。推进配电网储能应用试点工程

政策名称	发布时间	政策要点
关于推进"互联网＋"智慧能源发展的指导意见	201602 发改委 能源局 工信部	"互联网＋"智慧能源是一种互联网与能源生产、传输、存储、消费以及能源市场深度融合的能源产业发展新形态。重点任务是要营造开放共享的能源互联网生态体系，建立新型能源市场交易体系和商业运营平台，发展分布式能源、储能和电动汽车应用、智慧用能和增值服务、绿色能源灵活交易、能源大数据服务应用等新模式和新业态。 推动集中式与分布式储能协同发展。开发储电、储热、储冷、清洁燃料存储等多类型、大容量、低成本、高效率、长寿命储能产品及系统。推动在集中式新能源发电基地配置适当规模的储能电站，实现储能系统与新能源、电网的协调优化运行。推动建设小区、楼宇、家庭应用场景下的分布式储能设备，实现储能设备的混合配置、高效管理、友好并网。 发展储能网络化管理运营模式。鼓励整合小区、楼宇、家庭应用场景下的储电、储热、储冷、清洁燃料存储等多类型的分布式储能设备及社会上其他分散、冗余、性能受限的储能电池、不间断电源、电动汽车充放电桩等储能设施，建设储能设施数据库，将存量的分布式储能设备通过互联网进行管控和运营。推动电动汽车废旧动力电池在储能电站等储能系统实现梯次利用。构建储能云平台，实现对储能设备的模块化设计、标准化接入、梯次化利用与网络化管理，支持能量的自由灵活交易。推动储能提供能源租赁、紧急备用、调峰调频等增值服务。 发展车网协同的智能充放电模式。鼓励充换电设施运营商、电动汽车企业等，集成电网、车企、交通、气象、安全等各种数据，建设基于电网、储能、分布式用电等元素的新能源汽车运营云平台。培育用户侧智慧用能新模式。鼓励企业、居民用户与分布式资源、电力负荷资源、储能资源之间通过微电网衡市场进行局部自主交易，通过实时交易引导能源的生产消费行为，实现分布式能源生产、消费一体化。支持能源互联网的核心设备研发。支持直流电网、先进储能、能源转换、需求侧管理等关键技术、产品及设备的研发和应用

2015 年在能源发展规划方面与储能直接相关的政策主要包括《能源发展战略行动计划（2014～2020 年）》《中国制造 2025》《关于促进智能电网发展的指导意见》《配电网建设改造行动计划（2015～2020 年）》《关于推进"互联网＋"智慧能源发展的指导意见》。上述政策对于储能的影响包括技术装备和推广应用两个方面：

（1）在技术装备方面，《能源发展战略行动计划（2014～2020 年）》《中国制造 2025》明确提出，储能技术创新是能源科技创新的重点领域和方向，储能装备制造是电力装备和新能源汽车领域提升制造能力的重点方向。储能技术发展和装备制造能力提升对于提高我国能源技术水平、推进能源科技自主创新、提升能源装备制造能力和国际竞争力都具有重要意义。

（2）在推广应用方面，《关于促进智能电网发展的指导意见》《配电网建设改造行动计划（2015～2020 年）》《关于推进"互联网＋"智慧能源发展的指导意见》等政策都多次体现和强调了储能在优化能源结构，构建安全、高效、清洁的现代能源电力保障体系中的重要作用。储能在提升可再生能源消纳能力、促进多种能源优化互补、构建用户侧分布式能源体系、实现能源互联和智慧用能等方面的重要作用得到政策的认可和支持；发展储能及其相关应用模式已经成为构建智能电网、配电网建设和发展能源互联网的重要任务之一。未来储能产业与智能电网、能源互联网等产业的相互融合和彼此推动作用将更加明显，在国家大力推动和发展智能电网和能源互联网的过程中，储能也将迎来更加广阔的应用市场空间。

3.1.2　电改电价类政策

表 3-2 给出了 2016 年中国电改电价类政策

表 3-2		2016 年中国电改电价类政策
政策名称	发布时间	政策要点
中共中央国务院关于进一步深化电力体制改革的若干意见	201503 国务院	进一步深化电力体制改革的重点和路径是：在进一步完善政企分开、厂网分开、主辅分开的基础上，按照管住中间、放开两头的体制构架，有序放开输配以外的竞争性环节电价，有序向社会资本放开配售电业务，有序放开公益性和调节性以外的发用电计划；推进交易机构相对独立，规范运行；继续深化对区域电网建设和适合我国国情的输配体制研究；进一步强化政府监管，进一步强化电力统筹规划，进一步强化电力安全高效运行和可靠供应
关于改善电力运行调节促进清洁能源多发满发的指导意见	201503 发改委能源局	落实"9 号文"有关要求，改善电力运行调节，促进清洁能源持续健康发展。统筹年度电力电量平衡：风电、光伏发电、生物质发电按照本地区资源条件全额安排发电；新增用电需求原则上优先用于安排清洁能源发电和消纳区外清洁能源，以及奖励为保障清洁能源多发满发而调峰的煤电机组发电，鼓励清洁能源优先与用户直接交易；制定年度跨省区送受电计划时，优先安排清洁能源送出并明确送电比例。加强日常运行调节，充分运用利益补偿机制：通过替代发电、辅助服务等市场机制，实现不同类型电源的利益调节；建立完善调峰补偿机制，鼓励通过市场化方式确定调峰承担方，鼓励清洁能源直接购买辅助服务；可再生能源消纳困难的地区，可通过市场化的经济补偿机制激励煤电机组调峰；不断研究探索水电、风电、光伏发电与煤电（含热电）等联合运行和优化运行；健全跨省区送受电利益调节机制。加强电力需求侧管理，积极尝试开展需求响应试点，加快电力需求侧管理平台开发建设，鼓励电力用户优化用电负荷特性、参与调峰调频，加大峰谷电价差，用价格手段引导移峰填谷，缓解发电侧调峰压力，促进多消纳清洁能源；加强相互配合和监督管理，确保多发满发政策落到实处。提高出力预测精度；充分挖掘系统调峰潜力，合理调整旋转备用容量；加强清洁能源富集地区送电通道的建设，发展智能电网技术，改善清洁能源并网条件
关于贯彻中发〔2015〕9 号文件精神加快推进输配电价改革的通知	201504 发改委	贯彻落实"9 号文"，加快推进输配电价改革。扩大输配电价改革试点范围：在深圳市、内蒙古西部改革试点的基础上，将安徽、湖北、宁夏、云南省列入先期输配电价改革试点范围，按"准许成本加合理收益"原则单独核定输配电价。改革对电网企业的监管模式：对电网企业监管由现行核定购电售电两头价格、电网企业获得差价收入的间接监管，改变为以电网资产为基础对输配电收入、成本和价格全方位直接监管。电网企业按照政府核定的输配电价收取过网费，不再以上网电价和销售电价价差作为主要收入来源。积极稳妥推进发电侧和售电侧电价市场化，分步实现公益性以外的发售电价格由市场形成。鼓励电力用户或售电主体与发电企业自主确定市场交易价格，并按照其接入电网的电压等级支付输配电价
关于推进输配电价改革的实施意见	201511 发改委能源局	建立独立输配电价体系，形成保障电网安全运行、满足电力市场需要的输配电价形成机制。还原电力商品属性，按照"准许成本加合理收益"原则，核定电网企业准许总收入和分电压等级输配电价，明确政府性基金和交叉补贴，并向社会公布，接受社会监督。健全对电网企业的约束和激励机制，促进电网企业改进管理，降低成本，提高效率。 输配电价改革试点工作主要分为调研摸底、制定试点方案、开展成本监审、核定电网准许收入和输配电价四个阶段。非试点地区同步开展输配电价摸底测算。全面调查摸清电网输配电资产、成本和企业效益情况，深入分析输配电价管理中存在的主要矛盾和问题。在此基础上，初步测算电网各电压等级输配电价和交叉补贴，研究提出推进输配电价改革和妥善处理交叉补贴的工作思路

政策名称	发布时间	政策要点
关于推进电力市场建设的实施意见	201511 发改委 能源局	推动电力供应使用从传统方式向现代交易模式转变，推进电力市场建设。有序放开发用电计划、竞争性环节电价，不断扩大参与直接交易的市场主体范围和电量规模，逐步建立市场化的跨省跨区电力交易机制。选择具备条件地区开展试点，建成包括中长期和现货市场等较为完整的电力市场；视情况扩大试点范围；逐步建立符合国情的电力市场体系。非试点地区按照《关于有序放开发用电计划的实施意见》开展市场化交易。试点地区可根据本地实际情况，另行制定有序放开发用电计划的路径。零售市场按照《关于推进售电侧改革的实施意见》开展市场化交易
关于电力交易机构组建和规范运行的实施意见	201511 发改委 能源局	为贯彻落实"9号文"有关要求，推进构建有效竞争的场场结构和市场体系，建立相对独立、规范运行的电力交易机构。 职能定位：交易机构不以营利为目的，在政府监管下为市场主体提供规范公开透明的电力交易服务。 组织形式：将原来由电网企业承担的交易业务与其他业务分开，按照政府批准的章程和规则组建交易机构。交易机构可以采取电网企业相对控股的公司制、电网企业子公司制、会员制等组织形式。 体系框架：有序组建相对独立的区域和省（自治区、直辖市）交易机构。区域交易机构包括北京电力交易中心（依托国家电网公司）、广州电力交易中心（依托南方电网公司）和其他服务于有关区域电力市场的交易机构。形成规范运行的交易平台：拟订交易规则，市场成员注册管理，发布交易信息，提供平台供市场成员开展双边、集中等交易，交易计划编制与跟踪，交易结算，信息发布
关于有序放开发用电计划的实施意见	201511 发改委 能源局	贯彻落实"9号文"有关要求，推进发用电计划改革：建立优先购电制度，保障无议价能力的用户用电；建立优先发电制度保障清洁能源发电、调节性电源发电优先上网；切实保障电力电量平衡。做好供需平衡预测，安排优先发电。组织直接交易，安排好年度电力电量平衡方案，实施替代发电，保障电力平衡。积极推进直接交易。规范了用户准入范围、发电准入范围、交易方式和期限、直接交易价格、保持用电负荷特性、避免非理性竞争。有序放开发用电计划。在不影响电力系统安全、供需平衡和保障优先购电、优先发电的前提下，全国各地逐步放开一定比例的发用电计划，参与直接交易，促进电力市场建设
关于推进售电侧改革的实施意见	201511 发改委 能源局	贯彻"9号文"精神，推进售电侧改革。向社会资本开放售电业务，多途径培育售电侧市场竞争主体。 售电侧市场主体及其准入退出条件：售电侧市场主体包括电网企业、售电公司、符合市场准入条件的电力用户。其中售电公司分三类，第一类是电网企业的售电公司；第二类是社会资本投资增量配电网，拥有配电网运营权的售电公司；第三类是独立售电公司，不拥有配电网运营权，不承担保底供电服务。 市场化交易：市场交易包括批发和零售交易。在交易机构注册的发电公司、售电公司、用户等市场主体可以自主双边交易，也可以通过交易中心集中交易。放开的发用电计划部分通过市场交易形成价格，未放开的发用电计划部分执行政府规定的电价
关于扩大输配电价改革试点范围有关事项的通知	201603 发改委	2016年，进一步扩大输配电价改革试点范围，将北京、天津、冀南、冀北、山西、陕西、江西、湖南、四川、重庆、广东、广西等12个省级电网和经发改委、国家能源局审核批复的电力体制改革综合试点省份的电网，以及华北区域电网纳入输配电价改革试点范围

2015 年，《中共中央国务院关于进一步深化电力体制改革的若干意见》（中发〔2015〕9 号，以下简称 9 号文）正式发布，新一轮电力体制改革大幕拉开。还原电力的商品属性、建立健全电力行业市场体制、有序放开竞争性业务、实现供应电力多元化成为此次电改的重点。为贯彻 9 号文，在促进清洁能源多发满发、输配电价改革、电力市场建设、建立相对独立规范运行的电力交易机构、有序放开发用电计划、售电侧改革等方面国家也相继发布了一系列配套文件和政策，针对各个领域的现状和问题提出了具体的改革思路和实施方案。

在电改及其配套政策的推动下，2015 年，各地方政府和电力公司纷纷出台一系列政策和举措：深圳、蒙西、宁夏、安徽等地区率先提出输配电价改革试点方案；北京、广州电力交易中心相继组建；广州开发区、重庆两江新区等开展配售电试点工作，售电公司直接为电力用户提供电能。

在电改政策的指引下，电网角色将逐渐从电力交易主体转变为提供输配电服务，在发电侧与售电侧将会形成更加灵活的电价和电力交易模式，多元化的电力服务商将进入电力市场。需求侧管理、分布式发电等用户侧灵活用能模式将迎来发展机遇，储能也将在其中找到更为广阔的应用空间。

3.1.3 可再生能源发展类政策

表 3-3 给出了 2016 年中国可再生能源发展类政策。

表 3-3   2016 年中国可再生能源发展类政策

政策名称	发布时间	政策要点
可再生能源发展专项资金管理暂行办法	201504 财政部	可再生能源发展专项资金，是指通过中央财政预算安排，用于支持可再生能源和新能源开发利用的专项资金。 可再生能源发展专项资金重点支持范围包括：可再生能源和新能源重点关键技术示范推广和产业化示范；可再生能源和新能源规模化开发利用及能力建设；可再生能源和新能源公共平台建设；可再生能源、新能源等综合应用示范；其他经国务院批准的有关事项。 可再生能源发展专项资金根据项目任务、特点等情况采用奖励、补助、贴息等方式支持并下达地方或纳入中央部门预算
关于推进新能源微电网示范项目建设的指导意见	201507 能源局	新能源微电网示范项目建设的目的是探索建立容纳高比例波动性可再生能源电力的发输（配）储用一体化的局域电力系统，探索电力能源服务的新型商业运营模式和新业态，推动更加具有活力的电力市场化创新发展，形成完善的新能源微电网技术体系和管理体制。 新能源微电网是基于局部配电网建设的，风、光、天然气等各类分布式能源多能互补，具备较高新能源电力接入比例，可通过能量存储和优化配置实现本地能源生产与用能负荷基本平衡，可根据需要与公共电网灵活互动且相对独立运行的智慧型能源综合利用局域网
关于组织太阳能热发电示范项目建设的通知	201509 能源局	太阳能热发电是太阳能利用的重要新技术领域，为推动我国太阳能热发电技术产业化发展，为攻克关键技术装备，形成完整产业链和系统集成能力，现组织建设一批示范项目。太阳能热发电示范项目以槽式和塔式为主，其他类型也可申报，示范目标：一是扩大太阳能热发电产业规模。通过示范项目建设，形成国内光热设备制造产业链，支持的示范项目应达到商业应用规模，单机容量不低于 5 万 kW。二是培育系统集成商。通过示范项目建设，培育若干具备全面工程建设能力的系统集成商，以适应后续太阳能热发电发展的需要

续表

政策名称	发布时间	政策要点
关于可再生能源就近消纳试点的意见（暂行）	201510 发改委	在可再生能源富集地区加强电力外送、扩大消纳范围的同时开展就近消纳试点，以可再生能源为主、传统能源调峰配合形成局域电网。基本原则：允许大胆探索，只要政策不违反法律法规，不影响电力安全稳定运行，又有利于实现就近消纳，就可以试行。试点内容：可再生能源在局域电网就近消纳；可再生能源直接交易；可再生能源优先发电权；其他鼓励可再生能源消纳的运行机制，充分发挥抽水蓄能机组和储能设备的快速调峰能力，实施风光水储联合运行
关于完善陆上风电光伏发电上网标杆电价政策的通知	201512 发改委	实行陆上风电、光伏发电上网标杆电价随发展规模逐步降低的价格政策。利用建筑物屋顶及附属场所建设的分布式光伏发电项目，在项目备案时可以选择"自发自用、余电上网"或"全额上网"中的一种模式。陆上风电、光伏发电上网电价在当地燃煤机组标杆上网电价以内的部分，由当地省级电网结算；高出部分通过国家可再生能源发展基金予以补贴。鼓励各地通过招标等市场竞争方式确定陆上风电、光伏发电等新能源项目业主和上网电价
可再生能源发电全额保障性收购管理办法（征求意见稿）	201601 能源局	可再生能源发电全额保障性收购是指电网企业根据国家确定的上网标杆电价和保障性收购利用小时数，结合市场竞争机制，通过落实优先发电制度，全额收购规划范围内的可再生能源发电项目的上网电量。可再生能源并网发电项目年发电量分为保障性收购电量部分和市场交易电量部分。两部分电量均享有优先发电权。各电网企业和其他供电主体承担其电网覆盖范围内可再生能源发电全额保障性收购的实施责任
关于建立可再生能源开发利用目标引导制度的指导意见	201602 能源局	为促进可再生能源开发利用，保障实现2020、2030年非化石能源占一次能源消费比重分别达到15%、20%的能源发展战略目标，建立可再生能源开发利用目标引导制度。建立明确的可再生能源开发利用目标。制定科学的可再生能源开发利用规划。明确可再生能源开发利用的责任和义务。建立可再生能源开发利用监测和评价制度。研究完善促进可再生能源开发利用的体制机制。分步开展可再生能源开发利用目标引导工作
关于推动电储能参与"三北"地区调峰辅助服务工作的通知（征求意见稿）	201603 能源局	鼓励发电企业、售电企业、电力用户、独立辅助服务提供商等投资建设电储能设施。充电功率在10MW以上、持续充电时间4h以上的电储能设施，可参加发电侧调峰辅助服务市场。鼓励各地规划集中式新能源发电基地时，配置适当规模的电储能设施，实现电储能设施与新能源、电网的协调优化运行。用户侧储能设施可作为需求侧资源的一部分参与辅助服务市场交易

近年来，我国清洁能源发展步伐加快，风电、光伏等可再生能源发电新增装机规模逐年扩大；与此同时，由于电力系统的调峰能力有限、送出通道规划建设相对滞后等原因，我国可再生能源发电的消纳问题也日趋严重。为了解决可再生能源发展过程中存在的问题，2015年国家从加强可再生能源开发目标引导与资金管理、完善上网电价与保障性收购、试点就近消纳与保障跨区域送受电、挖掘系统调峰潜力、示范新能源微电网和光热发电等方面全面解决可再生能源发展过程中遇到的问题，政策遍及了可再生能源的项目建设、发电上网、电力系统调节、电力输送、电力消纳等各个方面。

可再生能源领域的政策对储能产业的影响直接体现在可再生能源大规模集中式发电和分布式发电与微网两种不同的应用形式中。

首先，在大规模可再生能源集中式发电领域，储能是重要的调峰资源。储能在参与调峰辅助服务、促进大规模可再生能源并网消纳中的作用受到重视。《关于推动电储能参与"三北"地区调峰辅助服务工作的通知》为储能参与调峰辅助服务给予了身份认可，明确鼓励规划在集中式新能源发电基地时配置适当规模的电储能设施，实现与新能源、电网的协调优化运行；明确鼓励用户侧储能设施可作为需求侧资源的一部分参与辅助服务市场交易。

其次，在可再生能源分布式发电与微网领域，新能源微电网示范项目建设工作的启动是建立容纳高比例波动性可再生能源电力的发输（配）储用一体化的局域电力系统做出的一次有效探索。储电蓄热及高效用能技术与分布式能源相结合，通过智能电网及综合能量管理系统，可以形成以可再生能源为主的高效一体化分布式能源系统，不仅能够实现本地能源生产与用能负荷基本平衡，而且可以根据需要与公共电网灵活互动且相对独立运行。

3.1.4 储能技术行业规范类政策

表 3-4 给出了 2016 年中国储能技术行业规范类政策

表 3-4 **2016 年中国储能技术行业规范类政策**

政策名称	发布时间	政策要点
锂离子电池行业规范条件	201508 工信部	从产业布局和项目设立、生产规模和工艺技术、产品质量及性能、资源综合利用及环境保护、安全管理、卫生和社会责任等方面制定锂离子电池行业的规范条件，加强锂离子电池行业管理，引导产业转型升级，推动产业健康发展。其中：在产能方面，锂离子电池企业的电池年产能不低于 1 亿 Wh，并且申报时上一年实际产量不低于实际产能的 50%。在产品性能方面，储能型单体电池能量密度≥110Wh/kg，电池组能量密度≥75Wh/kg，循环寿命≥22000 次且容量保持率≥80%
锂离子电池行业规范公告管理暂行办法	201512 工信部	工业和信息化部负责对中华人民共和国境内所有类型的锂离子电池行业生产企业实施行业规范公告管理工作，主要包括从事正极材料、负极材料、隔膜、电解液（含电解质）、单体电池、电池组等生产企业
铅蓄电池行业规范条件（2015 年本）	201512 工信部	为促进我国铅蓄电池及其含铅零部件生产行业持续、健康、协调发展，规范行业投资行为，按照合理布局、控制总量、优化存量、保护环境、有序发展的原则，对铅蓄电池企业的建设申请、生产能力、工艺装备以及环境保护、职业卫生与安全生产、节能与回收利用、监督管理等方面做出了严格的规定。其中新建、改扩建铅蓄电池生产企业，建成后同一厂区年生产能力不应低于 50 万 kVAh；现有铅蓄电池生产企业不应低于 20 万 kVAh
铅蓄电池行业规范公告管理暂行办法（2015 年本）	201512 工信部	工业和信息化部负责对全国铅蓄电池行业开展规范公告管理工作。省级工业和信息化主管部门依据该规范以及有关法律、法规和产业政策的规定，负责接受本地区铅蓄电池企业提出的公告申请，对企业提交的申请材料进行初审，将初审结果报送工业和信息化部
《废电池污染防治技术政策（征求意见稿）》	201612 环保部	技术政策明确"废电池"包括：①已经失去使用价值而被废弃的各种一次电池（包括锌锰电池、氧化银电池、锌空气电池、锂一次电池等）、二次电池（铅蓄电池、镉镍电池、氢镍电池、锂离子电池等）、太阳能电池和燃料电池等。②已经失去使用价值而被废弃的动力电池组（包）、模块或单体电池。③上述各种电池在生产、运输、销售过程中产生的不合格产品、报废产品、过期产品等。④其他废弃的化学电源。 技术政策是指导性文件，供各有关单位在环境保护工作中参照。技术政策提出了废电池污染防治可采取的技术路线、原则和方法，包括废电池收集、运输、储存、资源再生和处理处置过程的污染防治技术等内容，为废电池相应设施的规划、立项、选址、设计、施工、运营和管理提供指导，引导相关产业的发展

　　2015 年，受新能源汽车产业快速发展的带动，国内动力电池市场需求井喷，动力电池企业纷纷融资、增产、扩产，各路资本也以跑步前进的方式快速涌入动力电池相关产业，"小、散、乱"成为国内锂离子电池和铅蓄电池产业呈现的普遍局面。为了规范行业秩序、提高我国锂离子电池和铅蓄电池的产品质量和产业竞争力，加速资源整合推动优胜劣汰，2015 年工信部先后针对锂离子电池和铅蓄电池出台行业规范条件，并实施公告管理，对产业布局、项目设立、生产规模、工艺技术、产品质量、安全管理等提出明确要求。相关行业的规范管理也将为保证储能产品质量、提高储能企业国际竞争力、规范储能技术行业秩序提供有力支撑。

　　此外，环保部对于《废电池污染防治技术政策》的修订也将各类电池技术和单体、模块、电池组等不同规模涵盖在内，对电池的污染防治、资源再生和安全处置提出了明确要求。作为电池全寿命周期的最后一个环节，相关政策的出台无疑是储能电池的大规模应用的一道坚实保障。

3.1.5　新能源汽车类政策

　　表 3-5 给出了 2016 年中国新能源汽车类政策

表 3-5　　　　　　　　　　　　　2016 年中国新能源汽车类政策

政策名称	发布时间	政策要点
2016～2020 新能源汽车推广应用财政支持政策	201504 财政部 工信部 科技部 发改委	补助对象是消费者。新能源汽车生产企业在销售新能源汽车产品时按照扣减补助后的价格与消费者进行结算，中央财政按程序将企业垫付的补助资金再拨付给生产企业。2017～2020 年除燃料电池汽车外其他车型补助标准适当退坡，其中：2017～2018 年补助标准在 2016 年基础上下降 20%，2019～2020 年补助标准在 2016 年基础上下降 40%
国务院办公厅关于加快电动汽车充电基础设施建设的指导意见	201510 发改委 能源局 工信部 住建部	我国充电基础设施发展的目标是到 2020 年，建成集中充换电站 1.2 万座，分散充电桩 480 万个，满足全国 500 万辆电动汽车充电需求。新建住宅配建停车位应 100%建设充电基础设施或预留建设安装条件，每 2000 辆电动汽车应至少配套建设一座公共充电站。各地方政府要承担充电基础设施发展的主体责任，将充电基础设施发展纳入政府专项管理
电动汽车充电设施标准体系项目表（2015 年版）	201511 能源局	项目表涵盖与电动汽车充设施相关的国家标准（GB）和能源行业标准（NB）在内的标准体系。项目表目前仅涉及传导式交直流充电技术和换电技术，待感应式充电工程示范以及电动汽车与电网互动技术成熟后再行补充完善。分为技术领域和具体标准等两个层级结构，由 8 个技术领域、58 项标准构成。各技术领域设置的技术标准包括：①基础；②动力电池箱；③充电系统与设备；④充换电接口；⑤换电系统及设备；⑥充/换电站及服务网络；⑦建设与运行；⑧附加设备
关于"十三五"新能源汽车充电基础设施奖励政策及加强新能源汽车推广应用的通知	201601 财政部 科技部 工信部 发改委 能源局	新能源汽车充电基础设施奖励实行不同的奖励标准：对大气污染治理重点区域和重点省市，2016～2020 年新能源汽车推广数量分别不低于 3.0 万辆、3.5 万辆、4.3 万辆、5.5 万辆、7 万辆，且推广的新能源汽车数量占本地区新增及更新的汽车总量比例不低于 2%、3%、4%、5%、6%。按照奖补标准，各地新能源汽车推广数量越大，获得的奖补资金越多，奖补门槛也将不断提高。奖补资金的使用范围，应专门用于支持充电设施建设运营、改造升级、充换电服务网络运营监控系统建设等相关领域
电动汽车动力蓄电池回收利用技术政策（2015 年版）	201601 发改委 工信部	指导相关企业合理开展电动汽车动力蓄电池的生产及回收利用工作，建立上下游企业联动的动力蓄电池回收利用体系。电动汽车生产企业应承担电动汽车废旧动力蓄电池回收利用的主要责任；动力蓄电池生产企业应承担电动汽车生产企业售后服务体系之外的废旧动力蓄电池回收利用的主要责任；报废汽车回收拆解企业应负责回收报废汽车上的动力蓄电池

政策名称	发布时间	政策要点
新能源汽车废旧动力蓄电池综合利用行业规范条件	201602 工信部	废旧动力蓄电池包括以下几种类型：①经使用后剩余容量及充放电性能无法保障新能源汽车正常行驶或因其他原因拆卸后不再使用的动力蓄电池；②报废新能源汽车上的动力蓄电池；③经梯级利用后报废的动力蓄电池；④动力蓄电池生产企业生产过程中报废的动力蓄电池；⑤其他需回收利用的动力蓄电池。应根据废旧动力蓄电池的容量、充放电特性及安全性评估等实际情况综合判断是否满足梯级利用相关要求，对符合要求的废旧动力蓄电池分类重组，用于UPS电源、移动基站等领域，提高综合利用经济效益
新能源汽车废旧动力蓄电池综合利用行业规范公告管理暂行	201602 工信部	工业和信息化部及各地方工业和信息化主管部门负责对符合该规范的企业实行动态管理，工业和信息化部委托相关专业机构负责协助做好公告管理相关工作，企业按自愿原则进行申请。符合条件的现有废旧动力蓄电池综合利用企业可向所在地的省、自治区、直辖市工业和信息化主管部门提出公告申请

在政策的强有力推动下，2015年中国新能源汽车产业发展突飞猛进，全年产销突破30万辆，累计产销近50万辆。作为中国新能源汽车产业发展过程中承前启后的关键一年，2015年既是布局十三五、保证未来五年新能源汽车支持政策的延续性的一年，也是解决新能源汽车快速推广应用中出现的棘手问题的一年。

2015年中国新能源汽车产业政策主要集中在三个方面：①制定2016～2020新能源汽车推广应用财政支持政策，坚定了市场对于新能源汽车及其相关产业的发展预期；②加快充电基础设施建设及其标准的制定，针对新能源汽车推广应用过程中遇到的"充电难"的瓶颈进行了对症下药；③出台新能源汽车废旧动力蓄电池综合利用相关政策，未雨绸缪，为动力电池的退役进行提前布局和规范。

新能源汽车与储能有着紧密的联系，具体表现在：新能源汽车的推广应用带动储能电池生产规模增长；电动汽车的充换电服务中，光储式充换电站、快速充电站以及需求响应充电都将为储能拓展应用领域；储能是开展动力电池梯次利用、增加动力电池全寿命周期价值的重要途径。上述三个关联方面恰好与2015年中国新能源汽车产业政策的重点遥相呼应。在政策的持续支持下，中国新能源汽车产业发展也将会对储能产业的发展传递积极信号。

2016年，随着我国经济和社会发展进入十三五阶段，面对能源革命的新要求，国务院、发改委、能源局针对我国能源结构调整、技术创新、装备制造、智能电网建设、可再生能源发展等领域出台了多项政策，指导我国能源工作的开展。相关政策的出台也将为储能在能源互联网、电力辅助服务、微电网、多能互补等领域拓展应用市场注入强心剂。

作为安全清洁高效的现代能源技术，储能在《能源技术革命创新行动计划（2016～2030年）》《国家创新驱动发展战略纲要》《中国制造2025——能源装备实施方案》等多项政策中被重点提及。相关政策清晰描绘了储能技术的创新发展路线图，重点技术攻关、试验示范、推广应用的储能技术装备。

作为实现能源互联和智慧用能、提升可再生能源消纳能力、促进多种能源优化互补的重要支撑技术，储能的重要性和应用价值也在《关于推进"互联网＋"智慧能源发展的指导意见》中得到体现。在能源互联网背景下，储电、储热、储氢、储气等都涵盖在了储能的范畴里，通过不同形式的能源存储，实现电力、热力、交通、油气等用能领域的互联互通和多种能源形式的综合利用，储能的应用范围也随之扩大。

　　2016年上半年，随着新一轮电改在促进清洁能源多发满发、输配电价改革、电力市场建设、售电侧改革、开展需求响应等方面持续推进，电力市场化程度的提升为打开储能潜在市场、拓展储能商业模式、挖掘储能应用价值创造了巨大契机。特别是全国各地售电公司纷纷成立和输配电价改革政策相继落地，为构建灵活多样的电价机制、拓展储能在用户侧的应用创造了更为广阔的空间。

　　2016年上半年，储能在用户侧的分布式应用已经展现出良好的应用价值和机遇，这其中以工商业分布式储能最受关注。布置在工商业用户端的分布式储能系统配置灵活、单个项目投资低、与用户实际需求贴近，可与分布式光伏发电、削峰填谷、电费管理、需求响应等密切联系。目前比亚迪、中恒普瑞、协鑫集成等企业都已经针对工业园区规划和部署了大型分布式储能项目，以利用峰谷价差节省电费开支为主要目的，同时兼顾提供光伏利用水平、参与需求响应、延缓电力系统改造升级、参与电力辅助服务等收益点。据测算，在工商业用电峰谷价差较大的地区，利用储能削峰填谷节省电费的投资回报期已经可以缩短到五年，储能在工商业领域的应用展现出良好的经济效益。

　　2016年6月国家能源局正式下发储能参与电力系统调峰调频的支持政策——《关于促进电储能参与"三北"地区电力辅助服务补偿（市场）机制试点工作的通知》。该文件是2016年3月能源局市场监管司起草的《国家能源局关于电储能参与"三北"地区调峰辅助服务工作的通知（征求意见稿）》的最终落地版本。该文件是2016年第一份针对储能行业的实质性支持政策，对于建立储能参与的辅助服务共享分摊机制，充分发挥电储能技术在电力调峰、调频方面的优势，推动我国储能产业健康发展都具有重要意义。首先，政策首次明确给予储能独立的电力市场主体地位，在辅助服务领域，储能获得了一个与发电企业、售电企业、电力用户地位相当的身份认可。其次，政策鼓励储能投资主体多元化，鼓励在新能源基地建设集中式储能设施，鼓励在小区、楼宇、工商企业等用户侧建设分布式储能设施，储能在削峰填谷、快速响应、促进可再生能源消纳等方面的应用价值获得认可。再次，政策促进发电厂和用户侧电储能设施参与调峰辅助服务，并对电网企业、电力调度机构提出了服务和保障要求。

　　随着电动汽车的快速推广应用，预计未来几年动力电池将进入大规模退役阶段。2016年初工信部发布《电动汽车动力蓄电池回收利用技术政策（2015年版）》，明确提出动力电池回收利用实施生产者责任延伸制度，电动汽车生产企业应承担电动汽车废旧动力蓄电池回收利用的主要责任，动力蓄电池生产企业应承担电动汽车生产企业售后服务体系之外的废旧动力蓄电池回收利用的主要责任。在政策和市场环境都已具备的2016年，退役动力电池梯次利用于储能也成为动力锂离子电池企业普遍研究和关注的重点领域。

　　根据CNESA研究部的调研，目前国内主要动力电池企业都已经开始对梯次利用进行技术研发和应用示范。面对梯次利用的巨大市场容量，如何解决退役动力电池技术性能降低与梯次利用技术成本增加之间的矛盾、如何为梯次利用电池系统制定合理的市场价格、如何选择合适的储能应用领域、如何建立完善的规范标准保障梯次利用有效开展等一系列问题都需要国内储能企业共同努力加以解决，以此从资源、环境、社会、经济等多方面保障新能源汽车和储能产业的健康可持续发展。

3.1.6 智慧城市和智慧社区相关政策

建设智慧城市实现转型升级，发展能源互联和智能电网将起到引领性作用。为促进智慧城市健康发展，2014 年经商中央网信办，国家发改委等 26 个有关部门，成立了促进智慧城市健康发展部际协调工作组（以下简称工作组）。工作组于 11 月 7 日在广州举行了"中国智慧城市创新大会"，向地方和社会各界解读《关于促进智慧城市健康发展的指导意见》，介绍有关部门下一步推进智慧城市建设的工作重点。表 3-6 和表 3-7 汇总了近年来各大部委有关智慧城市相关政策文件。

表 3-6　　　　　　　　　　　　2013 年主要部委智慧城市相关文件列表

时间	文件标题	发布机构	内容备注
1 月 29 日	国家智慧城市试点创建工作会议	工信部	公布首批智慧城市试点城市名单 90 个
2 月 5 日	关于推进物联网有序健康发展的指导意见	国务院	发布组织十个物联网发展专项行动计划
5 月 3 日	住房城乡建设部办公厅关于开展国家智慧城市 2013 年度试点申报工作的通知	工信部	8 月 5 日公布第二批试点名单共 103 个城市
8 月	关于促进信息消费扩大内需的若干意见	国务院	正式提出要在有条件的城市开展智慧城市试点示范建设
11 月 5 日	关于印发 2014 中国旅游主题年宣传主题及宣传口号的通知	国家旅游局	"美丽中国之旅——2014 智慧旅游年"成为 2014 年旅游宣传主题
12 月	智慧城市时空信息云平台建设试点技术指南	国家测绘地理信息局	包括太原、广州在内的 9 个城市列入时空信息云平台建设的全国试点工作

表 3-7　　　　　　　　　　　　2014 年主要部委智慧城市相关文件列表

日期	文件名称	发布机构	内容备注
1.09	关于加快实施信息惠民工程有关工作的通知	国家发改委、中央编办、工业和信息化部、财政部、教育部、公安部、民政部、人力资源社会保障部、国家卫生计生委、审计署、食品药品监管总局、国家标准委	重点促进社保、医疗、教育、养老、就业、公共安全、食品药品安全等九大领域信息消费
1.09	2013 年中国信息化发展水平评估报告	工业和信息化部	城市信息化水平排名
1.14	"十二五"智慧城市建设战略合作协议	国开行、住建部	国家开发银行将在"十二五"的后 3 年内，提供不低于 800 亿元的投融资额度支持中国智慧城市建设
1.26	中国国际智慧城市发展蓝皮书（2013）	工业和信息化部、新华网	
2 月	2014 年 ICT 深度报告	工业和信息化部	100% 副省级以上城市在推进智慧城市
3.19	国家标准委将编制新型城镇化标准体系建设指南	国家标准委、住建部	

日期	文件名称	发布机构	内容备注
3.16	国家新型城镇化规划（2014～2020年）	中共中央、国务院	智慧城市正式引入规划
4.28	关于加快推进城市公共交通智能化应用示范工程建设有关事项的通知	交通部	确定在太原、石家庄等26个城市开展公共交通智能化应用示范工程建设
6.12	关于同意深圳市等80个城市建设信息惠民国家试点城市的通知	国家发改委、财政部、中央编办、工业和信息化部、教育部、公安部、民政部、人力资源社会保障部、卫生计生委、审计署、食品药品监管总局、国家标准委	发改委对智慧城市建设支持政策的落地
6.20	中国智能电网与智慧城市发展研究报告白皮书	国家发改委	
8.22	关于开展国家智慧城市2014年试点申报工作的通知	住建部、科技部	第三批试点申报开始
8.27	关于促进智慧城市健康发展的指导意见	国家发改委、工业和信息化部、科学技术部、公安部、财政部、国土资源部、住房和城乡建设部、交通运输部	

2015年7月4日发布的《国务院关于积极推进"互联网＋"行动的指导意见》（国发〔2015〕40号），主要围绕"互联网＋"讲述如何把互联网的创新成果与经济社会各领域深度融合，进一步促进社会发展。文件指出探索能源消费新模式。开展绿色电力交易服务区域试点，推进以智能电网为配送平台，以电子商务为交易平台，融合储能设施、物联网、智能用电设施等硬件以及碳交易、互联网金融等衍生服务于一体的绿色能源网络发展，实现绿色电力的点到点交易及实时配送和补贴结算。进一步加强能源生产和消费协调匹配，推进电动汽车、港口岸电等电能替代技术的应用，推广电力需求侧管理，提高能源利用效率。基于分布式能源网络，发展用户端智能化用能、能源共享经济和能源自由交易，促进能源消费生态体系建设。

要建造智慧城市，首当其冲就是要学会利用清洁能源。储能技术将在实现这一目标的路途上，扮演关键角色。目前，用户侧分布式光伏、电网侧储能调频调峰电站以及得到能源服务机制支持的发电侧规模储能已经成为储能发展的三驾马车，带动中国储能市场的启动。同时，分布式光伏微电网政策、电力需求侧管理补偿电价政策、电力市场改革带动的电力辅助服务市场政策、调峰电价及补偿政策将推动储能商业模式的确立，并为大规模储能金融的参与铺平道路。下面从多应用领域就目前储能系统的商业模式现状及其发展前景展开分析。

3.2 分布式光储发电的商业运行模式

目前，在不同的国家，分布式光储发电的应用重点各不相同，美国加州在工商业领域的分布式项目居多，澳大利亚和德国市场的重点在户用储能领域，中国的光储市场则主要集中在海岛和偏远微电网。不同国家的应用重点和发展程度各不相同，这与各国家的电力负荷特点、电价水平、市场政策、补贴机制、市场参与者、商业模式等息息相关。从各国家的发展现状来看：

美国尽管已经投运的项目不多，但加州拥有强有力的 SGIP 补贴和税收政策、创新的商业模式和强大的投融资市场的支持，商业和户用光储市场潜力大，在推广模式上值得借鉴；德国是拥有大量的户用光伏的国家，出台储能补贴政策后，大量储能产品投放市场，但由于补贴机制设计得过于繁琐，导致将近一半的光储项目不愿申请补贴；澳大利亚虽然户用光储市场潜力较大，但目前也仅处于项目试验/示范阶段，一无补贴，二无成型的商业模式；中国已经投运了较多的分布式光储发电项目，但这些项目大部分都是示范或具有特殊目的（如解决无电人口）的项目，没有成型的商业模式，也没有储能/光储相关补贴。

由于美国、德国的政策金融支持模式相对成熟，接下来将重点分析美国和德国在现有政策、补贴等的支持下，参与者是如何利用金融手段发展分布式光储发电的，并以此为基础探讨中国分布式光储发电的发展模式。

3.2.1 美国分布式光储发电的商业模式

2001 年启动的 SGIP，是美国历史最长且最成功的分布式发电激励政策之一，自 2011年起，储能纳入 SGIP 支持范围。SGIP 由加州公共事业单位负责实施，每年为储能分配合计约 8300 万美元的补贴预算，一直持续到 2019 年。针对 1MW 以下的储能系统，SGIP的补贴标准为 1.46 美元/W。另外，针对 2015～2019 年期间的项目补贴，评估标准进行了一些改进：①在系统有效生命周期内温室气体减排的成本有效性将决定着该系统是否合格以及补贴的水平。②系统必须能够减少客户在不同时段的高峰用电需求，以及提高当地用电稳定度。

1. Tesla 和 Solarcity 的商业模式

Tesla 和 Solarcity 是美国分布式光储发电市场上最为活跃、最具代表性的企业，两者建立的良好合作关系，很好地推动了分布式光储发电在美国市场的发展。本节将以 Tesla 和 Solarcity 为例，详细分析这两个公司的业务开展情况，结合以上分析的美国分布式光储发电政策及投融资情况，帮助读者更好地了解美国市场上分布式光储发电的主要商业模式。

（1）Tesla 储能业务简介。

尽管截至 2014 年底，SGIP 的资助投运的储能项目中并没有 Tesla 的身影（如表 3-8所示），但就 2015 年 1～4 月的 SGIP 支付的最新情况来看，Tesla 的储能业务即将爆发，无论在光储模式还是非光储模式的项目中，从申请 SGIP 资助的储能项目容量（包含规划、审批、在建、投运）来看，Tesla 都将占据了最大的份额。

表 3-8　　　　　　　　**申请 SGIP 支持的光储模式项目技术供应商分布情况**

技术提供商	项目数量	数量占比	项目容量（kW）	容量占比
Tesla	422	83%	4965	59%
REP Energy/Eaton Crop	55	11%	1400	17%
Desert Power	1	0%	1000	12%
Green Charge Networks	7	1%	515	6%

技术提供商	项目数量	数量占比	项目容量（kW）	容量占比
Sunverge	8	2%	166	2%
Aquion Energy	1	0%	95	1%
Coda	3	1%	70	1%
Outback Power	7	1%	53	1%
Concorde Battery Corppration	5	1%	44%	1%
Stem	1	0%	36	0%
Sharp	1	0%	30	0%
总和	511	100%	8374	100%

而另一方面，Tesla 公司在 2015 年 4 月 30 日公布了其家用电池及大型公用事业电池计划。其中家用电池可储存太阳能或混合能源，在非用电高峰期存储较为廉价的电能可以帮助电网保持平衡，并为部分消费者节约 20%～30% 的电费。SGIP 的数据和这一计划的公布无不预示着 Tesla 在未来光储市场的巨大潜力和主力军作用。

（2）SolarCity 储能业务简介。

SolarCity 和 Tesla 在光储领域建立了紧密的合作关系。截至 2014 年 6 月，SolarCity 公司的用户数累计超过 14 万，公司累计光伏装机 756MW。由于 SolarCity 的创始人 Elon Musk 也是 Tesla 最大的股东，因此两公司的合作顺理成章。SolarCity 于 2013 年开始在其服务产品中添加储能类别，并在加州推出储能试应用计划。该试应用计划实施到现在，SolarCity 不仅在 300 个拥有光伏板的家庭中配套安装储能，而且在加州 11 家沃尔玛分店安装了电池储能，同时还计划在夫勒斯诺市的嘉吉公司的厂区安装 1MW 的电池储能。整个试应用计划帮助 SoalrCity 和 Tesla 完善了系统与服务环节中出现的漏洞。针对不同的用户，SolarCity 推出了不同的储能产品类型，如能够帮助商业用户解决高需量电费的 DemandLogic 系统，帮助学校和军事基地提供稳定、安全的电力供应的 GridLogic 系统，以及即将推出的、能提供电力备用的户用储能系统，如表 3-9 所示。

（3）Tesla 和 SolarCity 在分布式光储发电中的商业模式。

Tesla 在光储领域中的运作主要是通过与 SolarCity 的合作来实现，而 SolarCity 通过与 Tesla 的合作，成功地在光伏发电系统中引入储能环节，进入储能领域，二者共同实现的分布式光储发电商业模式主要有以下几个要点。

1）锁定最具商机的商业和民用领域。

根据 SGIP 数据库，商业和民用领域将成为 Tesla 储能最先大规模应用的领域，其中，民用领域项目数量最多，而商业领域总储能装机规模最大，如表 3-9 所示。同时，SolarCity 选用 Tesla 的产品后，推出的服务产品也首先在商业和民用领域展开应用。

表 3-9　　　　　Tesla 处于 SGIP 申请流程中的光储项目

应用领域	项目数量	容量	产品类型
户用	379 个	1.9MW	计划全部采用 5kW 的储能产品
商用	33 个	2.5MW	计划大部分为 30kW 的电池储能，也有部分采用 200kW、300kW 的电池储能产品
政府	9 个	0.6MW	将主要采用 29.99kW，部分采用 60kW、90kW、200kW 的产品

SolarCity 和 Tesla 选择这两个市场作为目标市场是有其市场原因的。目前对电力用户的电费账单影响最大的主要是：分时电价和需量电价。根据 Strategen 的测算，在加州商业用户的账单管理中，通过储能系统节省的需量电费给客户带来的价值比通过节能带来的价值大 14 倍。而分时电价也推动着 SolarCity 的主要居民用户（一般是中产阶级，每月用电量较高）购买储能，一方面降低电费，另一方面提供紧急电力备用。

2）通过 B2C 模式拓展家庭用户。

美国的主要屋顶光伏开发商都开通了电商平台，SolarCity 的光储产品也将通过此方式进入户用市场。用户通过网络即可实现登记需求、提交订单、选择产品、测算成本以及申请融资等功能。项目建成后，还可以通过网络平台远程监控系统状态。通过引入 B2C 模式，开发商提升了用户体验，抓住了屋顶资源和储能市场，并降低了营销和运营成本。

3）为用户提供多种合同支付形式，促进分布式光储发电模式的应用。

在除加州以外，美国其他州以及世界上其他国家的光伏市场不活跃、储能市场未启动时，SolarCity 能够将光伏产品大规模的安装在用户屋顶，并推出 DemandLogic 系统和 GridLogic 系统，将储能送进市场，这与 SolarCity 独具创新的商业模式是分不开的。

目前，针对包括储能系统在内的所有产品，Solarcity 为用户提供多种合同支付形式，包括买断设备、光伏租赁和购电协议（PPA），以促进光储式系统的应用。

a. 买断设备。买断设备的方式在市场中比较常见，主要是指用户可选择一次性买断设备，自发自用，自行维护。

b. 光伏租赁。光伏租赁业务是 SolarCity 的独创业务，主要应用在 SolarCity 的居民项目中。该业务与美国净计量电价（Net Metering）政策紧密相连。净计量电价政策下，电表采用净计量电表，居民用户只需支付净额用电量的电费。用电量超过光伏发电量时，居民用户向电力公司购买相应电力；光伏发电量超过用电量时，居民用户则会得到一个基于零售价格的信用额度（可在下期使用）。

在光伏租赁模式下，SolarCity 与居民用户签订 20 年协议，为居民用户建设及维护屋顶光伏系统、提供发电服务；SolarCity 对发电量做出保证，若未达到发电量，SolarCity 需补偿。

在使用 SolarCity 的光伏系统后，居民用户大幅节省电费，并从每月节省下来的电费拿出一部分支付给 SolarCity 作为光伏租赁费（租率根据是否提交少量安装费而定）。使用光伏系统后的净额用电量电费加上光伏租赁费，还少于之前的电费。对居民用户来说，不仅能够使用绿色电力，且每月提交的电费得到降低，故这种免去大笔初装费用又能（实质上）享受低价绿色电力的做法大受居民用户欢迎，如图 3-1 所示。

c. 购电协议（PPA）。PPA 业务主要应用于 SolarCity 的商业项目中，实质上也是通过提供低价绿色电力来吸引商业客户。PPA 还可以细分成两种模式：大型商业项目模式和小型商业项目/居民项目模式。

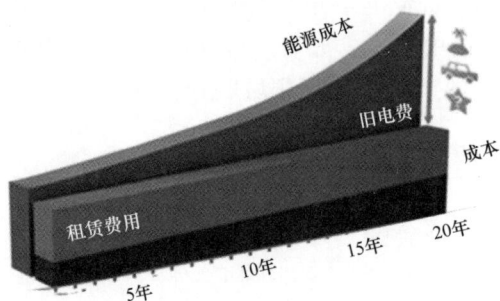

图 3-1　光伏租赁业务的盈利模式

大型商业项目：SolarCity 和商业用户及电力公司签订第三方协议，SolarCity 建设和维护光伏系统，将电出售给电力公司，并根据发电量每月收取电力公司的费用；电力公司收购光伏电并出售给商业用户；商业用户让出屋顶并支付低于常规电力的电费。

小型商业项目/居民项目：跟光伏租赁模式类似，SolarCity 直接出售价格较低的光伏电给用户（主要以小型商业项目和一些居民项目为主），5 年过后用户可以在任何时间内收购自己屋顶的光伏系统。

2. Green Charge Networks 的商业模式

该公司位于加州，主要为美国的公司、院校和城市提供储能解决方案。用户通过增加自发自用，降低高峰需量电费（该项费用通常占电费账单的一半以上），从而削减电费账单。通过免初装费用，该公司帮助用户降低风险，使得用户更愿意接受系统的安装，通过帮助用户节约电费进行分成。

商业模式（如图 3-2 所示）和价值：

Green Charge Networks 用的是三星 SDI 的锂电池。目前安装的系统容量从 60～2MWh 之间。Green Charge Networks 拥有这些系统，并控制电池运行。该公司有一个具备学习能力的嵌入式软件，可以根据需求优化电池充放电。系统的安装和维修是免费的，用户电费账单所节约的费用在用户和 Green Charge Networks 之间进行分成，合同通常为 10 年。

Green Charge Networks 也积极的参与 CAISO 市场，利用用户储存的容量参与目前市场中，用于帮助电力系统平衡。用户负荷曲线、电费结构以及能源利用情况，对于实现商业化应用比较关键。该模式同时也取决于加州现有的激励计划。该公司为用户提供了三种模式：直接合作模式、联合光伏企业与用户进行合作的模式、联合公共事业与用户合作的模式。

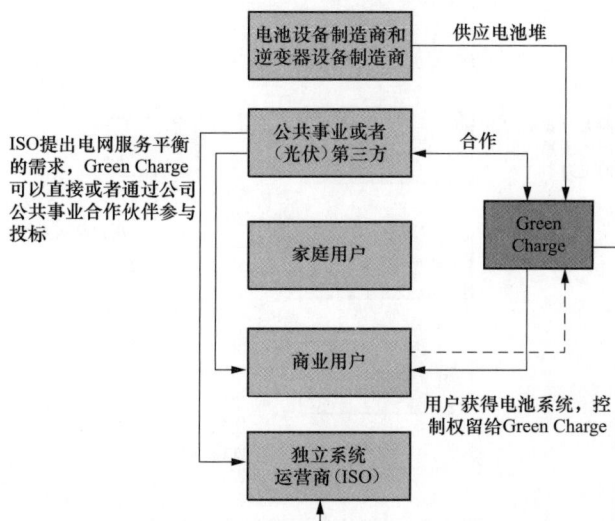

图 3-2　Green Charge Network 的商业模式

3.2.2　德国分布式光储发电的商业模式

不断下降的成本，日益增加的可再生能源发电，以及能源体系的快速变革共同推动着储能时代的来临。目前，用户侧分布式储能已经呈现多种发展模式，如："免费午餐"模式、虚拟电厂、社区储能。下面对这几种模式进行分析与介绍：①SENEC. IES 公司——将用户侧储能聚集起来开展"免费午餐"模式；②Fenecon/Ampard——将用户侧储能聚集起来用作"虚拟电厂"的模式；③MVV Strombank—a utility side of the meter community energy storage project 公共事业侧的社区储能项目。

1. SENEC. IES 公司开展的"免费午餐"模式

SENEC. IES 公司是一家德国能源供应公司，自 2009 年成立以来，在德国安装了超过 6000 个储能系统，成为光伏加储能领域的市场领导者之一。该公司的主要业务是销售电池，目前有 2000 个用户参与到他们的'Econamic Grid'计划中获取"免费的电力"。

商业模式（如图 3-3 所示）与价值分析：

SENEC. IES 对电池有主要的控制权，当电网"零电价"时控制电池从电网充电。用户主要通过：①最大化的自我消纳屋顶光伏所发的电力；②使用 SENEC. IES 提供给用户的"免费储存的电力"，实现更低的电费账单，进而获益。

目前，除了免费的电，用户没有收到提供辅助服务的任何费用。按照目前的零售电价水平，每个用户每年最多收到 800kWh 的电力的情况下，可以获得超过 200 马克的辅助服务费。事实上，拥有一个小容量电池储能的用户不太可能获得如此高的费用，因为，这意味着要进行 100 多次的充放电循环。用户需要 SENEC. IES 提供的特定的负荷曲线电表，并且每年必须支付 20 马克电网使用费。

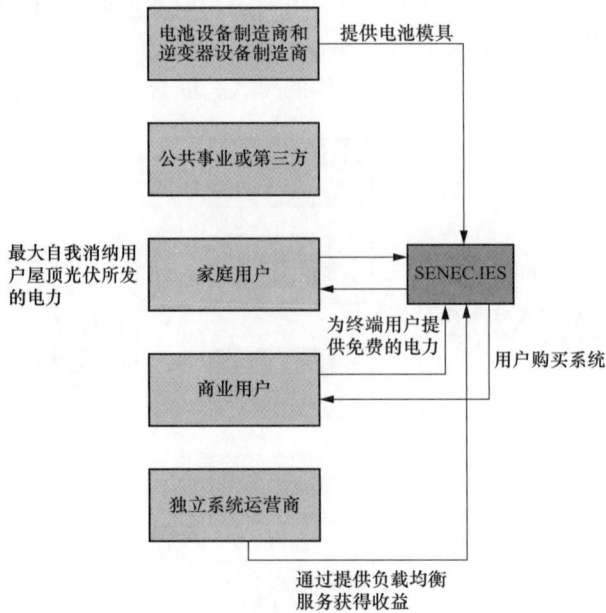

图 3-3　SENEC. IES 的商业模式

2. Fenecon/Ampard 开展的虚拟电厂模式

Fenecon 是 BYD 的德国经销商。Ampard AG 是一家瑞士公司，主要开发和运营用于最大化自发自用和将储能聚集起来的智慧能源管理系统。两家公司合作，将 Ampard 的能源管理模块与 Pro Hybrid 储能系统集成起来，使其可以在用户侧被用作虚拟电厂。

商业模式（如图 3-4 所示）与价值：

用户为了增加自发自用而购买储能系统，Ampard 利用他们的能源管理系统（Ampard Energy Manager）将这些系统管理起来，为这些储能系统增加虚拟电厂的功能提供一次调频控制备用等服务。Ampard 负责控制和管理这些电池。在瑞士，Ampard 控制的系统首次在 2015 年 12 月以虚拟电厂的形式提供了一次调频控制备用服务。目前，Ampard 和瑞士公共事业 BKW 合作，连接了大约 150 个系统，用作虚拟电厂。2016 年第二季度，德国也将效仿该做法。

Ampard 没有和电网传输组织（TSO）签订合同，而是利用中间人（第三方）来降低风险。Fenecon 的能量库可以保证 4 年之间，每年提供给用户 400 马克的收入，Fenecon 声称每年还可能为用户提供 400～500 马克的额外收益。

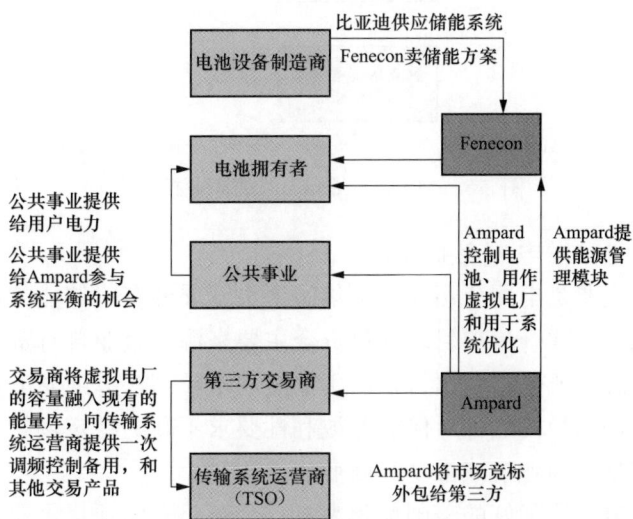

图 3-4　Fenecon/Ampard 的商业模式

3. MVV Strombank 的商业模式

MVV Strombank 是德国区域能源供应商 MVV Engergie 主导开发的一个研究项目，该项目正在寻找能够为商业和居民用户提供储能，为 DSOs 提供降低可再生能源自发电对电网产生影响的潜在方案。Strombank 是为相邻的用户提供的社区储能系统。

商业模式（如图 3-5 所示）和价值：

目前，该项目包括 14 个用户（装有光伏）和 4 个商业用户（装有热电联产）——总共有 16 个光伏发电机组和 3 个热电联产机组与系统相连。Strombank 的概念是指希望通过该项目帮用户建立一个可以收支能源的"活期账户"。安装了光伏的个人用户和安装了热电联产的商业用户的需求和发电曲线被设计成互补的，以便于最大限度的利用电池。

账户的限额是 4kWh，但现在需要与用户的用电情况相匹配。Strombank 在未来将呈现出来的一个优势是，这种系统规模的、共享型电池，其成本比在用户侧安装大量的储能的成本要低很多。将电网运营商紧密的引入到这种共享型储能系统的运行中，能够使得系统具备帮助解决本地电网限制、同时获得更多服务收益的机会。

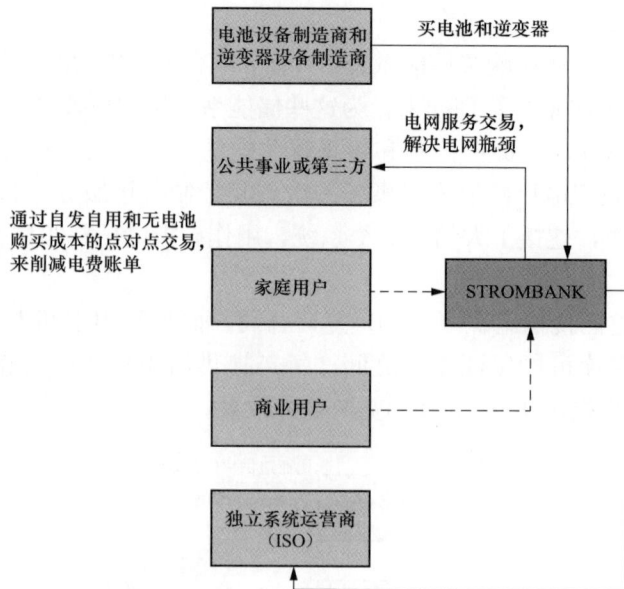

图 3-5　MVV Strombank 的商业模式

3.2.3　中国分布式光储发电的商业模式

目前，在国内，主要是电网公司和发电集团牵头开展分布式储能的示范工作，采取项目申请、核准、审批的方式开展项目。项目资金主要来源于企业自有资金＋银行融资＋科技项目支持，收入来源主要是电力出售，由于储能成本较高，单纯靠电量收入不可能存在经济性。除了海岛和偏远地区这种对储能的盈利性要求不高的特定场景，其他分布式光储发电目前尚无一套成型的商业模式推动其商业化。

从分布式光储发电发展最好的美国加州来看，分布式光储项目主要依靠开发商、税务投资人和用户推动其发展。从商业模式上看，以 SolarCity 和 Tesla 为代表的开发商是美国分布式光储发电市场的主流，公司将来自中国质优价廉的组件、Tesla 的先进电池、美国联邦和地方政府提供的优惠政策、税务投资人的投资等各种资源转变为具有吸引力的优惠电价提供给用户，用户与 SolarCity 签订的长期协议能为公司带来长期稳定的未来现金流，是这种商业模式的核心资产；通过各种金融工具再将这些未来收益变现，回收的资本进入再投资。这种模式使参与分布式光伏的开发商、投资人和用户都得到了期望收益。

从投融资形式来看，SolarCity 通过吸引大量税务投资基金获得项目开发资金。在获得用户的长期租赁或售电协议后，SolarCity 也成功完成了将长期合约打包后在资本市场发行 ABS 的运作，从而开创了光伏发电资产证券化的新模式。

对比中国，国内分布式光伏正面临融资困难，投资回收期长等问题，储能产业面临技术不成熟、成本太高等问题，要推动分布式光储发电的规模化发展，必须一方面需要解决光伏的商业模式问题，一方面解决储能技术经济性问题。对储能系统给予补贴是解决储能技术经济性的有效途径。

由于目前储能成本较高，在分布式光伏商业化的同时，如果不对储能给予补贴，则较难推进更多领域应用分布式光储系统。而事实上，加州、纽约州、德国和日本都已经颁布政策对储能给予补贴，各国的补贴政策参考如表 3-10 所示。

表 3-10　　　　　　　　　　市 场 对 储 能 补 贴

市场	奖励（美元/kW）		年预算（美元）	预算拨款总额（美元）	总用电量（MWh/年）	2011 年均价（美元/MWh）	年电力开支总额（美元）	储能奖励计划花费占电力开支总额的百分比（%）
	项目规模：<30kW	项目规模：>1MW						
加州	$1620	$810	$83000000	$415000000	259538038	$69599	$18055023152	0.46
纽约	$2100	$2415	不适用	$50000000	143162668	$69566	$9959254162	0.50
德国	$600	$0	$31701500	$63403000	607000000	$157228	$95437396000	0.03
日本	$1340	$982	N/A	$100000000	859700000	$179032	$153913810400	0.06

参考国外储能补贴政策，中国也应在储能激励计划中，针对以下五个方面制定详细的方案与策略：

（1）满足申请需要达到的技术指标；

（2）补贴资金规模与奖励标准；

（3）技术与项目的评价体系；

（4）基于绩效的奖励机制与结构；

（5）项目信息库的建立与管理。

3.3　微电网的商业运行模式

我国目前由于化石燃烧能源占主导地位，在微电网运行技术方面的发展目前还只是停留在示范及没有电网的偏远地区，由于我们国家目前在减排方面利用可再生能源的比例很小，而且这些建在偏远地区的可再生能源无法就近消纳，因此我国目前随着二次能源向第三产业更快的增长，其微电网运行技术主要可能大量应用的在一线城市的冷热电三联供的能源建设上。

目前，电力市场改革稳步迈进。《关于进一步深化电力体制改革的若干意见》以"管住中间、放开两头"为导向，将实现售电市场开放，以期售电环节独立，倒逼形成独立的输配电价，从而形成存在多元化售电竞争主体的开放售电市场。在电力市场改革的背景下，微电网将具有新的发展动力与盈利模式，微电网将具有两种可能的全新盈利方式。图 3-6为参与电力市场竞争模式的微电网系统结构。

1. 微电网形成售电主体的运营模式

在电力市场环境下，以微电网为主体的售电公司将可能成为微电网的一种新兴运营模式。微电网直接联系用户终端，其运营商通过兴建微电网重新组合需求侧，从而形成售电主体，充分参与售电侧市场竞争。购售电价差是影响项目经济效益的重要因素，并网型微电网的经济性对购售电价差十分敏感。若其组成售电主体，当存在较小的购售电价差时，即可提高其内部收益率，从而实现盈利。考虑到未来，微电网的投资成本还将进一步下降，以微电网形式组建的售电公司将具有很强的市场竞争力。

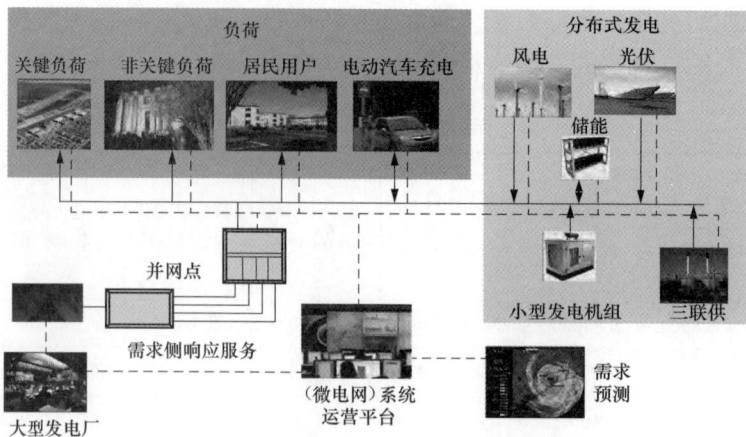

图 3-6　参与电力市场竞争模式的微电网系统结构

在开放的售电市场中，微电网运营商可形成售电公司，参与电力零售环节，通过微电网的建设运营，优化能源消费方式，提供更加高效、多样化的能源服务。微电网主体的售电公司可将自发的电力售给微电网内的用户，微电网内不够的电力差额则从电力市场购买，再以自定的售电价格售给用户，以此获利。开放电力市场的核心在于竞争，微电网运营商还可以充分利用分布式能源，提供差异化电力服务、冷热电联供、能源综合降耗管理等多样化的手段来拓展业务类型，提高其竞争力。微电网运营商组建的售电主体以提供优质可靠的能源保证为基础，通过充分的市场竞争，可为微电网内的用户提供更为优质、高效的能源供给方式，从而降低能源供给成本，提高能源利用效率。

以微电网为主体组建的售电公司深入用户，充分了解用户的能源消费习惯，可以为其提供切实有效的能源解决方案。根据客户的不同需求定制各种用户能源管理的软件系统，使其与用户的设备、舒适性、偏好及其他个性化要求保持一致。在未来，这样的售电主体公司可能改变经营模式，不再以 kWh 为单位向用户收费，转而以热量单位、光线单位或者其他服务为单位向用户收费，这种概念可称之位"价值计费"。随着分布式能源及微电网技术的发展，在电力零售领域，服务供应模式可能将取代商品销售模式，成为未来发展的主流。

2. 微电网组成虚拟电源商的运营模式

微电网中存在电力生产部分，在电力市场中，通过建设微电网，还可以组成虚拟电源商，以此形式参与到电力市场竞争中去，从而盈利。微电网运营商会主动跟踪电力市场的电价变化，发现并利用各种盈利机会；同时根据参与电力市场竞争的需求，来改变微电网的配置及控制方式，进而制造盈利机会。其具体可能的盈利方式有以下几种。

（1）在高电价时，向电网供电。微电网运营商通过投资微电网系统，能够直接对微电网进行管理和控制。微电网可以根据对电网需求和电价的预测，在低电价时储能，在高电价时供能，利用电价差来获利。在考虑微电网内供需平衡的情况下，使可控的分布式电源参与批发市场的供应竞价，不仅能获取利益，还有利于缓解电网的供需紧张状况，提高整个电网的可靠性。

（2）在高电价时，降低用电负荷。微电网运营商可通过对负荷进行分类，使非关键、可停电的负荷组成一组，在便于实现微电网离网运行功率平衡的同时，还为通过减负荷参与对电价的响应创造条件。微电网通过其内部负荷的调节，降低高电价时段的高峰负荷用电量，这样不仅能够降低用电成本，也有利于降低对电网发电、输电和配电设施的要求，提高整个电力市场的运行效率。

（3）提供辅助服务。前述的微电网对电力市场电价所做出的两种响应，需要参与前一天电量市场的竞价。对于由系统运营商采购的、供系统实时运行使用的辅助服务而言，微电网及其具有的可控分布式电源和储能装置的运行灵活性和反应速度能够满足大多数电力市场对功率平衡、容量储备和黑启动等辅助服务的竞标和运行要求。与常规的大型发电设备相比，可控分布式电源和储能装置具有启动成本低的优势，能够从提供这些服务中获取更多的利润。

目前，多国已形成了开放的电力市场机制，存在可供借鉴的经验。譬如，瑞典国家电力公司 Vatterfall 通过将多个微电网聚合起来形成虚拟发电厂参与到电力市场竞争，具体做法为：利用无线通信技术，将柏林的多个小型燃气三联供、风电场、蓄热电站等发电和用电设施联系起来，构成微电网虚拟发电厂。此模式可通过实时调节负荷和储能，在微电网系统内部平抑间歇性电源的出力波动，有助于提高间歇性可再生能源的渗透率。同时采用此形式将形成足够容量的微电网架构，便于参与电力市场的电量市场和辅助服务市场。

微电网的小容量特点，便于不同机构参与其投资和运行。在电力市场背景下，虚拟供电商的运营方式也将成为一种新的微电网商业运行模式。但该模式相较于直接通过微电网组成售电主体参与售电侧市场的形式而言技术壁垒较高，技术成本投入较多，且专业性强，可能主要作为一种有力补充或拓展业务形式存在。

3.4 储能参与电力辅助服务的商业运行模式

3.4.1 抽水蓄能在电力辅助服务中的商业模式

抽水蓄能电站在电力系统中担负削峰填谷、旋转备用、事故备用、调频、调相等任务，能够有效保障电力系统的安全、稳定、经济运行。

1. 国外抽水蓄能电站的经营模式

世界各国抽水蓄能电站建设管理体制一般包括两种基本模式：电网企业独资的自营体制模式和独立发电公司的体制模式。从世界各国抽水蓄能电站的投资建设方式来看，主要以电网公司独资建设为主，电网公司参股（或控股）投资建设为辅，只有少数独立抽水蓄能电厂完全由独立投资方投资建设。

（1）英国抽水蓄能电站的经营模式。

英国在市场化初期，抽水蓄能电站由国家电网公司直接管理，取得了较好的效果，随着英国电力体制改革的深入，国家电网公司直接管理的抽水蓄能电站的数量在减少。

（2）美国抽水蓄能电站的经营模式。

美国的抽水蓄能电站一般都由电网公司建设和经营。按 1999 年夏季数据，电网公司建设和拥有的抽水蓄能电站容量为 1790 万 kW，占美国同期抽水蓄能电站的 91.33%。事实上，美国自 1992 年开始电力市场化，抽水蓄能电站才由独立的电力生产商建设，但成效不大，以至 1990～2000 年间，抽水蓄能电站的容量基本没有增加。

（3）法国、德国抽水蓄能电站的经营模式。

法国电力公司是一家全国性公司，统管全国的发电、输电、配电业务，实行垄断经营。法国抽水蓄能电站主要由法国电力公司统一建设和经营管理。到目前为止，法国电力公司建设和经营管理的抽水蓄能电站容量达 490 万 kW。在德国抽水蓄能电站可以由独立发电公司建设，但一般都租赁给电网经营。

（4）日本抽水蓄能电站的经营模式。

日本全国按地区成立了九个私营电力公司，电力建设包括抽水蓄能电站建设均由各电力公司分管，电力公司既是建设单位又是运行管理单位，从电站建设开始到投产上网都由电力公司统一管理。另有一个由九大电力公司和政府合资组建国营的电源开发公司也建设抽水蓄能电站，但不负责电站的运行管理，而是租赁给九大电力公司经营管理。

2. 国外抽水蓄能电站的经营模式对我国的启示

（1）国家电网公司统一规划抽水蓄能电站。

我国"厂网分开"电力体制改革前，抽水蓄能电站由国家电力公司统一建设和管理。"厂网分开"后，电网安全稳定运行面临着一些新情况和新问题，电网企业缺乏保证电网安全的有力调控手段。抽水蓄能电站主要服务于电网，应该成为电网经营企业确保电网安全稳定运行、不断提高供电质量的重要物质手段和调控工具。目前，国家电网公司还受政府部门委托，牵头负责全国电力工业发展规划的编制工作。根据以上情况，我国抽水蓄能电站应该由国家电网公司进行统一规划和布局，并主要由电网经营企业进行建设和管理。发电企业或其他投资主体投资建设抽水蓄能电站，要服从于电力发展规划。

（2）认真研究抽水蓄能电站经营管理模式。

要从有利于充分发挥抽水蓄能电站的作用，使其真正成为电网综合管理的有力工具和安全稳定运行的重要保证的高度，认真研究我国抽水蓄能电站经营管理模式，认真分析我国已经建成投入运行的抽水蓄能电站经营管理模式的优势和弊端，总结经验，找出存在的问题，从体制上、机制上认真研究解决。对于在建和规划中的抽水蓄能电站，要区分不同情况，从实际出发，研究合适的经营管理模式。根据国外抽水蓄能电站的经营管理模式，我国抽水蓄能电站应该主要由电网企业统一经营管理，对于发电企业或其他投资主体投资建设的抽水蓄能电站，可以租赁给电网企业经营或委托电网企业经营。从国外情况看，租赁经营模式较为普遍，因为它避免了多种复杂定价，容易计算，方便易行。租赁费实际上就是电站的成本、税收、还贷和利润，这些大都并且在立项时就能够预测。为了使投资者能获得合理的回报，是十分重要的。日本电源开发公司的利润率是基建投资的 6%，南非确定发电公司利润率是净资产的 4.95%，德国斯洛施维克公司为净资产的 5.87%。目前，我国电力企业回报率偏低，不利于吸引投资，如何确定合理的回报率也是抽水蓄能电站发展需要认真研究的问题。此外，作为电站投资者应努力降低工程造价，降低租赁费，得到一个稳定合理的回报。作为电网，用可行代价租赁一个工具，既可保证电网供电质量，又可从容量和电量中得益，也是合算的。

（3）制定合理的电价机制。

抽水蓄能电站的发展逐项政策中，电价政策是核心和关键。国外抽水蓄能电站的发展，是以竞争的市场机制和完善的电价体系为前提的，遵循了市场经济的一般规律。比如美国、法国的电价峰谷差较大，美国还出台了辅助服务政策，辅助服务收入占其总收入的60%。南非札肯斯堡抽水蓄能电站，电网向其付费的主要依据是容量，电量是次要的等。

我国改革开放以来，电价改革取得了很大的成绩，但随着国民经济的发展和经济体制改革的深化，也逐步暴露出了不少矛盾和问题，最重要的问题或最基本的矛盾是电价形成机制不合理的问题。与抽水蓄能电站发展直接相关的主要是：①两部制电价使用范围小，基本电价严重偏低，电度电价偏高，抽水蓄能电站的价值被低估；②峰谷电价制度不尽完善，未能充分挖掘削峰填谷的潜力；③抽水蓄能电站的辅助服务功能没有得到补偿。所有这些，都直接影响着投资者的积极性，制约了抽水蓄能电站的发展，必须深化电价改革，着力解决这些矛盾和问题，从根本上消除影响抽水蓄能电站长远发展的障碍。

国外抽水蓄能电站的发展已经证明，在市场经济条件下，实行科学管理的国家和地区，抽水蓄能电站以其优越性能和低廉价格是不畏市场竞争的，并可在竞争中得到丰厚的盈利，这给我国抽水蓄能电站发展增强了信心。此外，国外抽水蓄能电站也说明，按客量、电量和动态效益分别计费是一种比较科学的经营方式，抽水蓄能电站各方面价值得到充分体现。世界上许多抽水蓄能电站的运行实践表明，抽水蓄能电站电量不多且不稳定，这也证明了以电量作为其唯一的经营指标是不科学的。

（4）深化电力投融资体制改革。

根据电网企业的职责定位，抽水蓄能电站主要由电网经营企业建设和管理，国家电网公司、南方电网公司应该成为抽水蓄能电站建设的主体。具体投资方式可采用全资或控股，国家电网公司总部可优化选择一些有利于跨区域资源优化配置、有利于全国联网、对于电网安全稳定运行有重大影响的大型抽水蓄能电站投资建设。

目前，电网经营企业发展能力受到资本金短缺的制约，由电网企业独立投资抽水蓄能电站压力很多。面对现实的困难和问题，必须认真贯彻《国务院关于投资体制改革的决定》精神，深化电力投融资体制改革，用政策引导投资，在国家统一规划的指导下，鼓励和吸引各发电公司和地方政府投资建设抽水蓄能电站，调动各方面建设抽水蓄能电站的积极性，满足电网发展需要。

3. 我国抽水蓄能电站的投资建设模式

我国目前已建的抽水蓄能电站的建设投资方式主要有电网经营企业独资建设方式、电网经营企业控股建设方式和其他投资方投资建设方式三种形式。

（1）电网经营企业独立投资建设方式。

这种方式常见于较早前建设的抽水蓄能电站，如岗南抽水蓄能电站、密云抽水蓄能电站和潘家口抽水蓄能电站等属于这种形式。目前在建的河南南阳回龙抽水蓄能电站，由国家电网公司全资建设。

（2）电网经营企业控股建设方式。

这种方式一般常见于大、中型抽水蓄能电站。目前在建抽水蓄能电站一般都属于这种建设，比如宝泉抽水蓄能电站就由国家电网公司控股建设，股比55%，其他几家股东所占比例分别为华中电网公司25%、河南省电力公司10%、新乡市建设投资有限公司5%、辉县市建设投资公司5%。由于各区域电网公司和省电力公司均是国家电网公司的全资子公司，从这个角度，目前在建的抽水蓄能电站绝大多数由国家电网公司控股建设。

（3）其他投资方投资建设方式。

目前，这种建设方式较少。仅见于较小型抽水蓄能电站，如浙江溪口抽水蓄能电站、安徽响洪甸抽水蓄能电站等。响洪甸抽水蓄能电站分别由安徽省能源集团有限公司、国投中型水电公司、安徽力源电力发展有限责任公司分别出资50％：30％：20％建设。1996年9月，股东各方按照建立现代企业制度的要求，合资组建了"安徽省响洪甸蓄能发电有限责任公司"。2001年7月18日根据原投资各方的要求，股权发生转让，由安徽省电力公司与安徽省能源集团有限公司分别出资55％：45％合资经营。浙江溪口抽水蓄能电站总装机容量为2×4万kW，1998年投入商业运营，由地方集资兴建。

4. 部分抽水蓄能电站投资模式及存在的问题

我国电力投融资体制改革虽然取得了巨大的成就，但随着市场经济发展和电力市场的建立，由计划经济向市场经济体制转变中所产生的不适应性和深层矛盾也相应地在电力投融资领域有所反映，主要问题是：①虽然电力投资主体多元化格局已基本形成，但电力企业的投资决策主要出于政府机构，投资项目实行政府审批制，电力企业投资的决策权没有完全落实，市场配置资源的基础性作用尚未得到充分发挥。电力企业投资的决策权仍在电力公司，企业的自主决策受到很大的制约。②投资风险约束机制和投资决策责任追究制度尚不健全。受利益驱使，上项目、争投资的积极性很高，盲目追求投资规模的外延型扩大，忽视了投资效益。③资本市场发育不完全，债券、股票等方式融资量所占比重偏小，企业过分依赖于银行贷款的间接融资，国家电网公司每年1000多亿投资，企业债券不到50亿元，占5％，融资手段和渠道有待进一步扩展。呼和浩特抽水蓄能电站的投资的50％依赖于银行贷款，还没有利用发行企业债券的方法来融资。④长期以来电源电网投资比例严重失调，重电源轻电网，电网建设资本金严重短缺。

3.4.2 电储能在电力辅助服务中的商业模式

电储能参与辅助服务在国外有丰富的经验可以借鉴。电储能已经在美国的多个电力市场的AGC服务中实现规模化应用，总容量超过100MW。PJM是美国最大的区域供电商之一，自2012年起开始运营新调频市场，从此电储能系统开始参与辅助服务，并与常规电源竞争。在过去，该调频市场只提供单一的容量补偿，相同的调频出清价格导致不同类型的调频方式只要调频容量相同，就获得相同的辅助补偿，而不考虑调频服务的质量。美国FERC负责监管美国批发电力市场和设计顶层市场规则，以保证电力市场的公正、公平和充分竞争。2011年10月FERC发布关于"批发电力市场的调频服务补偿"，推出两部补偿制，强调对调频容量与调频效果分别补偿，为优质调频电源参与市场提供了良好的政策环境。

2013年9月16日，北京京能电力股份有限公司石景山热电厂（以下简称石热电厂）3号机组2MW锂离子电池储能电力调频系统正式运行，这是中国第一个以提供电网调频服务为主的兆瓦级储能系统示范项目，也是全球第一个将储能系统与火电机组捆绑联合响应电网调频指令的项目。该项目以合同能源管理方式实施，储能系统由北京睿能世纪科技有限公司（以下简称睿能）和北京源深节能技术有限责任公司（隶属于京能集团）共同投资，睿能负责研发、建设和维护，石热电厂主要负责安全运行。其运营模式被称为"联合调频"。简单说，就是按照电厂原有的基本调频准则进行调频，包括技术、补偿方式等，只是进行一些优化。相当于把储能系统看作一个发电厂，而不是单独看作一个调频的储能原件，这样就不用单独为其制定一套办法和准则，产生的增量收入由三方按比例分成。这种模式找到了进入调频市场的良好切入点，得到了能源局、电网、电厂各方的支持。

2016年6月国家能源局发布《关于促进电储能参与"三北"地区电力辅助服务补偿（市场）机制试点工作的通知》（以下简称《通知》），确定了电储能参与调频调峰辅助市场服务。"三北"地区各省（自治区、直辖市）原则上可选取不超过5个电储能设施参与试点，已有工作经验的地区可以适当提高试点数量。

（1）在发电侧建设的电储能设施，可与机组联合参与调峰调频，或作为独立主体参与辅助服务市场交易。

（2）在用户侧建设的电储能设施，可作为独立市场主体或与发电企业联合参与调频、深度调峰和启停调峰等辅助服务。

该《通知》首次明确了储能的辅助服务市场主体地位。《通知》要求，各方应促进发电侧、用电侧电储能设施参与调峰调频辅助服务。在发电侧建设的电储能设施，可与机组联合参与调峰调频，或作为独立主体参与辅助服务市场交易。其中，作为独立主体参与调峰的电储能设施，充电功率应在10MW及以上、持续充电时间应在4h及以上。电储能发电电量等同于发电厂发电量，按照发电厂相关合同电价结算。在用户侧建设的电储能设施，充电电量既可执行目录电价，也可参与电力直接交易自行购买低谷电量，放电电量既可自用，也可视为分布式电源就近向电力用户出售。用户侧建设的一定规模的电储能设施，可作为独立市场主体或与发电企业联合参与调频、深度调峰和启停调峰等辅助服务。

参考该通知，无论新能源基地、发电厂，还是分布式储能系统都具备参与"三北"地区调峰调频的身份，从目前市场看，此应用收益情况，取决于调峰调频的结算方式，但其为集中及分布式储能系统提供了新的市场空间。储能的投资主体可以是发电企业、售电公司、电力用户、独立辅助服务供应商、工商业企业、小区用户或楼宇用户等。

国外已有电储能参与辅助服务的经验，2010年，加州立法机构通过了AB 2514法案。这个法案要求加州最大的三家投资者拥有的电力公司（Investor Owned Utilities，IOU）在2014～2024的期间购买1325MW的储能系统，而这些储能系统必须在2024年以前部属完毕。2014年的采购目标是200MW，但是这三家IOU已经（或正在）购买高达350MW。

除了要求IOU以外，AB 2514也要求公共电力公司（publicallyowned utilities）设定适当的储能采购目标。在南方公共电力机构（Southern Public Power Authority）的十二家公司里，有八家决定由于储能系统缺乏成本效益而不设采购目标，有两家响应现有的储能系统已满足现有的需求。借鉴美国电储能参与辅助服务的经验，在中国，电力公司同样可作为储能业主，通过在电力系统内配置储能设备，为电网安全稳定运行提供支撑作用，并且随着2016年6月发布的《通知》，确立了电储能参与电力辅助服务的身份，以下几方均有参与的可能：

（1）发电企业。在风电场、光伏电站配置电储能，通过电储能促进新能源消纳的同时为电网提供辅助服务，获取辅助服务收益；带有售电功能的发电企业有望通过储能系统为用户提供更优质的电能供给，打造核心竞争力。

（2）电网公司。购置储能系统参与辅助服务，替代部分常规机组，改善电网运行的技术经济性。

（3）售电公司。推动辅助服务市场需以健全的电力交易市场为根基，售电公司的发展空间扩大；市场加速规范，利于售电公司发展；另外售电公司可通过辅助服务打造核心竞争力，通过储能系统为售电客户提供更高质量的电能，提升盈利能力。

（4）工商业、住宅用户。配网侧统一调度用户侧的分布式储能为电网提供辅助服务，用户可获取收益。

3.5　电动汽车的商业运行模式

随着我国电力现货市场的建立和售电市场的形成，分散电动汽车的充电服务日益呈现互联网业态。作为分散的 C 端用户，电动汽车可帮助车辆用户实现用户分时电价管理、容量电费管理、提升供电可靠性和供电质量等电力终端服务价值；而凭借车联网等移动互联技术，系统集成的电动汽车电力需求响应又参与上游现货市场交易和调频、备用等辅助服务现货市场交易，并孕育新的能源互联网商业模式。在电力系统发输配用各环节中，用电侧互联网技术渗透最为彻底，电动汽车负荷集成商可通过充电信息大数据整合和电力需求响应机制，充分利用电动汽车的充放电资源，并根据其灵活调节资源特点和市场价格变化，在上下游市场间进行自由选择和切换，以实现用户侧灵活调节资源应用价值的最大化。

国外已在电动汽车需求响应方面做出尝试。例如，美国加州圣地亚哥煤气和电力公司（SDG&E）。根据日前各时段的负荷预测，提前一天为各个时间段设定电力可变费率，参与计划的电动汽车驾驶者可以通过手机应用程序获知第二天电费情况，并允许 SDG&E 通过软件远程调整电动汽车充电负荷与时间，从而实现需求响应下的错峰充电。而 PJM 电网更是通过降低调频、旋转备用、日前备用等辅助服务品种的最小容量准入门槛，将电动汽车充电负荷纳入居民需求响应资源，进而帮助电动汽车用户通过聚合集成参与现货电力市场交易。通过示范运营 PJM 发现，分散的电动汽车可以提供与大型电站相同甚至质量更高的电力系统调节服务。随着电动汽车市场的快速普及，电动汽车将成为电力系统最重要的负荷侧调节资源。

作为分散的负荷侧储能设施，电动汽车完全可作为实现能源互联网的切入点。

第一，电动汽车是电力市场的新生消费，电动汽车的大规模接入为电网企业带来了大量新增电力需求，提升了电网对需求响应的接受度。

第二，除了电量消费外，电动汽车充放电过程包括了快速充电、电池更换、基础设施建设及维护等额外价值，充放电服务因此有望成为引入售电侧价格竞争的契机。

第三，充电数据监控及计量装置已整合在电动汽车车体内部，用户可通过车载电脑安排充放电计划，车载通信系统也完全满足充放电信息的监控、计量和交易，降低了需求响应通信、计量等基础设施投入成本。

第四，随着低碳交通等概念的兴起，车辆租赁、车辆共享等新生商业模式不断涌现，电动汽车集成运营商可成为售电市场中的竞争实体。

第五，电动汽车集成运营商的引入，将整合终端用户、电力零售商、配电网等不同市场参与者的角色，规避了各利益相关方之间复杂的利益分配机制设计问题。

最后，电动汽车运行成本远低于燃油成本，电动汽车充放电服务价格仍有较大上升区间（直至燃油价格），为需求侧市场提供了广阔的竞价空间。

除需求响应服务外，集成运营商还能够更有效地回收退役的电动汽车动力电池和用户侧储能电池，以实现电池的梯次利用和电池原材料资源的再生循环。例如德国宝马公司就与博世集团合作，将从 Mini-E 电动汽车退役的电池拆解重组后服务于 Vattenfall 电网储能；戴姆勒公司也专门成立电池生产企业 ACCUMOTIVE，并与储能运营商、资源再生企业合作形成完整的动力电池生产—使用—储能—回收—生产闭合产业链，其规划的 13MWh 退役电池储能电站也是目前全球最大的退役电池储能项目。

按照现行我国电力市场机制，分散的电动汽车无法直接参与电力现货市场交易，而现有的用户侧分时电价管理和容量电费管理等应用无法充分反映电动汽车及储能的灵活性价值。因此，建议在推进电力体制改革的过程中，充分考虑负荷侧电动汽车的充放电调节潜力，适当降低分散的灵活性调节资源参与电量及辅助服务现货市场的准入标准（如最小装机规模）。在电力辅助服务方面，建议进一步细化辅助服务市场设计，其定价机制应充分反映灵活性资源的服务质量及调节效果（如响应速度、调节精度等），从而建立公平竞争的市场交易规则，提升电动汽车的市场竞争力，引导售电商和需求响应提供商采纳新技术，建立电动汽车融入能源互联网的市场机制。

由于我国正处在电力市场化过渡阶段，建议可先将电动汽车充电服务商购电价格纳入分时电价管理，并把诸如充电时间管理、充电导航、充电状态查询及充电预约等服务纳入充电服务费定价机制，从而鼓励电动汽车充电服务商加强充电信息数据整合及充电负荷管控的能力。

3.6　动力电池梯次利用的商业运行模式

全球各国都在积极开展动力电池梯次利用方面的实验研究和工程应用，其中日本、美国和德国等国家发展比较早，并且已经有一些成功应用的工程和商业项目。我国从近几年才开始开展相关的理论研究和示范工程，步伐相对慢一些，成规模的商业化运作还未真正开始。

动力电池再利用商业模式需要建立多方面的合作机制。首先需要通过推行回收责任制建立回收利用网络，保证再利用电池来源。其次，电池回收提供商必须与上下游建立紧密联系。再利用核心主要包括电池回收、电池评价和二次再装配利用等环节，由于再回收和新能源汽车运营中的电池运营商密切相关，最佳方式是由运营商、汽车厂和电池企业合资建立电池服务模块，承担动力锂电池的再利用业务，对再装配电池可以考虑通过电池租赁或者零售等方式应用在终端客户上。

Savas-kan 等指出，在由零售商销售产品的情形下将产品回收分为 3 种模式：制造商直接从顾客手中收集废旧产品；通过零售商从顾客手中收集废旧产品；通过第三方回收公司从顾客手中收集废旧产品。Spi-cer 和 Johnson 也认为，为了执行生产者责任延伸制度，有 3 种途径：OEM 回收（生产商自己回收）、联合回收（建立 PRO 组织开展回收活动）、第三方回收（与第三方服务商达成协议，由其代生产商回收）。因此，理论上我国新能源汽车动力电池的回收也可以采用以下 3 种模式：基于制造商负责回收；基于销售商负责回收；以及基于第三方公司负责回收。图 3-7 为动力电池梯级回收商业模式。

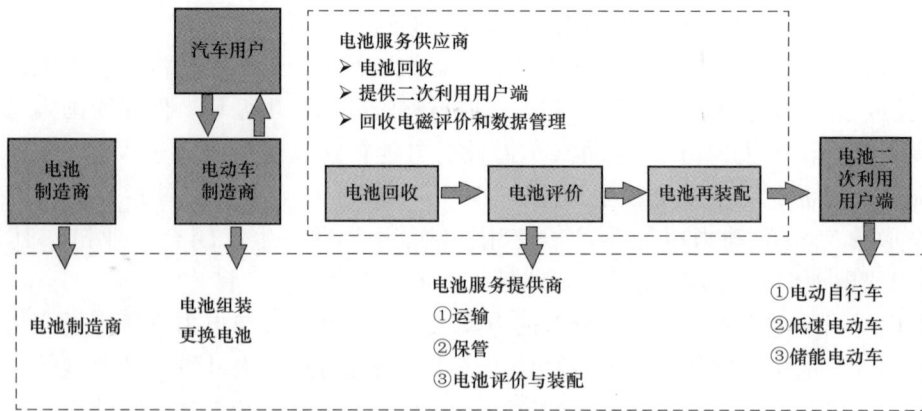

图 3-7　动力电池梯级回收商业模式

1. 国外电池梯级回收方面

（1）日本。

日本非常重视动力电池的回收利用，未雨绸缪，早在电动汽车推广之前，就已经考虑了动力电池的梯级利用问题。

日产汽车在聆风上市之前就和住友集团合资成立了 4REnergy 公司。该公司从事电动车废弃电池的再利用，公司总投资额 4.5 亿日元，日产占合资公司 51％ 的股份，住友集团则占剩下的 49％。公司目标是开创崭新的结构流程及市场，将内存于汽车内长寿命、能源密度高的蓄电池以不同用途灵活运用。日产相信 4R Energy 公司将发挥电动车锂电池的剩余价值，目前已开发了标称功率分别为 12、24、48、72、96kW 的家用和商用储能产品。图 3-8 为 4R Energy 公司业务模式。

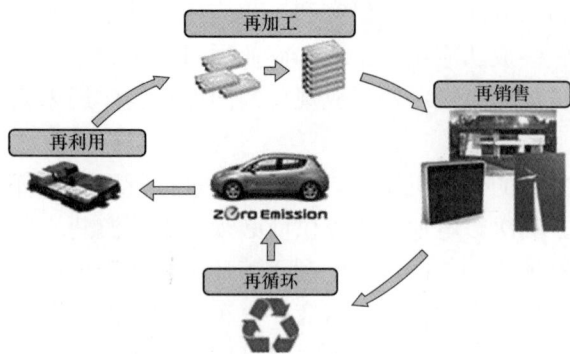

图 3-8　4R Energy 公司业务模式

（2）美国。

美国对动力电池梯级利用研究较为全面，在动力电池经济效益、技术及商业可行性分析，梯次利用尝试等方面都进行了系统的研究。

从 2011 年开始，通用汽车公司与 ABB 开始合作试验如何利用雪佛兰 Volt 沃蓝达的电池组采集电能，回馈电网并最终实现家用和商用供电。2012 年 11 月通用汽车公司与 ABB 近日在美国旧金山共同展示了一项未来电池再利用的全新尝试：将五组使用过的雪佛兰 Volt 沃蓝达蓄电池重新整合入一个模块化装置，可以支持 3~5 个美国普通家庭 2 个小时的电力供应。未来，类似应用将能实现为一些家庭及小型商用楼在停电时提供备用电能，在电价优惠时段储存电能供高峰时段使用，或弥补太阳能、风能或其他可再生能源发电中的缺口。

（3）欧洲。

早在 2010 年，TUV 南德意志集团受到 Germany Federal Institute for Building 的委托，参与电动汽车电池阶梯利用的研究项目。该项目得到德国能源与气候研究机构的资金支持，项目规划在德国柏林建立储能应用示范工程。

2015 年，博世集团、宝马和瓦滕福公司就动力电池再利用展开合作项目，该项目利用宝马 ActiveE 和 i3 纯电动汽车退役的电池建造 2MW/2MWh 的大型光伏电站储能系统。该储能系统由瓦滕福公司负责运行和维护，项目将建在德国柏林。

根据中国政府的规划，到 2020 年时，全国风力发电装机容量达到 200GW，光伏发电装机容量达到 100GW。可再生能源发电配备储能系统，已经成为一种刚性需求，一般的配比为 5%～20%。以此推算，到 2020 年时，我国仅可再生能源发电市场，就需要 15GW以上的储能系统，以 2～4 倍的容量/功率比计算，需要 30GWh 以上的储能电池规模。

动力电池的使用周期一般是 5～10 年，目前我国一年销售 2000 多万辆汽车，将来即便其中只有 5% 是电动汽车，量也会非常巨大。等这部分汽车退役报废的时候，如何处理这些电动汽车和电池，如何构建环境友好的生态链，都需要提前考虑。目前我国相关政策已明确提出，动力电池的回收主体是车企，但事实上，很多车企在接到任务后，仍然会将具体工作委托给动力电池厂商来完成。动力电池系统是个高压体系，而且某些电池的特性决定其不能实现 100% 的放空电，因此退役电池仍然处于带电状态。如果将这些带电的退役电池交给非专业人士处理，会加大回收再利用的危险系数。因此，将动力电池的回收工作交给专业的电池企业，会更加稳妥。

短期来看，梯次利用的动力电池，在家庭储能、分布式发电、微电网、移动电源、后备电源、应急电源等中小型的储能设备应用领域，会有良好的发展潜力。长期来看，如果一些技术难点得以解决，在大型和超大型的商业储能和电网级储能市场，梯次利用也会有广阔的前景。

由于动力电池梯次利用仍然处于技术验证和项目示范阶段，因此并没有专门从事梯次利用业务的企业，目前梯次利用储能项目的参与方主要有科研机构、动力电池生产企业、电动汽车制造商、储能产品及零部件开发商、储能系统集成商、电力用户、废旧电池回收企业等。

中短期内，电动汽车和动力电池系统生产企业是梯次利用的最主要市场推动力。以电动汽车生产企业为主导，与动力电池生产企业、储能产品及零部件开发商开展合作，是现阶段开展梯次电池在储能领域中的示范应用和商业化探索的主要方式。

业内专家表示，能否建立起经济可行并且能够持续健康运行的梯次利用商业体系，还取决于以下因素。

首先，是否具备梯次利用的技术能力和市场策略，包括从电动汽车上拆卸动力电池包、检查系统是否具有梯次利用能力、将电池系统拆解并重新组成新系统、为梯次电池系统的运行提供维护服务等相关方面的技术能力，以及选择合适的领域开展商业化的梯次利用项目。

电池梯次利用应用于规模储能还有很长的路要走，但是业内专家表示，分散的、小规模的梯次利用可能更有实际意义。自家的新能源汽车，淘汰下的电池，稍加改造，成为自家的"移动充电宝"，或者像特斯拉能源墙一样，成为小规模分布式储能的一部分，更容易实现。

国家科技部部长万钢指出，政府层面要充分发挥现有在线检测监控系统作用，累计历史数据来支撑退役电池甄别、分级和梯次利用。同时，加快建立电池回收体系，构建动力电池回收体系产业链。还应该尽快出台车用动力电池回收利用政策和法律法规，明确责任主体，建立监督监管制度。这个在专项中有所部署，但产业要快速建设起来。

同时，动力电池的梯次利用产业链，涉及用户（车主或商业运营单位）、车企、动力电池企业、梯次利用企业，如何创造一个共生共赢的产业链生态圈，必须要考虑。如果仅仅是后端的梯次利用企业获利，那么用户、车企以及动力电池企业，就没有足够的动力去参与和推动动力电池的梯次利用，产业规模就难以起来。这既需要政府层面建立相关规范和标准，也需要产业链各环节的企业，紧密合作。

电动汽车退役的动力电池在未来能源互联网中将起到日益重要的作用。若实现退役电池在电力系统储能领域的梯次利用，则其未来储能容量将高于届时在运电动汽车自身的充放电调节能力。因此，建议在动力电池梯次利用领域尽早布局，尽快建立动力电池回收、拆解、重组等相关标准体系，并在动力电池回收及梯次利用技术研发及企业运营方面给予政策扶持。

作为动力电池的梯次利用衍生产品，用户在知情的情况下，会对产品的性能、寿命、可靠性、安全性等心存疑虑，产品的推广会存在一定的阻碍。在产品的推广和应用方面，要充分考虑用户的现状和诉求，多种商业运作方式相结合，在充分帮助客户获利的基础上，获得自己的利益。可充分借鉴其他行业的一些成功经验，如分期付款、分时租赁、盈利后结算、甚至免费供货（靠后续增值服务）等，探索梯次利用方面的有效投资模式。

3.7 储能商业运行模式探讨

综上所述，储能技术已在电力系统中的多个环节开展应用，但除国外的光储发电和储能系统参与电力辅助服务具有较成熟的商业模式外，其他领域商业模式并不清晰，并且鉴于我国的电力市场环境与国外差异较大，国外的商业模式可以借鉴，但不可照搬。项目研究通过商业模式典型要素的创新，期望以点带面，以能源互联网发展和电改为背景，探讨在我国电力市场背景下可行的储能系统商业运行模式。

3.7.1 以用户为中心，提升产品价值

从定位中寻找创新，商业模式中企业定位确定了企业满足利益相关者需求的方式，不同于企业的战略定位是确定市场在哪里，能提供什么样的产品和服务、深入行业价值链的哪些环节等，商业模式定位主要强调的是方式，是达成盈利的方式。用户想安装一套储能设备，这是一个确定的客户需求，但是满足这个需求的方式可能有很多种，企业自己生产然后去安装；企业通过购买其他厂家的产品去满足用户；企业还可以提供给客户各种零配件的选择，然后让用户自己根据需求定制终端；企业还可以通过连锁店或者众筹的方式满足用户需求，并且除根据用户需求，提供储能设备外，通过附加能量管理平台，提升产品价值，总之可以选择各种不同的方式满足用户需求。大致上，所创造的价值可以归结为3大类：促进用户节能增效、提高资产利用效率、提升系统运行效益。

（1）促进用户节能增效。如通过利益共享甚至众筹等商业模式，为用户安装储能系统，在经济可行的前提下，该商业模式将有利于快速发现具有投资机会的用户，并快速匹配资金、技术与专业的服务资源。又如构建基于SaaS模式的能效管理平台，对企业、园

区、校园等用户的用能状态、储能状态进行全方位评估，设计个性化的节能解决方案，使用户的用能行为对能源系统更加友好，实现用户的管理节能与技术节能，降低用户的用能成本。

（2）提高资产利用效率。如通过整合用户侧已配置的闲散、冗余、性能受限的储能电池资源，可以形成类似"能量 Uber"的电池租赁、配送与交易平台。平台运营商为用户构建一个储能电池的信息发布和交易匹配平台。用户可以通过平台发布自己电池当前的状态，获取其他用户的能量需求，在平台上实现能量的供需匹配，开展电池的租赁业务，从而盘活电池的存量市场，提高电池的利用效率，为电池租赁双方创造价值。又如充分整合电网、热网、气网等能源网络的生产设备与管网资源，构建相互协调、多能耦合的综合能源供应体系，可同时面向用户提供可调节、可转化的能源服务，充分利用不同能源系统在时段上的错峰效应与调节能力，提高整个能源体系的设备利用率与运行负荷率；其商业模式可以通过系统运营商或第三方服务提供商，向用户提供"电、热、冷、气"多种形式能源互补搭配的"能量套餐"，省去用户"多头购买"之苦，又充分挖掘了资产的利用效率。再如可通过众筹等灵活的手段，将能源设备的建设与能源消费在投资阶段就关联起来，使得更多的资金可以投入到利用效率较高的固定资产之中，提高基础设施建设的融资效率，缩短投资回报周期，降低投资风险。

（3）提升系统运行效益。如成立储能聚集商的运营主体，通过对用户的用能行为进行科学的管理，充分挖掘用户的需求响应等各种资源，参与到实时电能市场或辅助服务市场中去，可降低系统的运行成本，实现用户与运营主体之间的双赢。又如成立虚拟电厂运营主体，通过先进的信息通信技术和软件系统，实现分布式电源、储能系统、可控负荷、电动汽车等分布式资源的聚合和协调优化，并作为一个特殊的"电厂"整体参与能量市场、辅助服务市场交易，为系统运行提供了一类"化整为零"的额外调节资源，满足互联网时代"零边际成本"的理念。

（4）提供一体化设备，提升产品价值。比如用户需要配置一套分布式光储发电系统，以用户为中心，储能设备厂商也可与光伏、逆变器设备厂商联合，组成一体化系统，提高面向用户的产品价值。

3.7.2　基于互联网技术，扩展分销渠道

分销渠道是随着时间、环境的变化而不断演变发展的。随着互联网的发展和应用，企业所面临的市场环境发生了深刻的变化，这同时也给企业管理的各个层面带来了深远的影响，作为与市场联系最紧密、最敏感的分销渠道，同样也面临着变革和挑战。由于互联网不受地域和时间的限制，企业可以不必借助批发商和零售商的营销努力即可实现产品销售。同时由于互联网的虚拟性，企业可以不必设置大规模的产品展示空间和中转仓库。另外，互联网具有即时互动的沟通功能，可以使企业和客户之间实现深层次的双向沟通，提高沟通效率。作为一种渠道资源，互联网扩展了交易范围，有效缩短了交易时间，降低了交易成本和渠道运行费用。储能设备厂商同样可借助互联网技术扩展自己的销售渠道。

（1）B2C模式。开通电商平台，走近用户市场。用户通过网络即可实现登记需求、提交订单、选择产品、测算成本以及申请融资等功能。项目建成后，还可以通过网络平台远程监控系统状态。通过引入B2C模式，开发商可以提升用户体验，抓住储能市场，并降低

营销和运营成本。

（2）CPS模式。包括第三方CPS平台及自营CPS平台。目前电子商务比较主流且固定的渠道推广就是CPS模式，通过推广产生有效的订单后进行比例分成。这是一种零风险的实效营销方式，如果网站主不能带来销售额，广告主不用支付任何广告费用。需要制定超越竞争对手的联盟分成政策，增强竞争力，还需要有专人结算与维护。企业也可以建立自己的CPS联盟，一旦发展起来，和第三方CPS平台形成补充，带来更大的销量比例。

3.7.3 多元化成本构成，降低储能门槛

在国家储能补贴政策的激励下，储能设备厂商、用户、第三方等可以通力合作，充分调动各自的技术、资本优势，以及市场经验，引导储能系统探索更新的商业模式，形成适用于中国市场的商业化推广模式。

（1）用户投资。用户出资一次性买断设备，根据电力市场价格机制，如峰谷分时电价、可中断电价等，自行设定储能系统运行模式，储能设备可由用户自行维护，或由储能设备厂商提供售后运维服务。该模式适用于储能投资收益率较高场景，由于现阶段电池储能系统度电成本较高、国内现行峰谷价差有限，储能的推广应用仍需相关补贴政策支持。随着储能技术水平提升、成本降低以及相关政策和电价机制的完善，储能将具备规模化推广应用的条件。

（2）设备厂商和用户联合投资。储能设备厂商和用户共同投资购置并维护储能设备，按照投资比例进行收益分配。在目前储能成本居高不下的背景下，用户有储能购置需求，但受制于资金，储能设备厂商需要出售设备回笼资金，采用储能设备厂商与用户共同投资的模式可以分散用户投资压力和储能设备厂商的销售压力，并且在该模式下，储能设备厂商的参与可为设备维护、废旧设备回收提供技术背景。

（3）租赁模式。储能设备厂商、电力公司或第三方（如专业投资公司）负责储能设备的购置和维护，将储能设备租赁给用户，用户支付租赁费用，储能设备的运营过程由用户安排，储能设备厂商、电力公司或第三方不参与。对于用户来说，分期付款方式可以消除初期投资成本过大的障碍，降低储能设备应用门槛，有利于促进储能设备规模化发展。

（4）众筹模式。在用户投资模式下，通常需要长期贷款，不利于储能系统的快速推广应用。众筹模式是指通过公开发布募集项目资金，进行融资，购置储能设备，可采用将设备租赁给用户、自主运营或第三方运营等不同的模式。

综上，短期内储能应用的商业模式将存在用户投资、用户和储能设备厂商共同投资、用户租赁、众筹等多种模式共存，随着储能成本下降，政策激励等外部条件的作用，储能商业模式逐步演化。

3.7.4 多元化收入模型，提升收益

企业的盈利模式是企业获取利益及分配利益的方式，同一个产品，可以直接销售产品，转移产品的所有权；也可以保留产品的所有权，转让其使用权，收取租金，这是租赁；还可以销售产品生产出来的产品以及作为投资工具。因此同样的企业类型，不同的盈利模式给企业带来的收益是大相径庭的。

（1）业主自用。对于工商业用户，基于两部制电价制度，用户可通过配置储能设备，在用电低谷时段存储电能，在用电高峰时段，储能系统输出电能供用户使用，降低最大负

荷，节约需量电费，还有可能降低配电设备成本。对于风电场/光伏电站，配置储能设备，提高可再生能源对电网的友好性，通过增加的上网电量获取收益。

（2）自用＋租赁。2016年6月国家能源局发布《关于促进电储能参与"三北"地区电力辅助服务补偿（市场）机制试点工作的通知》，确定了电储能参与调频调峰辅助市场服务。该《通知》要求，在用户侧建设的电储能设施，充电电量既可执行目录电价，也可参与电力直接交易自行购买低谷电量，放电电量既可自用，也可视为分布式电源就近向电力用户出售。用户侧建设的一定规模的电储能设施，可作为独立市场主体或与发电企业联合参与调频、深度调峰和启停调峰等辅助服务。

借鉴共享经济概念，共享经济是指拥有闲置资源的机构或个人有偿让渡资源使用权给他人，让渡者获取回报，分享者利用分享他人的闲置资源创造价值。通过签订协议，分布式储能或集中式储能业主除让储能设备为自身服务外，分时将储能设备让渡给第三方，允许储能设备接收统一调度，为系统提供辅助服务并收取容量费用，在目前储能成本较高、投资回收期较长的背景下是值得探讨的商业模式。

第4章

典 型 案 例 分 析

4.1 储能经济性研究概述

4.1.1 储能经济性研究的意义

随着储能示范项目在全球范围内的开展，储能系统在不同应用场景下的功能定位逐步清晰，但储能系统尚未实现商业化推广，制约因素主要包括：储能系统成本较高；市场机制尚未理清；储能应用收益衡量较为困难，其中储能价值难以清晰衡量以及储能项目存在一方投资多方受益的现状，是业界公认的阻碍储能市场发展的最大障碍，有必要结合不同应用场景，研究储能应用的经济性问题。

储能在电力系统中某一环节的应用，通常会对其他环节带来效益，如储能系统在用户侧参与削峰填谷时，储能系统削减高峰负荷，可以延缓输配电设备升级，降低煤耗，以及减少温室气体排放，提高现有机组利用率，延缓新建峰荷机组，降低电力系统生产成本等作用。

现阶段，储能经济性的研究主要在于储能投资收益的评估，明确储能电站所能实现的收益构成，全面衡量储能价值。在现有电力市场条件、政策机制下，明确储能在不同应用场景的收益构成和经济性评估方法，可以帮助储能从业者判断是否部署以及如何部署储能项目，如根据不同应用场景选择储能技术类型、储能容量以及储能在该场合应用的投资收益率和投资回收期等经济指标，此外储能的经济性研究可为出台相关储能支持政策、补贴标准、价格机制等提供有益的借鉴，使政策的修改或指定有的放矢，能切实推动储能产业的发展。

4.1.2 储能应用经济性研究方法

4.1.2.1 常规储能系统成本分析

电池储能系统成本主要包括初始投资成本和运营维护成本。储能系统的初始投资成本主要由功率成本和容量成本构成。储能系统的运行维护成本是为了维持储能电站处于良好的待机状态所需要的费用。

1. 投资成本

假定不考虑储能系统正常使用期内的设备更换成本，储能装置的投资成本主要包括电能转换设备（包括交流侧变压器和断路器、整流/逆变系统）成本和储能系统成本（主要为电池组和电池组管理系统）。

为便于分析，根据储能系统的使用寿命和基准收益率，可将储能系统的总投资成本在

寿命期内进行成本分摊，得到年投资成本，其年投资成本 C_1 可表示为

$$C_1 = (k_p \times P_{\max} + k_E \times E_{\max}) \times \frac{i(1+i)^n}{(1+i)^n - 1} \tag{4-1}$$

式中　k_p——电能转换设备的单位造价，元/kW；

　　　k_E——电池系统的单位造价，元/kWh；

　　　$P_{\max}$——整流/逆变系统容量；

　　　$E_{\max}$——电池系统的额定容量；

　　　n——电池储能系统循环寿命；

　　　i——储能项目投资收益率。

2. 运行维护成本

储能装置的年运行维护费用与其运行状况有关，可以表示为

$$C_2 = C_m \times Q \tag{4-2}$$

式中　C_m——输出 1kWh 电能的运行维护成本；

　　　Q——储能系统年输出电量。

储能系统循环寿命是其成本分析中的另一重要参量。储能系统的循环寿命，即标称容量降至储能电池初始额定容量的 80% 时电池的完整充放电循环次数。影响电池循环寿命的主要因素包括极端温度、过度充放电、充放电深度（DOD）及充放电速率。储能系统在标准充放电电流、电压、温度条件下工作时，其循环寿命是充放电深度的函数。储能系统使用寿命年限为

$$n = \frac{T_{\text{life}}}{L_{\text{cyc\_year}}} \tag{4-3}$$

式中　T_{life}——对应 DOD 下储能系统的循环寿命；

　　　$L_{\text{cye\_year}}$——年充放电循环次数。

假定不考虑储能系统正常使用期内的设备更换成本，为便于分析，根据储能系统的使用寿命和基准收益率，可将储能系统的总投资成本在寿命期内进行成本分摊，与储能系统的年维护成本叠加，得到储能系统的费用年值，其计算公式为

$$AC = (C_p \times P_{\text{ESS}} + C_E \times E_{\text{ESS}}) \times \frac{i(1+i)^n}{(1+i)^n - 1} + C_m \times Q \tag{4-4}$$

4.1.2.2 退役动力电池储能系统成本分析

电动汽车对电池的能量密度、功率密度、寿命、安全性、可靠性等技术特性要求较高，当动力电池的能量密度下降导致汽车续航里程不满足客户需求，或者由于功率密度下降到汽车加速性能不满足要求时，动力电池将被替换下来。退役动力电池可以用于对电池技术性能要求较低的其他场合。退役动力电池的梯次利用通常包括以下步骤：①废旧动力电池回收；②动力电池组拆解，获得电池单体；③根据电池的外特性，筛选出可使用的电池单体；④电池单体进行配对重组成电池组；⑤系统集成与运行维护等。如图 4-1 所示。

退役动力电池的二次利用成本主要包括：购置成本、运输成本、人工成本、电池筛选、成组成本、BMS 成本、电力电子成本和运营维护成本等。

（1）购置成本。退役动力电池的购置成本与退役动力电池供应量、退役动力电池回收再利用成本、新电池购置成本等多个因素有关。根据经济学原理，其购置成本取决于供需

曲线，如图 4-2 所示，图中需求曲线 D 自左上方向右下方倾斜，供给曲线 S 自左下方向右上方倾斜，两条曲线在均衡点 E 点相交，并且新电池购置成本为退役动力电池购置成本的上限。

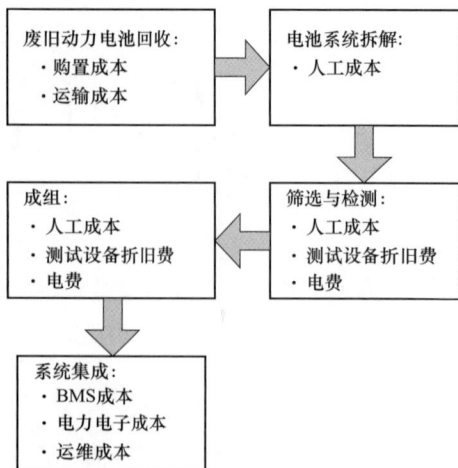

图 4-1　退役动力电池梯次利用流程及其成本构成

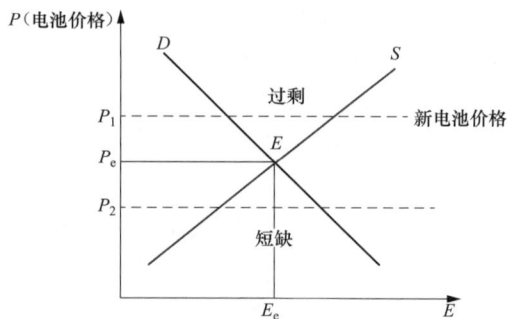

图 4-2　电池成本供需曲线

当电池的需求量高于退役动力电池和新电池的供应量，即需求大于供给时，使电池购置成本升高；反之，当电池的需求量小于退役动力电池和新电池的供应量，即需求小于供给时，使电池购置成本将降低。

退役动力电池的平衡价格由市场中供给曲线和需求曲线的交点决定，仅当该价格低于新电池价格时，市场上才会产生对退役动力电池的需求，因此新电池的现行价格是退役动力电池的价格上限。新电池和退役动力电池的增加将抑制短期市场中退役动力电池的价格。如果退役动力电池在梯次利用市场中不存在竞争空间，则将以最低的价格进行回收处理。

根据经济学供求法则，如果市场需求大于市场供给，市场价格将会提高，根据需求定理和供给定理，价格提高，使需求减少，供给增加，一直到市场需求量等于市场供给量为止。相反，如果市场供给大于市场需求，价格下降将会增加需求，减少供给，直到两者相等为止。随着时间的推移，当需求量等于供给量时，价格不再具有变动的趋势，而处于一种相对静止的状态。因此从长期来看，退役动力电池的价格低于新电池的价格。

由于动力电池还处于产业化的初期阶段，报废数量有限，而动力电池的循环再利用工艺又存在较大的技术瓶颈。本章在分析中假定退役动力电池回收成本为零。

（2）运输成本。退役动力电池回收、运送至电池梯次利用检测、重组中心的运输费用。

（3）人工成本。退役动力电池梯次利用的人工成本主要来源于退役动力电池拆解、配组、装配等环节产生的人工成本。

（4）电池筛选、成组成本。退役动力电池测试、筛选、成组过程中进行内阻测试、电压测试、充放电测试所需设备的折旧费，以及充放电循环产生的电费等。

（5）BMS 成本。BMS 主要用于实现提高电池的利用率，防止电池出现过度充电和过度放电，延长电池的使用寿命，监控电池的状态等功能。

（6）电力电子成本。连接电网与电池组的交直流变换模块电力电子变流器成本、系统布线成本，以及变流器控制系统成本等。

（7）运营维护成本。运营和维护成本包括梯次利用电池储能系统运行过程中定期和不定期的维护，修理、更换故障或损坏的电池组，以及电力电子变流器的维护等。

评估退役动力电池的残余价值，实现其梯次利用，需要对电池的安全性、容量、内阻、自放电、二次循环寿命等多项技术指标进行全面测试。拆解了电动出租车上退役的磷酸铁锂电池，对其参数进行了测试。二次循环测试如图 4-3 所示，测试结果表明：退役电动汽车用磷酸铁锂与新电池相比，未出现加速衰减的迹象，据此可对其二次利用的寿命做出大致预测。定义动力电池实际容量与额定容量之比为容量保持率，随着充放电循环的进行，动力电池实际可用容量逐渐减少，容量保持率随循环次数基本符合线性关系，如式（4-5）所示。

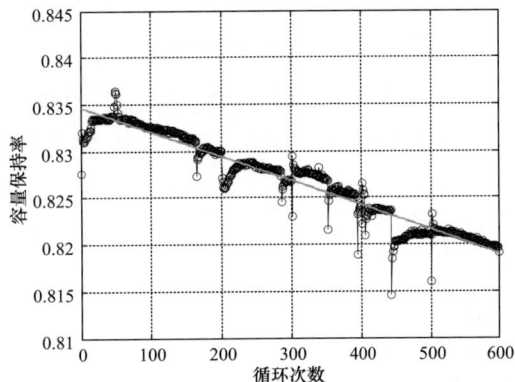

图 4-3　退役动力电池二次循环测试

$$y = -2.6043 \times 10^{-5} x + 0.8347$$
$$R^2 = 0.9646 \tag{4-5}$$

式中　　y——容量保持率；

x——充放电循环次数；

R——线性相关系数。

4.1.2.3　经济效益分析

1. 低储高发运行效益

在峰谷电价下，储能装置在负荷低谷、电价较低时充电，而在负荷高峰、电价较高时放电，本文将储能系统"低储高发"运行模式下由分时电价而赚取的经济收益年值定义为储能系统的低储高发运行效益，可表示为：

$$W_1 = \sum_{1}^{365} \sum_{i=1}^{n} \lambda_i P_i \Delta t_i \eta \tag{4-6}$$

式中　　W_1——储能系统的"低储高发"运行效益，元；

n——分时电价时段数；

λ_i——第 i 时段的电价；

P_i——第 i 时段储能系统的充放电功率；

Δt_i——第 i 时段的时间间隔；

η——储能系统的充放电效率。

由式（4-6）可知，在上网分时电价给定的情况下，储能系统的低储高发运行效益与储能系统的容量、储能系统的充放电效率及其充放电策略有关。

2. 电量效益

以储能提高电网接纳风电能力为例，电量效益是指储能系统将过剩风力所产生的电能转化为风力不足或用电高峰期所需的电能产生的效益，主要体现在减少风电机组在风电场出力受限而不得不采取弃风时所造成的电能损失的效益。

在储能系统一年的运行周期内，储能系统所带来的电网多接纳风电电量 E_{pw} 为

$$E_{pw} = \sum_{k=1}^{365} \int_{t_{l1k}}^{t_{l2k}} f_{pw}(t)\mathrm{d}t \tag{4-7}$$

式中　t_{l1k}、t_{l2k}——第 k 天储能系统弃风起、止时间；

　　　　E_{pw}——配置储能系统使电网多接纳的风电电量年值，MWh。

$f_{pw}(t)$ 为 t 时刻储能系统存储的风电功率，其计算方法为

$$f_{pw}(t) = \begin{cases} 0, & P_w(t) \leqslant P_{wind} \\ P_w(t) - P_{wind}, & P_{wind} \leqslant P_w(t) \leqslant P_{wind} + P_{\max} \\ P_{\max}, & P_w(t) \geqslant P_{wind} + P_{\max} \end{cases} \tag{4-8}$$

$$E_{\max} \geqslant \max\left(\int_{t_{l1k}}^{t_{l2k}} f_{pw}(t)\mathrm{d}t \right)$$

式中　$P_w(t)$——t 时刻的风电可发电力；

　　　　P_{wind}——电网低谷时段风电接纳容量；

　　　　$P_{\max}$——储能系统的功率；

　　　　$E_{\max}$——储能系统的容量。

储能系统的电量效益为

$$W_2 = \lambda_w E_{pw} \tag{4-9}$$

式中　λ_w——风电的上网电价；

　　　　W_2——储能系统运行的年电量效益，元。

以储能系统用于光伏电站降低弃光带来的效益为例，将弃光电量存储在储能系统中，转移到非弃光时段获得的电量收益。

$$W_2 = \lambda Q \tag{4-10}$$

式中　λ——光伏并网电价；

　　　　Q——储能提高的光伏并网电量和减少的弃光电量。

3. 节煤效益

节煤效益是指储能系统代替火力调峰所产生的效益，主要体现在代替火力发电时所产生的节煤效益，节能效益 W_3 可表示为

$$W_3 = Q\lambda_{coal} \tag{4-11}$$

式中　Q——储能系统年均发电量；

　　　　λ_{coal}——电煤价格。

4. 环境效益

本书将储能系统的环境效益定义为储能系统替代燃煤火电机组调峰所减少的污染物、温室气体（主要包括 SO_2、NO_x、CO_2、CO、粉煤灰、炉渣、悬浮颗粒物等）排放产生的效益。

据此，储能系统的环境效益为

$$W_4 = \sum_{i=1}^{n} V_{ei} \cdot Q_i + I \tag{4-12}$$

式中 W_4——储能系统的环境效益，元；

V_{ei}——第 i 项污染物的环境价值，元/kg；

n——污染物总数；

Q_i——第 i 项污染物的排放量，kg；

I——脱硫装置和烟尘过滤装置的投资成本年值。

5. 延缓设备投资

电网容量一般需根据地区年最大负荷需求进行规划。在用电低谷时，电网的负载率低；而在用电高峰时，负载容量大幅增加，部分变电站和线路甚至会出现过载，此时电网则需要进行相应的升级扩建。而通过在过负荷点安装 BESS，利用储能装置在用电低谷时对储能系统进行充电，提高电网的负载率，而在用电高峰时，将储存的电能释放供电，实现部分负荷就地供电，减少高峰时电网需传输的功率，从而使电网需扩建的容量减少。所以 BESS 在减少电网扩建容量方面的收益等值为年值 W_5 可表示为

$$W_5 = \lambda_d C_d \eta P_{\max} \tag{4-13}$$

式中 λ_d——配电设备的固定资产折旧率；

C_d——配电设备的单位容量造价，万元/MW；

η——储能装置的储能效率，计及了并网设备的损耗和蓄电池的充放电损耗；

$P_{\max}$——BESS 的额定功率（MW）。

6. 补贴效益

现阶段的补贴效益主要包括两类：削峰填谷补贴和可中断负荷补贴。

实施可中断负荷能够削减系统峰荷，相当于给系统增加备用机组，从而提高系统的可靠性，此外，可中断负荷的实施可增加需求侧弹性、节省运行费用、减少发电机组和输配电设备的容量投资，提高系统可靠性的同时，带来经济效益。上述效益被看作是用来支付给用户的可中断负荷补偿的来源。可中断负荷补贴是由电力公司与用户签订可中断负荷合同，在电力系统紧急情况下电力公司中断对用户的电力供应，但给予用户一定的经济补偿。现行市场中可中断负荷合同内容应包含：合同有效期限、提前通知时间、中断持续时间、负荷可中断容量及补偿费用等。合同有效期指按本合同内容进行可中断负荷管理的有效时间；提前通知时间和中断持续时间规定了该可中断负荷的基本特征；中断容量和补偿费用共同决定了购买费用。我国河北、江苏、上海、浙江和福建对高峰时期执行可中断负荷避峰用电的用户给予减免容量电费或一定的电价补偿政策。河北省规定对尖峰期自愿中断负荷的企业，每 1 万千瓦累计中断 1h 补贴 1 万元，相当于 1kWh 电量补偿 1 元；江苏在 2005 年 7 月 1 日对钢厂实施可中断负荷让电，当日白天苏州、无锡钢铁厂削减负荷分别达到 20 万 kW 和 7 万 kW，晚上无锡可中断负荷增加至 13 万 kW，南京、常州可中断负荷也分别为 6 万 kW、5 万 kW。

根据财政部、国家发改委关于印发的《电力需求侧管理城市综合试点工作中央财政奖励资金管理暂行办法》的通知，通知中明确指出："（一）对通过实施能效电厂和移峰填谷技术等实现的永久性节约电力负荷和转移高峰电力负荷，东部地区每千瓦奖励 440 元，中西部地区每千瓦奖励 550 元；（二）对通过需求响应临时性减少的高峰电力负荷，每千瓦奖励 100 元。"由此补贴带来的收益 W_6 可表示为

$$W_6 = \lambda_{b1} P_{\max} + n\lambda_{b2} P_{\max} \tag{4-14}$$

式中　λ_{b1}——储能系统转移高峰负荷的奖励，元/kW；

　　　λ_{b2}——储能系统参与需求响应的奖励，元/kW；

　　　n——储能系统每年需求响应的次数。

此外储能作为系统备用容量、节省网损成本、提高可靠性效益也可形成收益，由于相关计算方法尚不成熟，在此不做详述。

7. 残值

储能装置报废清理时可供出售的残留部分带来的价值，设备在不同的使用年限报废具有不同的残值，通常与储能装置的剩余容量、功率、使用年限有关，储能系统的残值 W_7 定义为

$$W_7 = f(E_l, P_{\max}, N) \tag{4-15}$$

式中　E_l——储能系统的剩余容量；

　　　N——储能系统的使用年限。

4.1.2.4　贴现现金流分析评价指标

1. 投资回收期

项目投资回收期是指投资回收的期限，也就是投资该项目所产生的净现金收入回收初始全部投资所需的时间。投资回收期越短，投资风险越低。

根据是否考虑资金的时间价值，可分为静态投资回收期和动态投资回收期。本书重点介绍动态投资回收期的计算方法，动态回收期 T_p 的计算公式，应满足：

$$\sum_{t=0}^{T_p} (CI - CO)_t (1 + i_0)^{-t} = 0 \tag{4-16}$$

式中　　i_0——折现率，通常取行业的基准收益率；

$(CI - CO)_t$——第 t 年的净现金流量。

动态投资回收期的计算公式为

$$T_p = \left(\begin{array}{c} \text{累计净现金流量折现值} \\ \text{开始出现正值的年份数} \end{array} \right) - 1 + \frac{|\text{上年累计净现金流量折现值}|}{\text{当年净现金流量折现值}} \tag{4-17}$$

采用投资回收期进行评价时，通常将计算的投资回收期 T_p 与标准的投资回收期 T_b 进行比较，仅当 $T_p \leqslant T_b$ 时项目投资方案合理。

2. 费用现值和费用年值

费用现值是指项目运营周期内各年的现金流出，按照一定的折现率 i_0 折现到期初时的现值之和。费用年值是指将费用现值按一定的折现率 i_0 等额分付到各年的费用值。

费用现值的计算公式为

$$PC = \sum_{t=0}^{n} CO_t (P/F, i_0, t) \tag{4-18}$$

费用年值的计算公式为

$$AC = \sum_{t=0}^{n} CO_t (P/F, i_0, t)(A/P, i_0, n) \tag{4-19}$$

式中　PC——费用现值；

AC——费用年值；

CO_t——第 t 年的现金流出；

n——项目寿命年限；

i_0——折现率。

$$(P/F, i_0, t) = \frac{1}{(1+i_0)^t}$$

$$(A/P, i_0, n) = \frac{i_0 (1+i_0)^n}{(1+i_0)^n - 1}$$

3. 净现值

净现值 NPV 指项目在寿命期内各年的净现金流量 $(CI-CO)_t$，按照一定的折现率 i_0 折现到期初时的现值之和，其表达式为

$$NPV = \sum_{t=0}^{n} (CI - CO)_t (1+i_0)^{-t} \tag{4-20}$$

式中　NPV——净现值；

$(CI-CO)_t$——第 t 年的净现金流量，其中 CI 为现金流入，CO 为现金流出。

项目投资经济性分析以项目运营期内的现金流入、现金流出数据为基础，现金流入即项目投资期内各年的效益，现金流出即各年投入的成本。

4.1.2.5 竞争力评估方法

常规储能系统经济性分析通常基于成本效益分析，采用贴现现金流方法进行分析，具体为通过估算项目的预期现金流量，选择适当的折现率对现金流进行折现，最后求得净现值、内部收益率、投资回收期等指标，对项目投资的经济性进行评估。

由于项目运营周期内的预期现金流量难以准确评估，采用和同等技术进行成本竞争力分析是评估退役动力电池梯次利用的一种较为有效方法。

竞争力分析方法通过分析退役动力电池的二次利用成本，如购置成本、运输成本、人工成本、电池筛选、重组成本、电池管理系统（Battery Management System，BMS）成本、电力电子成本和运营维护成本等，将退役动力电池二次利用成本与工作性能一致的常规电池储能系统应用成本进行竞争力评估，考虑项目运营周期内资金的时间价值，以费用现值为指标，得出退役动力电池二次利用的竞争力。由于从竞争力角度的分析，能够客观地评价退役动力电池二次利用的经济性。

4.2 储能在新能源发电中的经济性分析

4.2.1 算例说明

根据国内外储能在风电场、光伏电站的示范工程，储能在风电场、光伏电站中的作用主要体现在：削峰填谷、跟踪计划出力、调频和平滑功率输出等。

1. 削峰填谷

削峰填谷指的是在电网调度要求风电场、光伏电站限电的情况下，可再生能源为储能系统充电，在非限电时段，储能系统向电网放电。削峰填谷的实质是解决弃风弃光问题，将电网不能消纳掉的可再生能源通过储能系统存储起来，充放电的时间节点取决于调度的

要求。

2. 跟踪计划出力

跟踪计划出力指的是储能和新能源发电功率预测技术相结合，通过实时充放电调整新能源发电与电网公共连接点的功率输出，使风电光伏实际出力曲线和预测曲线一致，提高预测准确率，减少电力系统备用容量的配置量，提高电力系统的利用率，提高新能源并网能力。

3. 平滑功率输出

平滑功率输出指的是通过对储能系统进行充放电操作，平滑风电场、光伏电站短时功率波动，使其输出的爬坡率和爬坡幅度满足电网调度要求，减少由于风光的随机性和不稳定性，带来的新能源发电的波动性。

4. 调频

调频指的是在储能系统的额定功率和一定容量范围内，根据自动发电控制（AGC）信号，对电网进行频繁的充放电操作，使系统频率保持在合格范围内。相较于传统发电机组，储能技术具有快速、精确的功率响应能力，能够在1s内完成AGC调度指令，提升了调频能力、系统频率的稳定性以及与联络线功率的合格率，从而使电网运行更加可靠和安全。

以光伏电站为例，采用贴现现金流分析方法，预估储能投资成本和收益，分别从社会整体效益角度和投资者角度，分析储能系统在光伏电站中应用的经济性。

（1）储能系统参数。①储能电池及 BMS 成本：3000 元/kWh；②储能用 PCS 成本：1400 元/kW；③运维成本：0.05 元/kWh，0.2 元/kW。

（2）环境成本参数。储能系统减少 SO_2、NO_x、CO_2、CO、粉煤灰、炉渣、悬浮颗粒物等污染物、温室气体排放产生的环境效益：0.11 元/kWh，数据源自表 4-1。

表 4-1   **常规燃煤发电的环境成本**

项目	价值标准 (元·kg^{-1})	常规燃煤发电	
		g·(kW·h)$^{-1}$	0.01元·(kW·h)$^{-1}$
SO_2	6.00	8.556	5.1396
NO_x	8.00	3.803	3.042
CO_2	0.023	822.802	1.8924
CO	1.00	0.124	0.0124
TSP	2.20	0.1901	0.0418
灰	0.12	52.287	0.6274
渣	0.10	14.26	0.1426
脱硫费用			0
合计			10.9186

（3）延缓投资相关参数。延缓设备投资方面的收益，由于储能系统通常并到 35kV 电压等级，以 35kV 计算，该项收益为 1383 元/kW，参考数据及折算方法如下：

若输变电设备寿命为 25 年，折现率为 12%，各电压等级平均增量成本及年金见表 4-2。

表 4-2 　　　　　　　　　　　　　　各电压等级平均增量成本情况

电压等级 (kV)	承担上级费用 (元/kWa)	承担本级费用 (元/kWa)	总输电成本 (元/kWa)
500	0	345	345
220	218	376	594
110	586	436	1021
35	878	306	1184
10	1110	203	1313
380/220	1543	275	1819

将上述成本归算到与储能寿命一致，各电压等级的总输电成本见表 4-3。

表 4-3 　　　　　　　　　　　　　归算后各电压等级的总输电成本

电压等级 (kV)	总输电成本（元/kWa）	
	折现率 $i=12\%$	折现率 $i=8\%$
500	478.8787	403.2506
220	824.5042	694.2923
110	1417.203	1193.388
35	1643.456	1383.909
10	1822.515	1534.69
380/220	2524.87	2126.124

（4）政府补贴。政府补贴为 678 元/kW，参考资料如下：

根据财政部发布的《电力需求侧管理城市综合试点工作中央财政奖励资金管理暂行办法》（财建〔2012〕367 号）中的规定："（一）对通过实施能效电厂和移峰填谷技术等实现的永久性节约电力负荷和转移高峰电力负荷，东部地区每千瓦奖励 440 元，中西部地区每千瓦奖励 550 元；（二）对通过需求响应临时性减少的高峰电力负荷，每千瓦奖励 100 元。"

此外，考虑可中断负荷补贴，根据国内已有可中断负荷避峰情况，假定所配套的储能系统每年错峰 10 天、15 次、28 小时，并按 1 万元/万 kWh 的标准补偿。

投资储能系统每年获得的政府补贴：

$$W_{补贴} = 550P + 28P + 100P = 678P$$

4.2.2　经济性分析结果

2013 年 5 月 13 日，中国资源综合利用协会可再生能源专业委员会主持完成的《中国光伏分类上网电价政策研究报告》在第七届上海光伏展期间发布。根据我国区域太阳能水平面年总辐射不同，将我国（不含港、澳、台地区）分为四类资源区，设定了不同区域光伏上网电价，其中青海海西地区上网电价 0.75 元/kWh，青海西宁地区上网电价 0.85 元/kWh，青海玉树地区上网电价 1.15 元/kWh，针对上述不同上网电价，分别从社会整体效益角度和投资者角度，分析配置储能的经济性问题。

以光伏上网电价 1.15 元/kWh 地区为例，假定光伏电站为 20MW，扩容后的规模为 25MW，配置 1MW/6MWh 锂离子电池储能系统时，储能全年累计放电量约 93.9MWh，扩容后全年增长上网电量 6610MWh，综合考虑投资储能带来的整体效益角度，经济性分析结果如表 4-4 所示。由该表可知，20MW 光伏电站扩容至 25MW、配置 1MW/6MWh 锂离子电池储能系统时，储能系统的初始投资成本 2190 万元，运营维护成本 0.5 万元/年，投资储能带来的运行效益为 10.8 万元/年，环境效益 72.7 万元/年，延缓设备投资收益 691.5 万元/年，政府补贴 67.8 万元/年，储能系统残值 219 万元，投资储能的净收益约为 3664.8 万元，投资回收期约为 3 年，内部收益率约为 37.2%。

表 4-4　　　　　　　　　储能用于新能源发电经济性分析结果

项目名称		单价	数量	总计
投入	初始投资成本　储能电池及 BMS	2150 元/kWh	6MWh	1290 万元
	储能用 PCS	900 元/kW	1MW	900 万元
	运行维护成本	0.05 元/kWh	93.9MWh	0.5 万元
	费用年值			326.9 万元
	总投资成本			2190 万元
产出	运行效益	1.15 元/kWh	93.9MWh	10.8 万元
	环境效益	0.11 元/kWh	6610MWh	72.7 万元
	延缓设备投资收益	1383 元/kW	5MW	691.5 万元
	政府补贴	678 元/kW	1MW	67.8 万元
	储能系统残值	10%初始投资成本		219 万元
	年收益总计			842.8 万元
经济性分析指标	净现值			3664.8 万元
	投资回收期			3 年
	内部收益率			37.2%

4.3　储能在分布式发电及微电网中的经济性分析

4.3.1　算例说明

储能是分布式发电及微网的关键支撑技术，尤其是在包含可再生能源技术的分布式发电及微网系统中发挥着重要作用，其作用主要体现在：

1. 稳定系统输出

与未采用储能装置的分布式发电系统相比，储能装置可以平滑用户负荷曲线，通常由分布式发电系统提供腰荷，储能提供短时峰值负荷。此外储能可以解决分布式电源中电压脉冲、涌流、电压跌落和瞬时供电中断等动态电能质量问题，提高系统稳定性。

2. 备用电源

储能系统用于分布式发电系统，可在分布式光伏出力缺额或故障运行状态下提供备用电源，如分布式光伏发电系统夜间时段，或者其他类型的分布式发电系统检修的情况下等，储能可以提供备用电源。

3. 提高调度灵活性

储能系统能够使得不可调度的分布式发电系统作为可调度机组运行，实现与大电网的并网运行，并在必要时向大电网提供削峰、紧急功率支持等服务。储能的容量越大，系统的调度就更加自由化，但须在调度自由化获取的利益与成本之间找到经济平衡点。

另外，储能在分布式发电及微电网中应用还能提高现有发输配用电设备的利用率、降低运行成本、减少用户的用电费用等。储能系统的经济效益主要体现在：

（1）分时电价电费管理。分时电价电费管理，是指在电价低谷时段向储能系统充电，在电价高峰时段，储能系统向本地负荷放电，通过低买高卖（用）套利或者减少本地电费的支出。各国的电力市场都希望通过电价信号引导人们用电，即制定高低不同的高峰用电时段和低谷用电时段电价，通过电价差来缩小峰谷用电差异。在这种背景下，低谷时段充电，高峰时段放电的做法将会给储能系统运营商/购买者带去一定效益或者降低电费支出。

影响该部分收益的主要因素是峰谷电价，另外储能系统的效率、放电时间及相关补贴也会直接影响收益的多少。

（2）基本电费管理。基本电费是按照用户的变压器容量或最大需用量（即一月中每15分钟或30分钟平均负荷的最大值）作为计算电价的依据，由供电部门与用电部门签订合同，确定限额，每月固定收取，不以实际耗电数量为转移。基本电费管理，是通过减低用户的用电功率，进而降低容量费用，从而减低总用电费用，主要面向工业用户。

储能的投入，使得在容量费低的时段储存的电量可以在容量费率高的时段使用。

4. 提高供电可靠性

储能用于提高微电网供电可靠性，是指发生停电故障时，储能能够将储存的能量供应给终端用户，避免了故障修复过程中的电能中断，以保证供电可靠性。该应用中的储能必须具备高质量、高可靠性的要求，储能放电时间主要与安装地点相关。

可靠性的经济价值计算一般来说会很困难。一方面，提高可靠性对应的经济效益跟停电损失有关，而在某次停电事件中不同的负荷所受影响是不同的；另一方面，有些重要负荷涉及公共安全、灾后救援以及战时的一些特殊情况，这样的情况下提供电力供应保证服务的价值是非常难量化的。因此，影响该部分收益主要取决于电力服务对用户来说的价值，另外停电损失的赔偿也是该部分收益的一部分。

5. 提高电能质量

储能技术用于提高电能质量，是指在负荷端的储能能够在短期故障的情况下保证电能质量，减少电压波动、频率波动、功率因数、谐波以及秒级到分钟级的负荷扰动等对电能质量的影响。根据停电时间的长短，储能放电时间可从几秒到几分钟。投入储能所获得的收益，可以通过计算电能质量事件发生造成的损失（即价值）来量化。

与提高供电可靠性类似，通过储能提高电能质量获得收益，主要跟发生电能质量不合格事件的次数，及低质量的电力服务给用户造成的损失程度有关，同时配备的储能系统的容量等指标也能影响该部分的收益，其收益计算较难衡量。

此外，储能还可以优化微电网中的可再生能源发电机组的运行、降低电力损失和排放等，实现环境效益和社会效益。

以我国东部某地区的微电网为例进行分析，该地区峰谷分时时段，峰时段：8：00—12：00、17：00—21：00，平时段：12：00—17：00、21：00—24：00 谷时段：0：00—8：00。当日最高气温超过 35℃（不含）时，执行尖峰电价。具体以中央电视台一套每晚19时新闻联播节目后的天气预报中发布的南京次日最高温度为准，次日予以实施。不符合实施条件的日历天，尖峰段电价执行峰段电价。实施时间：7、8 两月上午 10：00—11：00 和下午 14：00—15：00。根据 2015 年的实际情况，7 月模拟运行，8 月正式实施。普通工业、大工业用户峰谷分时电价如表 4-5 所示。

表 4-5   峰 谷 分 时 电 价   元

用户	尖峰电价	峰值电价	平值电价	谷值电价	峰谷价差
普通工业		1.3815	0.8289	0.3763	1.0052
大工业	1.1752	1.0752	0.6450	0.3150	0.7602

该地区 2015 年 7、8 两月气温走势如图 4-4 和图 4-5 所示。参照 2015 年 7、8 月气温走势，尖峰计数天数为 6 天。

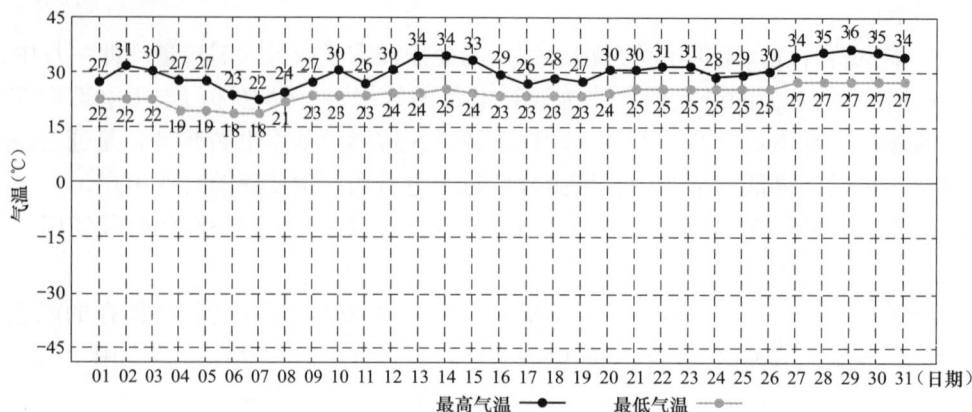

图 4-4 该地区 2015 年 7 月气温走势图

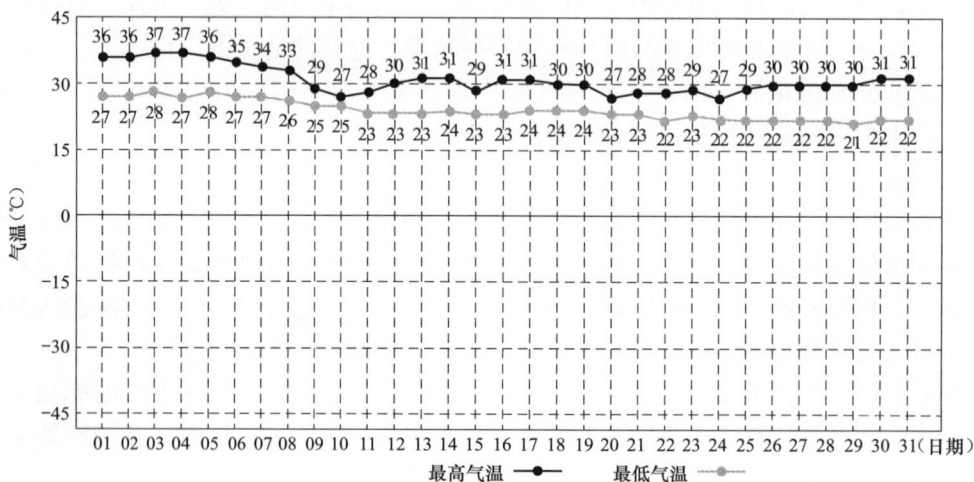

图 4-5 该地区 2015 年 8 月气温走势图

以锂离子电池储能为例进行分析，技术经济特性如表 4-6 所示。

表 4-6   锂离子电池储能技术经济特性

年份	2015 年	2017 年预计	2020 年预计
LFP 电池系统售价（元/kWh）	2150	<1800	<1200
储能 PCS 售价（元/kW）	900	<500	
LFP 电池组寿命@100%DOD（次）	4500	>6000	>10000
储能系统转换效率（含 PCS 和变压器）	90%	>91%	
工程建设与运行成本（元/kWh）	0.20	<0.10	<0.1

储能系统成本包括电池系统（含 BMS 及电池系统其他附件）、变流器、单元就地监控、集装箱及改造、开关附件等。储能系统边界条件及成本如表 4-7 和表 4-8 所示。

表 4-7   边　界　条　件

年份	2015 年	2017 年预计	2020 年预计
LFP 电池系统售价（元/kWh）	2150	1800	1200
储能 PCS 售价（元/kW）	900	500	500
工程建设成本（元/kWh）	0.15	0.05	0.05
运行成本（元/kWh）	0.05	0.05	0.05

表 4-8   不同规模下的储能成本

储能规模		1MW/2h	1MW/3h	1MW/4h	1MW/6h	1MW/8h
2015 年	投资成本（万元）	520	735	950	1380	1810
	工程建设成本（万元）	0.03	0.045	0.06	0.09	0.12
2017 年预计	投资成本（万元）	410	590	770	1130	1490
	工程建设成本（万元）	0.01	0.015	0.02	0.03	0.04
2020 年预计	投资成本（万元）	290	410	530	770	1010
	工程建设成本（万元）	0.01	0.015	0.02	0.03	0.04

4.3.2 普通工业用户经济性分析

1. 普通工业用户侧应用年收益

普通工业用户电价曲线如图 4-6 所示。基于表 4-6 中 2015 年储能系统技术经济数据，储能系统转换效率 90%，年运行天数取 340 天，分别考虑一次完整充放、两次完整充放的收益情况，如表 4-9 和表 4-10 所示。

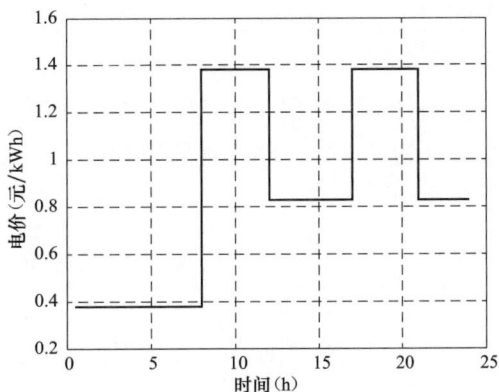

图 4-6　普通工业用户分时电价曲线

表 4-9   普通工业用户日收益   元

储能功率/容量	日收益（1 次/天）	日收益（2 次/天）
1MW/2MWh	1917	2818
1MW/3MWh	2876	4227
1MW/4MWh	3835	5635
1MW/6MWh	5752	6652
1MW/8MWh	7670	—

表 4-10 普通工业用户年收益及年充放次数

储能功率/容量	充放下限		充放上限	
	年收益（万元）	年充放次数（次/年）	年收益（万元）	年充放次数（次/年）
1MW/2MWh	65.178	340	95.812	680
1MW/3MWh	97.784	340	143.718	680
1MW/4MWh	130.39	340	191.59	680
1MW/6MWh	195.568	340	226.168	680
1MW/8MWh	260.78	340	—	—

2. 储能经济性分析结果

在该条件下，假定储能系统日完整充放 1 次，当储能系统为 1MW/4MWh 时，投资回收期最短，为 5.8 年；年投资回报率最大，为 9.05％。当储能系统为 1MW/4MWh 时，年净收益最大，为 74.1 万元/年。如表 4-11 所示。

表 4-11 普通工业用户充放下限（1 次/天）

储能功率/容量	系统成本（万元）	建设成本（万元）	第1年收益（万元）	投资回收期（年）	净收益（万元/年）	年投资回报率（％）
1MW/2MWh	520	0.03	65.178	7.7	13	5.00
1MW/3MWh	735	0.045	97.784	6.9	23.2	6.31
1MW/4MWh	950	0.06	130.39	5.8	43	9.05
1MW/6MWh	1380	0.09	195.568	6.2	53.8	7.80
1MW/8MWh	1810	0.12	260.78	6	74.1	8.19

在该条件下，假定储能系统日完整充放 2 次，当储能系统为 1MW/4MWh 时，投资回收期最短，为 3.8 年；年投资回报率最大，为 13.30％；年净收益最大，为 63.2 万元/年。如表 4-12 所示。

表 4-12 普通工业用户充放上限（2 次/天）

储能功率/容量	系统成本（万元）	建设成本（万元）	第1年收益（万元）	投资回收期（年）	净收益（万元/年）	年投资回报率（％）
1MW/2MWh	520	0.03	95.812	4.4	28	10.77
1MW/3MWh	735	0.045	143.718	4	45.6	12.41
1MW/4MWh	950	0.06	191.59	3.8	63.2	13.30
1MW/6MWh	1380	0.09	226.168	5.5	50.2	7.27

综上，综合考虑投资回收期、年投资回报率，储能规模为 1MW/4MWh 时，具有较好的投资经济性。

3. 计及容量补贴政策的储能经济性分析

假定容量补贴 440 元/kWa，分别分析补贴 3、5 年，以投资回收期、年投资回报率为指标分析储能经济性。

（1）容量费用补贴 3 年。在该条件下，假定储能系统日完整充放 1 次，当储能系统为 1MW/2MWh 时，投资回收期最短，为 3.6 年；当储能系统为 1MW/8MWh 时，年净收益最大，为 82.9 万元/年；当储能系统为 1MW/4MWh 时，年投资回报率最大，为10.9%。如表 4-13 所示。

表 4-13　　　　　普通工业用户容量费用补贴 3 年时充放下限（1 次/天）

储能功率/容量	系统成本（万元）	建设成本（万元）	第 1 年收益（万元）	投资回收期（年）	净收益（万元/年）	年投资回报率（%）
1MW/2MWh	520	0.03	65.178	3.6	21.8	8.38
1MW/3MWh	735	0.045	97.784	4.3	32	8.71
1MW/4MWh	950	0.06	130.39	4.1	51.8	10.90
1MW/6MWh	1380	0.09	195.568	4.9	62.6	9.07
1MW/8MWh	1810	0.12	260.78	5.1	82.9	9.16

在该条件下，假定储能系统日完整充放 2 次，当储能系统为 1MW/2MWh 时，投资回收期最短，为 2.5 年；当储能系统为 1MW/4MWh 时，年净收益最大，为 72 万元/年；年投资回报率最大，为 15.16%。如表 4-14 所示。

表 4-14　　　　　普通工业用户容量费用补贴 3 年时充放上限（2 次/天）

储能功率/容量	系统成本（万元）	建设成本（万元）	第 1 年收益（万元）	投资回收期（年）	净收益（万元/年）	年投资回报率（%）
1MW/2MWh	520	0.03	95.812	2.5	36.8	14.15
1MW/3MWh	735	0.045	143.718	2.6	54.4	14.80
1MW/4MWh	950	0.06	191.59	2.8	72	15.16
1MW/6MWh	1380	0.09	226.168	4.3	59	8.55

综上，储能项目投资经济性，关注投资回收期时，配置 1MW/2MWh 储能系统，投资回收期 2.5 年；关注年净收益时，配置 1MW/8MWh 储能系统，年净收益 82.9 万元/年；关注年投资回报率时，配置 1MW/4MWh 储能系统，投资回报率 15.16%。

（2）容量费用补贴 5 年。在该条件下，假定储能系统日完整充放 1 次，当储能系统为 1MW/2MWh 时，投资回收期最短，为 3.3 年；当储能系统为 1MW/8MWh 时，年净收益最大，为 88.8 万元/年；年投资回报率最大，为 9.81%。如表 4-15 所示。

表 4-15　　　　　普通工业用户容量费用补贴 5 年时充放下限（1 次/天）

储能功率/容量	系统成本（万元）	建设成本（万元）	第 1 年收益（万元）	投资回收期（年）	净收益（万元/年）	年投资回报率（%）
1MW/2MWh	520	0.03	65.178	3.3	27.7	10.65
1MW/3MWh	735	0.045	97.784	3.7	37.9	10.31
1MW/4MWh	950	0.06	130.39	3.7	57.7	12.15
1MW/6MWh	1380	0.09	195.568	4.4	68.4	9.91
1MW/8MWh	1810	0.12	260.78	4.6	88.8	9.81

在该条件下，假定储能系统日完整充放 2 次，当储能系统为 1MW/2MWh 时，投资回收期最短，为 2.5 年；当储能系统为 1MW/4MWh 时，年净收益最大，为 77.8 万元/年；当储能系统为 1MW/3MWh 时，年投资回报率最大，为 16.41%。如表 4-16 所示。

表 4-16　　　　　　普通工业用户容量费用补贴 5 年时充放上限（2 次/天）

储能功率/容量	系统成本（万元）	建设成本（万元）	第 1 年收益（万元）	投资回收期（年）	净收益（万元/年）	年投资回报率（%）
1MW/2MWh	520	0.03	95.812	2.5	42.6	16.38
1MW/3MWh	735	0.045	143.718	2.6	60.3	16.41
1MW/4MWh	950	0.06	191.59	2.8	77.8	16.38
1MW/6MWh	1380	0.09	226.168	4	64.9	9.40

综上，储能项目投资经济性，关注投资回收期时，配置 1MW/2MWh 储能系统，投资回收期 2.5 年；关注年净收益时，配置 1MW/8MWh 储能系统，年净收益 82.9 万元/年；关注年投资回报率时，配置 1MW/3MWh 储能系统，投资回报率 16.41%。

4. 2017 年储能经济性预测分析

储能成本 1800 元/kWh，充放电次数 6000 次，分析投资回收期、年投资回报率。

（1）无补贴。无补贴时，假定储能系统日完整充放 1 次，当储能系统为 1MW/6MWh 或 1MW/8MWh 时，投资回收期最短，为 4.4 年；当储能系统为 1MW/8MWh 时，年净收益最大，为 106.6 万元/年；年投资回报率最大，为 14.31%。如表 4-17 所示。

表 4-17　　　　　　2017 年普通工业用户无补贴时充放下限（1 次/天）

储能功率/容量	系统成本（万元）	建设成本（万元）	第 1 年收益（万元）	投资回收期（年）	净收益（万元/年）	年投资回报率（%）
1MW/2MWh	410	0.01	65.178	5	23.6	11.51
1MW/3MWh	590	0.015	97.784	4.7	37.5	12.71
1MW/4MWh	770	0.02	130.39	4.6	51.3	13.32
1MW/6MWh	1130	0.03	195.568	4.4	78.9	13.96
1MW/8MWh	1490	0.04	260.78	4.4	106.6	14.31

无补贴时，假定储能系统日完整充放 2 次，当储能系统为 1MW/4MWh 时，投资回收期为 2.8 年；年净收益为 77.9 万元/年；年投资回报率为 20.23%。如表 4-18 所示。

表 4-18　　　　　　2017 年普通工业用户无补贴时充放上限（2 次/天）

储能功率/容量	系统成本（万元）	建设成本（万元）	第 1 年收益（万元）	投资回收期（年）	净收益（万元/年）	年投资回报率（%）
1MW/2MWh	410	0.01	95.812	3.1	36.9	18.00
1MW/3MWh	590	0.015	143.718	2.9	57.4	19.46
1MW/4MWh	770	0.02	191.59	2.8	77.9	20.23
1MW/6MWh	1130	0.03	226.168	4	70.5	12.48

综上，储能项目投资经济性，关注投资回收期时，配置 1MW/4MWh 储能系统，投资回收期 2.8 年；关注年净收益时，配置 1MW/8MWh 储能系统，年净收益 106.6 万元/年；关注年投资回报率时，配置 1MW/4MWh 储能系统，投资回报率 20.23%。

（2）容量费用补贴 3 年。在该条件下，假定储能系统日完整充放 1 次，当储能系统为 1MW/2MWh 时，投资回收期为 2.4 年；当储能系统为 1MW/8MWh 时，年净收益为

115.4万元/年；当储能系统为1MW/2MWh时，年投资回报率为15.80%。如表4-19所示。

表4-19 **2017年普通工业用户容量费用补贴3年时充放下限（1次/天）**

储能功率/容量	系统成本（万元）	建设成本（万元）	第1年收益（万元）	投资回收期（年）	净收益（万元/年）	年投资回报率（%）
1MW/2MWh	410	0.01	65.178	2.4	32.4	15.80
1MW/3MWh	590	0.015	97.784	2.7	46.3	15.69
1MW/4MWh	770	0.02	130.39	3	60.1	15.61
1MW/6MWh	1130	0.03	195.568	3.4	87.7	15.52
1MW/8MWh	1490	0.04	260.78	3.6	115.4	15.49

在该条件下，假定储能系统日完整充放2次，当储能系统为1MW/2MWh时，投资回收期为1.8年；当储能系统为1MW/4MWh时，年净收益为86.7万元/年，年投资回报率为22.52%。如表4-20所示。

表4-20 **2017年普通工业用户容量费用补贴3年时充放上限（2次/天）**

储能功率/容量	系统成本（万元）	建设成本（万元）	第1年收益（万元）	投资回收期（年）	净收益（万元/年）	年投资回报率（%）
1MW/2MWh	410	0.01	95.812	1.8	45.7	22.29
1MW/3MWh	590	0.015	143.718	2	66.2	22.44
1MW/4MWh	770	0.02	191.59	2.1	86.7	22.52
1MW/6MWh	1130	0.03	226.168	3	79.3	14.03

综上，储能项目投资经济性，关注投资回收期时，配置1MW/2MWh储能系统，投资回收期1.8年；关注年净收益时，配置1MW/8MWh储能系统，年净收益115.4万元/年；关注年投资回报率时，配置1MW/4MWh储能系统，投资回报率22.52%。

（3）容量费用补贴5年。在该条件下，假定储能系统日完整充放1次，当储能系统为1MW/2MWh时，投资回收期为2.4年；当储能系统为1MW/8MWh时，年净收益为121.3万元/年；当储能系统为1MW/2MWh时，年投资回报率为18.68%。如表4-21所示。

表4-21 **2017年普通工业用户容量费用补贴5年时充放下限（1次/天）**

储能功率/容量	系统成本（万元）	建设成本（万元）	第1年收益（万元）	投资回收期（年）	净收益（万元/年）	年投资回报率（%）
1MW/2MWh	410	0.01	65.178	2.4	38.3	18.68
1MW/3MWh	590	0.015	97.784	2.7	52.1	17.66
1MW/4MWh	770	0.02	130.39	3	66	17.14
1MW/6MWh	1130	0.03	195.568	3.3	93.6	16.57
1MW/8MWh	1490	0.04	260.78	3.4	121.3	16.28

在该条件下，假定储能系统日完整充放2次，当储能系统为1MW/2MWh时，投资回收期为1.8年，年投资回报率25.17%；当储能系统为1MW/4MWh时，年净收益为92.5万元/年。如表4-22所示。

表4-22   2017年普通工业用户容量费用补贴5年时充放上限（2次/天）

储能功率/容量	系统成本（万元）	建设成本（万元）	第1年收益（万元）	投资回收期（年）	净收益（万元/年）	年投资回报率（%）
1MW/2MWh	410	0.01	95.812	1.8	51.6	25.17
1MW/3MWh	590	0.015	143.718	2	72.1	24.44
1MW/4MWh	770	0.02	191.59	2.1	92.5	24.02
1MW/6MWh	1130	0.03	226.168	3	85.1	15.06

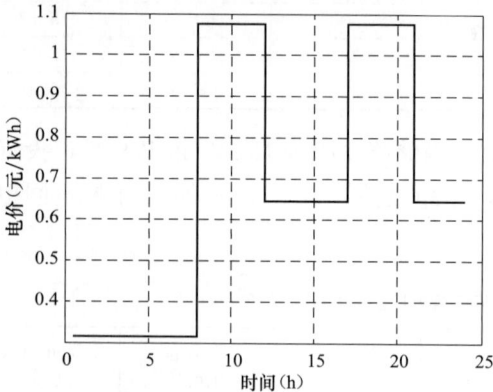

图4-7 大工业用户分时电价
（除7、8月外其他月份）

综上，储能项目投资经济性，关注投资回收期时，配置1MW/2MWh储能系统，投资回收期1.8年；关注年净收益时，配置1MW/8MWh储能系统，年净收益121.3万元/年；关注年投资回报率时，配置1MW/2MWh储能系统，投资回报率25.17%。

4.3.3 大工业用户经济性分析

1. 大工业用户应用储能年收益

（1）大工业用户分时电价及日收益（除7、8月外其他月份），如图4-7和表4-23所示。

表4-23   大工业用户（除7、8月外其他月份）日收益   元

储能功率/容量	日收益（1次/天）	日收益（2次/天）
1MW/2MWh	1443	2144
1MW/3MWh	2164	3215
1MW/4MWh	2885	4287
1MW/6MWh	4328	5029
1MW/8MWh	5770	—

（2）7、8月执行尖峰电价大工业分时电价及日收益，如图4-8和表4-24所示。

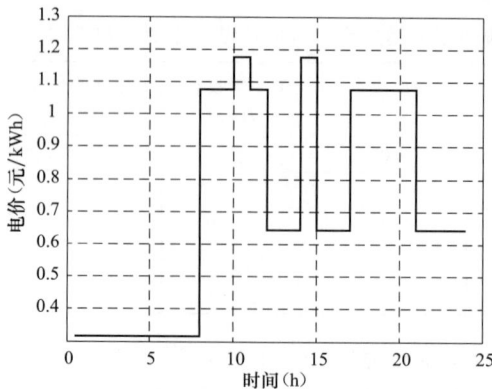

图4-8 大工业用户7、8两月执行尖峰电价分时电价曲线

表 4-24　　　　　　　　　**大工业用户 7、8 两月执行尖峰电价日收益**　　　　　　　　　元

储能功率/容量	日收益 （1 次/天）	日收益 （2 次/天）	日收益 （2.5 次/天）	日收益 （7/3 次/天）	日收益 （3/2 次/天）	日收益 （9/8 次/天）
1MW/2MWh	1643	—	2694	—	—	—
1MW/3MWh	2364	—	—	3766	—	—
1MW/4MWh	3085	4487	—	—	—	—
1MW/6MWh	4528	—	—	—	5579	—
1MW/8MWh	5970	—	—	—	—	6321

（3）7、8 月不执行尖峰电价大工业分时电价及日收益，如图 4-9 和表 4-25 所示。

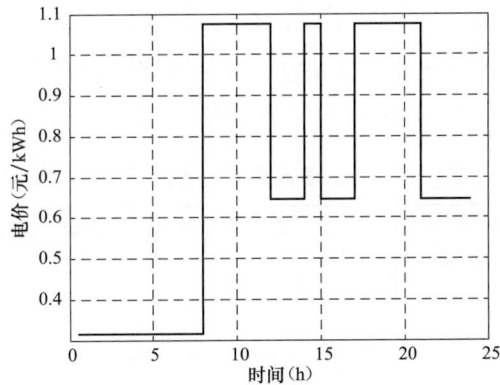

图 4-9　大工业用户 7、8 两月不执行尖峰电价分时电价曲线

表 4-25　　　　　　　**大工业用户 7、8 两月不执行尖峰电价日收益**

储能功率/容量	日收益 （1 次/天）	日收益 （2 次/天）	日收益 （2.5 次/天）	日收益 （7/3 次/天）	日收益 （3/2 次/天）	日收益 （9/8 次/天）
1MW/2MWh	1443	—	2494	—	—	—
1MW/3MWh	2164	—	—	3566	—	—
1MW/4MWh	2885	4287	—	—	—	—
1MW/6MWh	4328	—	—	—	5379	—
1MW/8MWh	5770	—	—	—	—	6121

表 4-26　　　　　　　　　　　**大工业年收益及年充放次数**

储能功率/容量	充放下限		充放上限	
	年收益 （万元）	年充放次数 （次/年）	年收益 （万元）	年充放次数 （次/年）
1MW/2MWh	49.182	340	75.186	711
1MW/3MWh	73.696	340	111.6062	700.67
1MW/4MWh	98.21	340	145.878	680
1MW/6MWh	147.272	340	173.276	649.00
1MW/8MWh	196.3	340	198.4762	347.75

2. 储能经济性分析结果

在该条件下，假定储能系统日完整充放 1 次，当储能系统为 1MW/4MWh 时，投资回

收期为 9.7 年；当储能系统为 1MW/8MWh 时，年净收益为 16.4 万元/年；当储能系统为 1MW/4MWh 时，年投资回报率为 2.99%。如表 4-27 所示。

表 4-27 　　　　　　　　大工业用户充放下限（1 次/天）

储能功率/容量	系统成本（万元）	建设成本（万元）	第 1 年收益（万元）	年充放次数（次/年）	投资回收期（年）	净收益（万元/年）	年投资回报率（%）
1MW/2MWh	520	0.03	49.182	340	—	—	—
1MW/3MWh	735	0.045	73.696	340	13.7	1.7	0.46
1MW/4MWh	950	0.06	98.21	340	9.7	14.2	2.99
1MW/6MWh	1380	0.09	147.272	340	11.5	10.6	1.54
1MW/8MWh	1810	0.12	196.3	340	11	16.4	1.81

在该条件下，假定储能系统日完整充放 2 次，当储能系统为 1MW/4MWh 时，投资回收期为 6.2 年，年净收益为 27.1 万元/年，年投资回报率 5.7%。如表 4-28 所示。

表 4-28 　　　　　　　　大工业用户充放上限

储能功率/容量	系统成本（万元）	建设成本（万元）	第 1 年收益（万元）	年充放次数（次/年）	投资回收期（年）	净收益（万元/年）	年投资回报率（%）
1MW/2MWh	520	0.03	75.186	711	7.1	10.8	4.15
1MW/3MWh	735	0.045	111.6062	700.67	6.4	19.4	5.28
1MW/4MWh	950	0.06	145.878	680	6.2	27.1	5.70
1MW/6MWh	1380	0.09	173.276	649.00	10.3	10.7	1.55
1MW/8MWh	1810	0.12	198.4762	347.75	10.8	17.6	1.94

综上，储能项目投资经济性，综合考虑投资回收期、年净收益、年投资回报率时，配置 1MW/4MWh 储能系统，投资回收期 6.2 年，年净收益 27.1 万元/年，投资回报率 5.7%。

3. 计及容量补贴政策的储能经济性分析

容量补贴 440 元/kWa，补贴 3、5 年，以投资回收期、年投资回报率为指标分析储能经济性。

（1）容量费用补贴 3 年。在该条件下，假定储能系统日完整充放 1 次，当储能系统为 1MW/2MWh 时，投资回收期为 6.7 年；当储能系统为 1MW/8MWh 时，年净收益为 25.2 万元/年；当储能系统为 1MW/4MWh 时，年投资回报率为 4.84%。如表 4-29 所示。

表 4-29 　　　　　　大工业用户容量费用补贴 3 年时充放下限（1 次/天）

储能功率/容量	系统成本（万元）	建设成本（万元）	第 1 年收益（万元）	年充放次数（次/年）	投资回收期（年）	净收益（万元/年）	年投资回报率（%）
1MW/2MWh	520	0.03	49.182	340	6.7	7.5	2.88
1MW/3MWh	735	0.045	73.696	340	7.9	10.5	2.86
1MW/4MWh	950	0.06	98.21	340	6.8	23	4.84
1MW/6MWh	1380	0.09	147.272	340	8.9	19.4	2.81
1MW/8MWh	1810	0.12	196.3	340	9.1	25.2	2.78

在该条件下，假定储能系统日完整充放 2 次，当储能系统为 1MW/2MWh 时，投资回收期为 3.1 年；当储能系统为 1MW/4MWh 时，年净收益为 35.9 万元/年；当储能系统为 1MW/3MWh 时，年投资回报率 7.67%。如表 4-30 所示。

表 4-30   大工业用户容量费用补贴 3 年时充放上限

储能功率/容量	系统成本（万元）	建设成本（万元）	第1年收益（万元）	年充放次数（次/年）	投资回收期（年）	净收益（万元/年）	年投资回报率（%）
1MW/2MWh	520	0.03	75.186	711	3.1	19.6	7.54
1MW/3MWh	735	0.045	111.6062	700.67	3.8	28.2	7.67
1MW/4MWh	950	0.06	145.878	680	4.3	35.9	7.56
1MW/6MWh	1380	0.09	173.276	649.00	7.6	19.5	2.83
1MW/8MWh	1810	0.12	198.4762	347.75	8.9	26.4	2.92

综上，储能项目投资经济性，关注投资回收期时，配置 1MW/2MWh 储能系统，投资回收期 3.1 年；关注年净收益时，配置 1MW/4MWh 储能系统，年净收益 35.9 万元/年；关注年投资回报率时，配置 1MW/2MWh 储能系统，投资回报率 7.67%。

（2）容量费用补贴 5 年。在该条件下，假定储能系统日完整充放 1 次，当储能系统为 1MW/2MWh 时，投资回收期为 4.1 年；当储能系统为 1MW/8MWh 时，年净收益为 31.1 万元/年；当储能系统为 1MW/4MWh 时，年投资回报率为 6.08%。如表 4-31 所示。

表 4-31   大工业用户容量费用补贴 5 年时充放下限（1 次/天）

储能功率/容量	系统成本（万元）	建设成本（万元）	第1年收益（万元）	年充放次数（次/年）	投资回收期（年）	净收益（万元/年）	年投资回报率（%）
1MW/2MWh	520	0.03	49.182	340	4.1	13.4	5.15
1MW/3MWh	735	0.045	73.696	340	4.9	16.3	4.43
1MW/4MWh	950	0.06	98.21	340	5	28.9	6.08
1MW/6MWh	1380	0.09	147.272	340	7.3	25.2	3.65
1MW/8MWh	1810	0.12	196.3	340	7.9	31.1	3.44

在该条件下，假定储能系统日完整充放 2 次，当储能系统为 1MW/2MWh 时，投资回收期为 3.1 年；当储能系统为 1MW/4MWh 时，年净收益为 41.8 万元/年；当储能系统为 1MW/2MWh 时，年投资回报率 9.81%。如表 4-32 所示。

表 4-32   大工业用户容量费用补贴 5 年时充放上限

储能功率/容量	系统成本（万元）	建设成本（万元）	第1年收益（万元）	年充放次数（次/年）	投资回收期（年）	净收益（万元/年）	年投资回报率（%）
1MW/2MWh	520	0.03	75.186	711	3.1	25.5	9.81
1MW/3MWh	735	0.045	111.6062	700.67	3.5	34	9.25
1MW/4MWh	950	0.06	145.878	680	3.8	41.8	8.80
1MW/6MWh	1380	0.09	173.276	649.00	6.2	25.4	3.68
1MW/8MWh	1810	0.12	198.4762	347.75	7.8	32.3	3.57

综上，储能项目投资经济性，关注投资回收期时，配置 1MW/2MWh 储能系统，投

资回收期 3.1 年；关注年净收益时，配置 1MW/4MWh 储能系统，年净收益 41.8 万元/年；关注年投资回报率时，配置 1MW/2MWh 储能系统，投资回报率 9.81%。

4. 2017 年储能经济性预测分析

储能成本 1800 元/kWh，充放电次数 6000 次，分析投资回收期、年投资回报率。

（1）无补贴。在该条件下，假定储能系统日完整充放 1 次，当储能系统为 1MW/8MWh 时，投资回收期为 7.1 年，年净收益为 47.2 万元/年，年投资回报率为 6.34%。如表 4-33 所示。

表 4-33　　　　　　　　　　2017 年大工业用户无补贴时充放下限（1 次/天）

储能功率/容量	系统成本（万元）	建设成本（万元）	第 1 年收益（万元）	年充放次数（次/年）	投资回收期（年）	净收益（万元/年）	年投资回报率（%）
1MW/2MWh	410	0.01	49.182	340	8.5	8.9	4.34
1MW/3MWh	590	0.015	73.696	340	7.8	15.3	5.19
1MW/4MWh	770	0.02	98.21	340	7.5	21.7	5.64
1MW/6MWh	1130	0.03	147.272	340	7.2	34.4	6.09
1MW/8MWh	1490	0.04	196.3	340	7.1	47.2	6.34

在该条件下，假定储能系统日完整充放 2 次，当储能系统为 1MW/3MWh 或 1MW/4MWh 时，投资回收期为 4.3 年；当储能系统为 1MW/4MWh 时，年净收益为 48.8 万元/年，年投资回报率 12.67%。如表 4-34 所示。

表 4-34　　　　　　　　　　2017 年大工业用户无补贴时充放上限

储能功率/容量	系统成本（万元）	建设成本（万元）	第 1 年收益（万元）	年充放次数（次/年）	投资回收期（年）	净收益（万元/年）	年投资回报率（%）
1MW/2MWh	410	0.01	75.186	711	4.5	23.5	11.46
1MW/3MWh	590	0.015	111.6062	700.67	4.3	36.7	12.44
1MW/4MWh	770	0.02	145.878	680	4.3	48.8	12.67
1MW/6MWh	1130	0.03	173.276	649.00	6.2	38.7	6.85
1MW/8MWh	1490	0.04	198.4762	347.75	7	48.6	6.52

综上，储能项目投资经济性，关注投资回收期时，配置 1MW/3MWh 或 1MW/4MWh 储能系统，投资回收期 4.3 年；关注年净收益和投资回收期时，配置 1MW/4MWh 储能系统，年净收益 48.8 万元/年，投资回报率 12.67%。

（2）容量费用补贴 3 年。在该条件下，假定储能系统日完整充放 1 次，当储能系统为 1MW/2MWh 时，投资回收期为 2.9 年；当储能系统为 1MW/8MWh 时，年净收益为 56 万元/年；当储能系统为 1MW/2MWh 时，年投资回报率为 8.63%。如图 4-35 所示。

表 4-35　　　　　　　2017 年大工业用户容量费用补贴 3 年时充放下限（1 次/天）

储能功率/容量	系统成本（万元）	建设成本（万元）	第 1 年收益（万元）	年充放次数（次/年）	投资回收期（年）	净收益（万元/年）	年投资回报率（%）
1MW/2MWh	410	0.01	49.182	340	2.9	17.7	8.63
1MW/3MWh	590	0.015	73.696	340	4.2	24.1	8.17

储能功率/容量	系统成本（万元）	建设成本（万元）	第1年收益（万元）	年充放次数（次/年）	投资回收期（年）	净收益（万元/年）	年投资回报率（%）
1MW/4MWh	770	0.02	98.21	340	4.8	30.5	7.92
1MW/6MWh	1130	0.03	147.272	340	5.4	43.2	7.65
1MW/8MWh	1490	0.04	196.3	340	5.8	56	7.52

在该条件下，假定储能系统日完整充放2次，当储能系统为1MW/2MWh时，投资回收期为2.2年；当储能系统为1MW/4MWh时，年净收益为57.6万元/年；当储能系统为1MW/2MWh时，年投资回报率15.76%。如表4-36所示。

表 4-36　　　　2017年大工业用户容量补贴3年时充放上限

储能功率/容量	系统成本（万元）	建设成本（万元）	第1年收益（万元）	年充放次数（次/年）	投资回收期（年）	净收益（万元/年）	年投资回报率（%）
1MW/2MWh	410	0.01	75.186	711	2.2	32.3	15.76
1MW/3MWh	590	0.015	111.6062	700.67	2.6	45.5	15.42
1MW/4MWh	770	0.02	145.878	680	2.8	57.6	14.96
1MW/6MWh	1130	0.03	173.276	649.00	4.6	47.5	8.41
1MW/8MWh	1490	0.04	198.4762	347.75	5.7	57.4	7.70

综上，储能项目投资经济性，关注投资回收期时，配置1MW/2MWh储能系统，投资回收期2.2年；关注年净收益时，配置1MW/4MWh储能系统，年净收益57.6万元/年；关注年投资回报率时，配置1MW/2MWh储能系统，投资回报率15.76%。

（3）容量费用补贴5年。在该条件下，假定储能系统日完整充放1次，当储能系统为1MW/2MWh时，投资回收期为2.9年；当储能系统为1MW/8MWh时，年净收益为61.9万元/年；当储能系统为1MW/2MWh时，年投资回报率为11.46%。如表4-37所示。

表 4-37　　　　2017年大工业用户容量补贴5年时充放下限（1次/天）

储能功率/容量	系统成本（万元）	建设成本（万元）	第1年收益（万元）	年充放次数（次/年）	投资回收期（年）	净收益（万元/年）	年投资回报率（%）
1MW/2MWh	410	0.01	49.182	340	2.9	23.5	11.46
1MW/3MWh	590	0.015	73.696	340	3.5	30	10.17
1MW/4MWh	770	0.02	98.21	340	4	36.4	9.45
1MW/6MWh	1130	0.03	147.272	340	4.6	49.1	8.69
1MW/8MWh	1490	0.04	196.3	340	4.9	61.9	8.31

在该条件下，假定储能系统日完整充放2次，当储能系统为1MW/2MWh时，投资回收期为2.2年；当储能系统为1MW/4MWh时，年净收益为63.5万元/年；当储能系统为1MW/2MWh时，年投资回报率18.63%。如表4-38所示。

表 4-38 　　　　　　　　　　　　　大工业用户容量补贴 5 年时充放上限

储能功率/ 容量	系统成本 （万元）	建设成本 （万元）	第 1 年收益 （万元）	年充放次数 （次/年）	投资回收期 （年）	净收益 （万元/年）	年投资回报率 （%）
1MW/2MWh	410	0.01	75.186	711	2.2	38.2	18.63
1MW/3MWh	590	0.015	111.6062	700.67	2.6	51.4	17.42
1MW/4MWh	770	0.02	145.878	680	2.8	63.5	16.49
1MW/6MWh	1130	0.03	173.276	649.00	4.1	53.4	9.45
1MW/8MWh	1490	0.04	198.4762	347.75	4.9	63.3	8.50

综上，储能项目投资经济性，关注投资回收期时，配置 1MW/2MWh 储能系统，投资回收期 2.2 年；关注年净收益时，配置 1MW/4MWh 储能系统，年净收益 63.5 万元/年；关注年投资回报率时，配置 1MW/2MWh 储能系统，投资回报率 18.63%。

4.3.4 分布式光储系统储能经济性分析

微电网中含光伏时，以上海地区光伏出力典型曲线及某一用户非夏季典型日负荷曲线为对象进行分析，用户负荷曲线与峰谷分时电价曲线如图 4-10 所示。

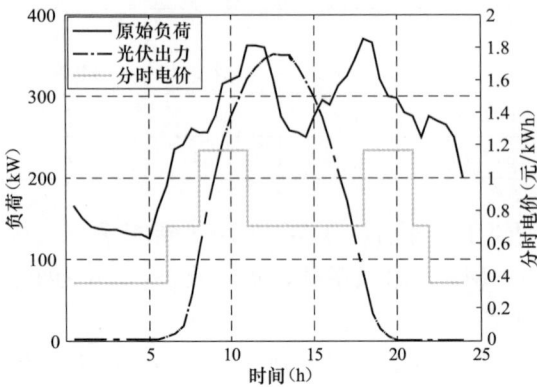

图 4-10 　用户负荷曲线、光伏出力曲线
与峰谷分时电价曲线

首先设定系统边界条件如下：

（1）SOC：0.1～0.9；

（2）负荷数据采样周期：30min；

（3）储能系统充放电效率：0.9；

（4）折现率：8%；

（5）电池储能系统寿命：10 年；

（6）电池成本：2500 元/kWh；

（7）PCS 成本：1000 元/kW；

（8）光伏系统寿命：20 年；

（9）光伏装机容量：450kW；

（10）光伏初始投资成本：8500 元/kW；

（11）光伏运行维护成本：500 元/kW/年。

基于所建立的数学模型，满足储能投资成本最低时的储能系统功率与容量配置关系如图 4-11 所示，对应的储能系统投资成本如图 4-12 所示。

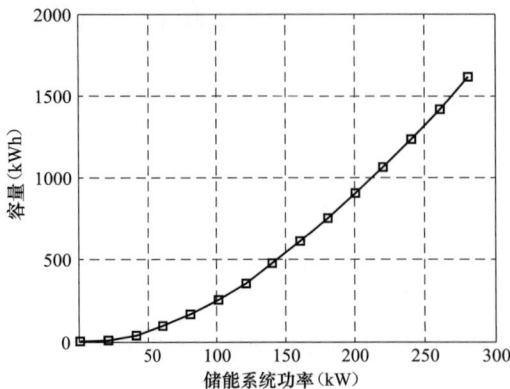

图 4-11 　储能功率与容量配置曲线

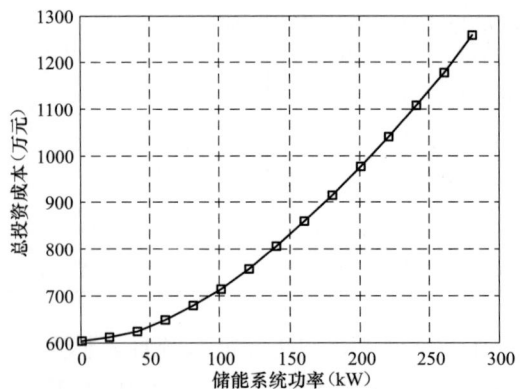

图 4-12 　储能功率与储能系统投资成本

不同储能系统容量下的系统净收益如图 4-13 所示，当储能系统容量为 41kW×0.9h 时，系统收益最大，约为 1097 万元，总投资成本约为 623 万元（光伏投资 603.4 万元，储能投资成本 19.6 万元），投资回收期约为 3.1 年。此时系统合成出力曲线及储能出力曲线如图 4-14 所示。

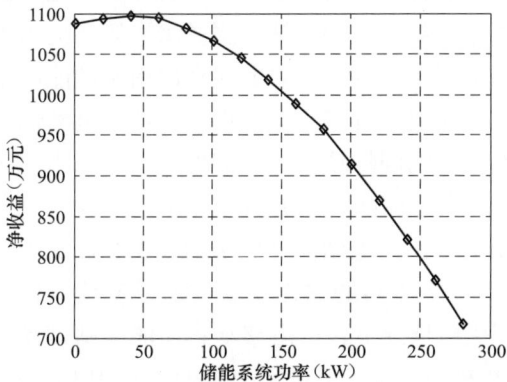

图 4-13　光储系统净收益曲线

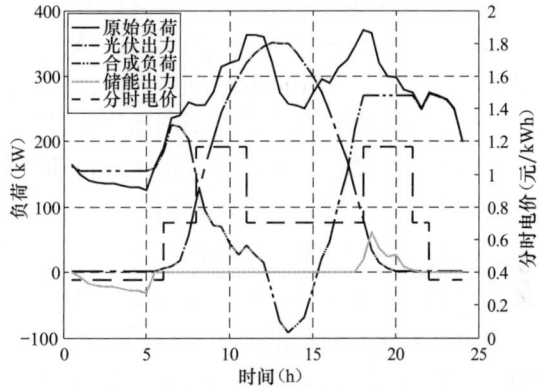

图 4-14　净收益最大时的光伏出力、储能出力、合成出力曲线

4.4　退役动力电池梯次利用经济性

4.4.1　算例说明

电动汽车对于缓解能源与环境压力具有十分重要的意义，实现汽车能源动力系统的电气化已被国家提升到战略高度，根据国务院印发的《节能与新能源汽车产业发展规划（2012～2020 年）》，到 2015 年，纯电动汽车和插电式混合动力汽车累计产销量力争达到 50 万辆；到 2020 年，纯电动汽车和插电式混合动力汽车生产能力达 200 万辆、累计产销量超过 500 万辆。电动汽车对动力电池的性能要求较高，当动力电池的容量下降到不满足续航里程要求时，须对电池进行更换。从电动汽车上退役的动力电池通常具有 70% 初始容量以上的剩余容量，并且具有一定的使用寿命，其经过重新检测分析、筛选及电池单体配对成组，可用于其他运行工况相对良好、对电池性能要求较低的应用领域，如微电网中，承担平滑分布式电源功率波动、用户侧需求响应等任务。通过动力电池的梯次利用，可以缓解大批量电池进入回收阶段的压力。

此外，美国学者杰里米·里夫金在《第三次工业革命》一书中提出了以可再生能源系统和互联网技术为特征的能源互联网，并受到国内外的关注。新一轮电力体制改革、新能源的快速发展、碳交易市场的建立对推动能源互联网的发展发挥积极的作用，据预测，以能源互联网为核心的第三次工业革命将给人类社会的经济发展模式与生活方式带来深远影响。其中，德国电改后已开展了数个能源互联网示范项目，如库克斯港 eTelligence 项目、莱茵鲁尔 E-DeMa 项目等，旨在为能量生产和消耗提供智能 IT 支持。

由于储能设备作为能源互联网的重要要素之一，采用退役动力电池集成的储能系统在能源互联网发展的大背景下将具有广阔的应用空间。

美国能源部车辆技术办公室资助可再生能源实验室调研了动力锂离子电池梯次利用的可

行性及存在的主要障碍。J. Neubauer 等的技术报告指出退役动力电池仍具有 70%以上的剩余容量，动力电池梯次再利用的成本可以降至 20 美元/kWh；考虑经济性及市场需求，退役动力电池在替代燃气轮机调峰电厂提供调峰服务领域具有较大的应用潜力，预估在该领域二次利用寿命可以达到 10 年。美国西北太平洋实验室的 Viswanathan、Vilayanur V. 和 Kintner-Meyer，Michael 研究了动力电池在电力系统中二次利用的经济性，分析了影响动力电池二次利用经济效益的重要参量，如充放电深度、电池寿命、健康状态、辅助服务水平等，提出了估算动力电池梯次利用的收益评估方法。中国电科院研究了退役动力电池梯次用于储能电站的技术经济可行性，试验研究不同运行工况曲线下储能电站容量衰减特性，评估了电池储能经济价值与全寿命周期成本，分析了退役动力电池在电网削峰填谷、平抑可再生能源出力波动、备用电源等不同场合梯次利用的可行性，及其与典型储能技术的成本竞争力，与北京市政府、国网北京公司等 5 家单位在北京市大兴电动出租车充电站内开展了 100kWh 梯次利用电池储能系统示范工程，储能系统的主要作用为调节变压器的输出功率，稳定节点电压水平，避免高峰负荷时段的变压器过载，并且在电网失电情况下，可由移动式储能电站带动用户负荷离网运行。Lih、Wen-Chen 等从环保角度出发，探讨了退役动力电池再利用的流程、二次利用成本，估算了动力电池二次利用的收益率，提出了动力电池用于储能的商业模式。Heymans Catherine 等从退役动力电池在用户侧梯次利用的经济性角度出发，通过分析用户能源需求及系统成本，研究了退役动力电池在用户侧参与调峰的可行性。张金国等针对退役动力电池在快速充电站二次利用的经济性，研究了退役动力电池梯次用于快速充电站的经济运行问题，基于充电站的典型负载及成本效益分析，建立了退役动力电池储能系统用于降低系统网损、参与调峰的经济效益价值评估模型，采用遗传算法进行求解，结果表明退役动力电池的二次利用可以降低变压器的容量，并带来一定的经济效益。

在具体的商业化运作方面，现阶段退役动力电池的再利用主要侧重于用户侧，如日产汽车、住友集团、夏普公司、美国 EnerDel 公司、日本伊藤忠商社、美国杜克能源等均开展二手电池在家庭能源管理的商业化应用，此外美国通用公司与瑞典 ABB 集团联合开展了退役动力电池在智能电网的二次利用，如用于平抑风电、光伏波动等。国内外部分动力电池梯次利用项目/示范工程如表 4-39 和表 4-40 所示。

表 4-39 国内部分动力电池梯次利用项目/示范工程

名称	参与单位	主要特点
北京市大兴电动出租车充电站"梯次利用电池储能系统示范工程"	中国电科院、国网北京市电力公司、北京交通大学	25kW/100kWh。调节变压器功率输出，稳定节点电压水平，离网运行
唐山曹妃甸"梯次利用电池储能系统示范工程"	国网冀北电力有限公司唐山供电公司、北京交通大学	25kW/100kWh。移峰填谷，保证用户供电可靠性和电能质量，离网运行
"废旧新能源汽车拆解及回收再利用"项目	深圳市比克电池有限公司	引进动力电池再利用生产线，将动力电池用于储能、供电基站、路灯、电动工具及低速电动车、风能/太阳能发电储能等领域
"动力电池电动自行车梯次利用技术方案"	国网浙江省电力公司	对电动汽车报废电池的电芯进行重组，改造成用于 48V 电动自行车的动力电源，实现节能减排

续表

名称	参与单位	主要特点
郑州市尖山真型输电线路试验基地"退役电池储能示范工程"	国网河南省电力公司、南瑞集团等	由多晶硅光伏发电系统、风力发电系统、退役电池储能双向变流器以及退役电池储能系统组成的风光储混合微电网工程
北汽新能源汽车产业基地"汽车动力电池系统梯次利用及回收示范线"	国网北京市电力公司、北京工业大学和北京普莱德新能源电池科技有限公司	利用退运动力电池在电动场地车、电动叉车和电力变电站直流系统上进行改装示范

表 4-40 国外部分动力电池梯次利用项目/示范工程

国家	参与单位	主要特点
美国	NREL、UCSD、AeroVironment 公司等	研究插电式电动车用锂离子电池的二次利用及其在电网中的应用价值
美国	Sandia 国家实验室	研究车用淘汰电池二次利用的领域、流程、经济性、示范等
美国	加州大学戴维斯分校	新电池与二次利用动力锂电池性能测试、应用价值与比较分析
美国	西北太平洋国家实验室	电动汽车电池二次利用经济效益分析
美国、日本	Duke 能源、Tokyo-based ITOCHU 公司	电动汽车动力电池性能测试、二次利用使用寿命、二次利用的可行性
日本	日产汽车、住友集团	电动汽车动力电池用作住宅和商用的储能设备
德国	博世集团、瓦滕福公司	电动汽车退役电池用于光伏电站储能系统的示范研究

国内外电动汽车动力电池主要以锂离子电池为主，根据已有研究成果及示范项目情况，退役动力电池在微电网中的作用主要体现在：

（1）增强分布式电源的可调度性。储能系统与间歇性、随机性可再生能源发电技术相配合，凭借其功率双向流动能力，可以平抑风电、光伏等分布式电源输出功率的波动性，增强分布式电源的可调度性能。

（2）提高微电网系统稳定性。通过功率的四象限灵活调节能力，可实现系统功率的瞬时平衡，提供辅助服务，提高电能质量，确保微电网运行的稳定性。

（3）辅助实现用户侧需求响应。用户侧引入储能系统，可根据峰谷分时电价，调节用电需求，减少用户电费的支出。

选取退役动力电池储能系统在微电网中的3种典型应用功能为例进行分析：①在用电低谷期作为负荷存储电能，在用电高峰期作为电源释放电能，实现用户侧能源管理；②通过快速的有功/无功控制，有效平抑风电、光伏等分布式电源出力的波动性，改善输出功率的可控性；③作为热备用，提供系统的备用容量。以常规电池储能系统为参考对象，全生命周期费用现值为指标对比分析退役动力电池在用户侧参与调峰、平抑分布式电源出力波动、用作备用电源的成本竞争力。

假定储能系统 SOC（荷电状态）范围为 [0.1，0.9]，回收的动力电池可利用率为80%，二次利用预期使用寿命为 5 年，变流器成本 2200 元/kW，BMS 成本 1000 元/

kWh，动力电池二次利用成本（不含 BMS）45 元/kW。以退役锂离子电池与常规储能系统运行效益一致为条件，分析不同容量保持率下退役动力电池储能系统的成本竞争力。

4.4.2 退役动力电池梯次利用竞争力分析

图 4-15 为假定回收成本为 0 时，不同容量保持率的退役动力电池在 3 种不同应用场合中的费用现值，容量保持率为 1 时对应常规电池储能系统费用现值。与常规电池储能系统的成本进行对比可以发现，将退役动力电池二次用于调峰，退役动力电池容量保持率为 0.8、0.7、0.6 时，退役动力电池的费用现值均低于常规电池储能系统，分别为 2118、2528、3424 元/kWh；将退役动力电池二次用于平抑分布式电源出力波动，退役动力电池容量保持率为 0.8、0.7、0.6 时，退役动力电池的费用现值均低于常规电池储能系统，分别为 2867、3518、5014 元/kWh；将退役动力电池二次用于备用电源，退役动力电池容量保持率为 0.8、0.7 时，退役动力电池的费用现值均低于常规电池储能系统，分别为 5751、5876 元/kWh。以上分析表明，在获得同等收益的情况下，在上述容量保持率水平下，与常规电池储能系统相比，采用退役动力电池储能系统在成本上具备竞争力。

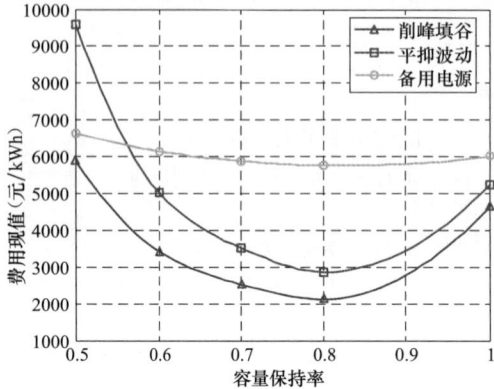

图 4-15　退役动力电池梯次利用费用现值

进一步分析图 4-15 可知，文中所设边界条件下，与常规电池储能系统成本相比，容量保持率＞0.6 时，退役动力电池储能系统在削峰填谷、平抑波动 2 个应用场合具有较为明显的成本竞争优势，而用于备用电源时，退役动力电池储能系统成本竞争力不明显。

实际退役动力电池二次利用过程中可能面临退役电池的回收成本，因此有必要与常规电池储能系统成本进行对比分析，评估退役动力电池的回收成本值，如图 4-16 所示。以常规电池储能系统为基准，将退役动力电池二次用于调峰，退役动力电池的容量保持率分别为 0.8、0.7、0.6 时，回收成本的限值分别为 1538、1133、553 元/kWh；将退役动力电池二次用于平抑分布式电源出力波动，退役动力电池的容量保持率分别为 0.8、0.7、0.6 时，回收成本的限值分别为 1455、914、100 元/kWh；将退役动力电池二次用于备用电源，退役动力电池的容量保持率分别为 0.8、0.7 时，回收成本的限值分别为 174、76 元/kWh。上述成本为回收成本的上限值，此时退役动力电池筛选、重组后的成本与常规电池储能系统的成本持平。

此外，根据图 4-16 可知，退役动力电池回收成本＜1538 元/kWh 时，可将退役动力电池储能系统用于削峰填谷、平抑分布式电源出力波动等场合，而在备用电源领域，对退役动力电池回收成本的接受度较低。

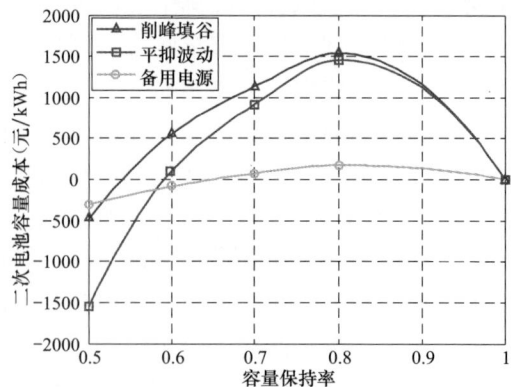

图 4-16　退役动力电池梯次利用容量成本限值

4.4.3　政策激励下退役动力电池梯次利用分

美国、德国、日本相继出台了对储能系统直接补贴政策，其中美国自发电激励计划（Self-Generation Incentive Program，SGIP）补贴政策对储能项目的推动作用较为明显。根据 SGIP 手册，加州公共事业委员会（CPUC）通过提供资金的方式支持州发电商的电力用户就地安装储能技术，并以储能系统功率、容量、充放电效率、质保期、成本等方面作为考核指标。对储能的补贴标准分 3 档：①储能系统功率<1MW 时，补贴标准为 1.46 美元/W；②储能系统功率为 1～2MW 时，补贴标准为 0.73 美元/W；③储能系统功率为 2～3MW 时，储补贴标准为 0.365 美元/W。此外，在加州生产制造的储能系统可额外获得 20% 的补贴。

以加州 A-1、A-6 两个区为例分析储能的激励效果如图 4-17 所示，补贴前储能系统成本较高，2 个区峰谷分时电价差下储能的收益均小于投资成本，获得 SGIP 补贴后，A-6 区净收益为正，SGIP 的补贴在该区具有较好的激励作用。

常规储能系统享受 50% 投资成本补贴时，退役动力电池储能系统在成本上的竞争优势明显降低，仅容量保持率约为 0.8 时，用于削峰填谷、平抑波动时，与常规储能系统的费用值基本持平，如图 4-18 所示。现阶段退役动力电池的梯次利用仍处于研究示范阶段，其商业化运作需从成本上进行严格把控，降低二次利用成本。

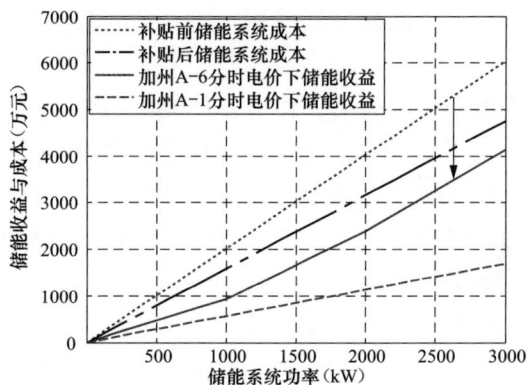

图 4-17　SGIP 补贴下储能在用户侧参与
调峰的成本效益分析

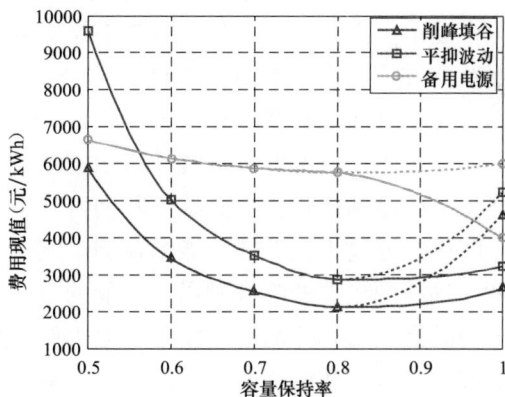

图 4-18　政策激励下退役动力电池
梯次利用费用现值

第5章

能源互联网中储能商业运行的政策需求研究

2016 年，随着我国经济和社会发展进入十三五阶段，面对能源革命的新要求，国务院、发改委、能源局针对我国能源结构调整、技术创新、装备制造、智能电网建设、可再生能源发展等领域出台了多项政策，指导我国能源工作的开展。相关政策的出台也将为储能在能源互联网、电力辅助服务、微电网、多能互补等领域拓展应用市场注入强心剂。

作为安全清洁高效的现代能源技术，储能在《能源技术革命创新行动计划（2016～2030 年)》《国家创新驱动发展战略纲要》《中国制造 2025——能源装备实施方案》等多项政策中被重点提及。相关政策清晰描绘了储能技术的创新发展路线图，重点技术攻关、试验示范、推广应用的储能技术装备。

作为实现能源互联和智慧用能、提升可再生能源消纳能力、促进多种能源优化互补的重要支撑技术，储能的重要性和应用价值也在《关于推进"互联网＋"智慧能源发展的指导意见》中得到体现。在能源互联网背景下，储电、储热、储氢、储气等都涵盖在了储能的范畴里，通过不同形式的能源存储，实现电力、热力、交通、油气等用能领域的互联互通和多种能源形式的综合利用，储能的应用范围也随之扩大。

为满足电力行业的应用需求，电力储能技术一直在向大规模、低成本、长寿命、高效率的方向发展。我国的电力储能技术，除抽水蓄能外，大多数均处于示范阶段，少数技术还处于研发阶段，总体上同国外发达国家还有一定差距。

价格政策方面来看，国内对于储能关注相对较晚，除了电动汽车领域有相应的补贴政策外，关于储能在发电侧、输电侧、配电侧以及用电侧方面应用的政策补贴还处于酝酿阶段。虽然发改委、能源局近期出台了鼓励支持储能项目的相关文件，但关于储能的政策补贴还未真正落地。而在欧美及日本等发达国家，政策补贴成为储能规模化的关键因素。比如美国 2011 年通过储能法案对储能投资给予了 20％的联邦税收抵免，德国对于中小规模的光伏发电系统配套的储能系统进行补贴，日本也对符合标准的接入电网的电池储能项目给予相当于投资额 1/3 的补贴。此外各国还对电池的研发予以资助，比如奥巴马政府在2009 年上任之初就宣布拨款 24 亿美元，用于支持环保电动汽车与储能电池的研发与制造。日本政府则对钠硫电池等技术从研发到应用等各环节都给予高额补贴。同时，在市场机制方面，针对储能在电网调峰调频的应用也已经有详细具体的规范。比如，美国的联邦能源监管委员会（FERC）的 890 号法案允许储能系统参与调频服务。755 法案和 784 法案则要求根据调频效果支付费用，以保障储能系统收益，并为储能在全美推广提供法律保障。792法案则将储能定义为小型发电设备，允许其并网运行。而欧洲则建立了电网调频拍卖市场，电池储能提供者可以参与调频服务的竞拍。

借鉴国际已有储能产业政策，建立与我国国情和市场机制相适应的储能价格政策，显得尤为重要，这将支持我国储能产业的快速发展，支撑我国能源结构的顺利转型。

5.1　支持储能产业发展的措施或实施办法

储能系统具有响应速度快、低碳零排放、互联智能化等特点，基于其在电力市场中可发挥的作用，建议采取如下支持措施：

（1）降低谷时充电电价、拉大峰谷电价差至1.0元/kWh以上，每年按装机容量给予需求侧响应补贴（150元/kW）、辅助服务补贴（双调）容量补贴100元/kW、电量补贴600元/MWh，每月按储能系统供电量给予补贴（0.42元/kWh）。

（2）简化规划审批，6MW以下实行备案制、免费接入。

（3）加大用地支持力度，储能电站作为公共设施优先安排土地供应。

（4）储能项目专用设备纳入《环境保护专用设备企业所得税优惠目录》，专用设备投资额的10%可以从当年应纳税额中抵免，当年不足抵免可在5年内结转抵免。

（5）税收优惠，储能服务商增值税即征即退50%。

（6）储能项目纳入高新技术企业认定范畴，给予所得税优惠、税率15%。

储能采购配额：在弃风、弃光严重地区，研究建立储能配额管理办法，要求发电企业对增量装机或电网公司对存量装机在一定时期内采购足够的储能容量，用于缓解区域内可再生能源消纳矛盾，具体储能配额指标可根据本地弃风、弃光电量占比制定（国外案例：美国加州AB2514法案）。

储能补贴政策：包括初装补贴和电价补贴。

电价补贴：由于不同地区峰谷差价政策不同，建议按照第一个五年每度电补贴0.32～0.42元，第二个五年每度电补贴0.29～0.39元，第三个五年每度电补贴0.26～0.36元，第四个五年每度电补贴0.23～0.33元，第五个五年每度电补贴0.20～0.30元。这样既可以鼓励储能企业的积极性，又可以减轻政府补贴的财政压力。

初装补贴：建议按照0.5元/Wh来补贴。

通过初装补贴和电价补贴，帮助储能企业在五年内收回投资成本，有利于储能产业的长期发展。

鉴于储能战略性，储能电站优先用户侧并网供电前提下，多余电量采取用户侧分时电价平价上网政策支持，以保障储能系统高效利用。

5.2　储能示范项目补贴方案

对于发展潜力巨大的新型储能技术及相对成熟规模化的储能技术，可以制定在不同阶段有不同侧重点的补贴政策，按成熟度的程度，分别予以侧重技术攻关研发补贴、优惠税费补贴及低息融资补贴等。

储能系统具有响应速度快、低碳零排放、互联智能化等特点，基于在电力市场中可发挥的重要作用及价值贡献，在相关配套政策尚未到位的前提下，建议参照分布式光伏发电政策，给予储能示范项目如下支持政策：

（1）供电量补贴：0.42 元/kWh。

（2）设备投资部分抵免：储能示范项目专用设备投资额的 10％可以从当年应纳税额中抵免，当年不足抵免可在 5 年内结转抵免。

（3）税收优惠：储能项目增值税即征即退 50％，所得税税率 15％。

以支持储能示范项目作为可独立经营的分布式电站，为终端客户提供负荷平准、电能质量改善、应急备电等增值服务，同时通过削峰填谷错峰用电及提供需求侧响应等辅助服务获得运营收益，从而推进储能电站的商业化运营。

建议对安装储能示范项目的工商企业给予政府补贴，可以根据储能装置功率容量进行补贴或者按照实际参与削峰填谷的电量进行度电补贴。安排财政资金在一段时期内对符合标准的储能设施提供安装补贴。补贴方式可有两种：

（1）按照装机容量（kW 或 kWh）补贴，补贴单价标准应根据装机容量有所区别（如<1MWh，1～2MWh，2MWh 以上），容量较小的储能设施应得到更高补贴单价。

（2）按照供电电量补贴，即补贴量（元）＝累计放电量（kWh）×补贴价格（元/kWh）。

享受补贴的储能设施需要满足一定的持续放电（如>2 小时）、工作频率、循环寿命（如>2000 次）、转换效率、反馈电网电量（结合分布式光伏）等指标，且对每个补贴项目的最大资助额及申请人支付比例进行规定。

税收优惠：储能产业税收优惠政策，希望政府可以将储能纳入新能源发电享受税收优惠政策；对企业所得税、增值税分别给予税收优惠。

对储能项目设备厂家给予企业所得税或增值税减免等税收减免政策，对出口创汇的相关储能项目 100％退还相关物料和设备业所得税优惠目录规定范围、条件和标准的公共基础设施项目的投资经营所得，自该项目取得第一笔生产经营收入所属纳税年度起，第一年至第三年免征企业所得税，第四年至第六年减半征收企业所得税。电力属公共基础设施项目，可享受上述优惠。

5.3 边远地区、无电地区以及海岛储能项目补贴方案

边远地区、无电地区和海岛储能项目资金投入建议以政府投资为主，政府委托管理公司对分布式发电及储能系统进行日常运维。由所在地政府购买建设方或第三方公司提供的公共服务。

边远无电地区继续履行国家财政关于消灭无电地区的补贴政策执行，同时考虑扶植后的经济发展效果。

鉴于前期边远、无电及海岛储能项目一次性限额补贴投入模式存在的项目质量及后续运维问题，建议改项目补贴为供电量补贴模式，以此源头保障项目建设质量、长效保持项目持续运行。

同时，在电网公司及地方政府统一规划下确定户用、离网、微网建设方案，运营期给予保障（如 25 年），因地方政府、电网公司规划变更造成的项目收益损失由政府财政给予担保。

5.4 支持储能产业发展的融资方式和金融服务政策

鉴于储能产业对能源革命的战略性，各国抢占制高点的竞争性，储能基础设施的初期投资大、投资回收期长、投资收益性较低，客观需要融资和金融服务政策的支持，建议把储能基础设施纳入电力基础设施建设范畴给予低息贷款政策支持，同时鼓励企业通过定增、发债等间接融资获得专项资金；同时为提高产业的国际竞争力，抢点布局海外市场，成套储能系统的出口给予17%的出口退税扶持政策，并给予出口储能项目融资政策扶持以便有效落实"一带一路"战略。

降低储能设施建设的融资成本，给予储能系统贷款期限内利息减免或优惠政策。对于经营性储能系统项目，建议除享受生产建设阶段相应税收减免措施外，积极探索参照效益分享型的合同能源管理项目，制定储能产业自己的运营税收优惠政策。

改变储能系统由电网公司投资一家独大的局面。制定多方位奖励政策，鼓励社会资金投资储能系统的建设和运营。对大规模储能合理引进金融杠杆，这样才能使储能产业健康持续发展。

为推动用户侧储能的快速发展，建议政府或银行提供无息或低息贷款；加快发展储能产业基金或绿色投资基金，参照产业基金运作形式，委托给第三方管理并定期核算投资收益。

2015年12月央行在银行间债券市场推出绿色金融债券，旨在金融机构发行绿色金融债券，支持智能电网及能源互联网、分布式能源等绿色产业发展；随后国家发改委又出台了绿色债券发行指引，旨在发挥企业债券融资对促进绿色发展、节能环保等支持作用，探索建立绿色担保基金。

给出储能项目投资方一定的低息贷款支持，如30%无息贷款，70%低息贷款，增强融资的可靠性。在税收方面给予储能项目一定的减免和抵扣。

鼓励国内储能设备企业"走出去"占领国际市场，一方面因为目前国际市场如美国、德国、日本、南亚等相比国内储能市场已经基本形成，应用机会较多，中国企业可以利用自身已有的技术、材料、人力等优势"分一杯羹"；更重要的是，通过国外应用，可以弥补目前国内示范项目不足或关注不到的问题，可以更广泛地验证我国储能技术，积累技术经验，通过国际交流，进一步促进我国储能技术发展和创新。

目前，储能产业在争夺国外市场项目出口创汇时，尚有许多材料或者集成模块不能全额退增值税，再加上国外同类型的本地企业却享受本地政府的优惠和补贴政策，使得国内企业在国外市场上竞争压力非常大，面临着巨大生存压力。

为扶持我国新型储能项目，可考虑给予一定的财税优惠政策，如对储能项目设备厂家给予营业税减免等税收减免政策，对出口创汇的相关储能项目可以考虑100%退还相关采购物料和设备的增值税。

另外，目前我国还不具备对在前沿领域技术有优势但不盈利的公司在公开股票市场募集资金的证券市场，对于储能这种现阶段基本不能盈利的行业公司，一方面把储能设施投资建设纳入到城市基础设施建设体系，从而可以享受国家政策性银行的无息或低息贷款，并鼓励风险投资的参与；另一方面，鼓励储技企业走出去，在海外市场IPO，并支持中国企业收购国外技术。

第**6**章

储能市场化发展路线图及前景分析

6.1 储能发展路线图

6.1.1 储能技术发展路线图

6.1.1.1 机械类储能

1. 压缩空气储能

目前，中国科学院工程热物理研究所已完成全球首个 1.5MW 超临界压缩空气储能系统的示范验证，并已在贵州毕节进行了 1.5MW 系统在分布式微网领域示范项目的建设，以及在内蒙古 10MW 系统示范项目的建设。但是该技术在我国仍处于初期发展阶段，在相关的各种技术领域仍有很大的研发空间。压缩空气储能在我国未来的发展路线为（见图 6-1）：

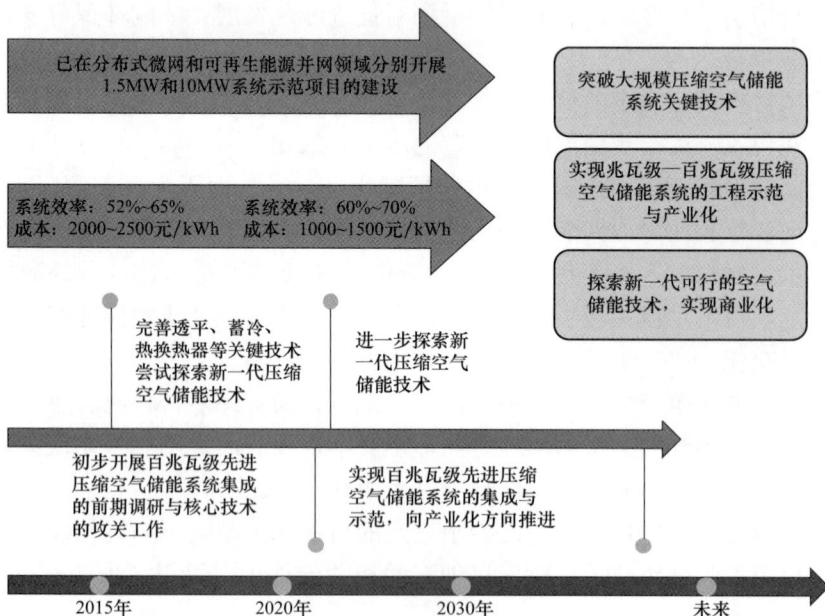

图 6-1 压缩空气储能技术发展路线图

2015～2020 年：完善透平、蓄冷/热换热器等关键技术；到 2020 年，能量成本由 2015 年的 2000～2500 元/kWh 降至 1000～1500 元/kWh，系统效率由 2015 年的 52％～65％提升至 60％～70％，并趋于稳定；实现 10MW 级先进压缩空气储能系统的集成与示范，初步开展百兆瓦级先进压缩空气储能系统集成的前期调研与核心技术攻关工作，尝试探索新一代压缩空气储能技术。

2021～2030 年：关键技术达到成熟水平，与世界水平看齐；到 2030 年，实现 10MW 级先进压缩空气储能系统的产业应用；实现百兆瓦级别先进压缩空气储能系统的集成与示范，向产业化方向推进；继续探索新一代压缩空气储能技术。

未来发展目标：突破大规模压缩空气储能系统关键技术，达到国外先进水平；实现百兆瓦级大规模压缩空气储能系统的工程示范与产业化；探索新一代可行的空气储能技术，实现商业化。

2. 飞轮储能

飞轮储能，适用于电网调频与改善电能质量，目前只有美国拥有商业化运行的飞轮储能调频电站，该技术在我国仍处于研发阶段，与国外先进水平存在较大差距，在轴承、转子、飞轮阵列、材料等关键技术的研发方面仍有一定的进步空间。飞轮储能在我国未来的发展路线为（见图 6-2）：

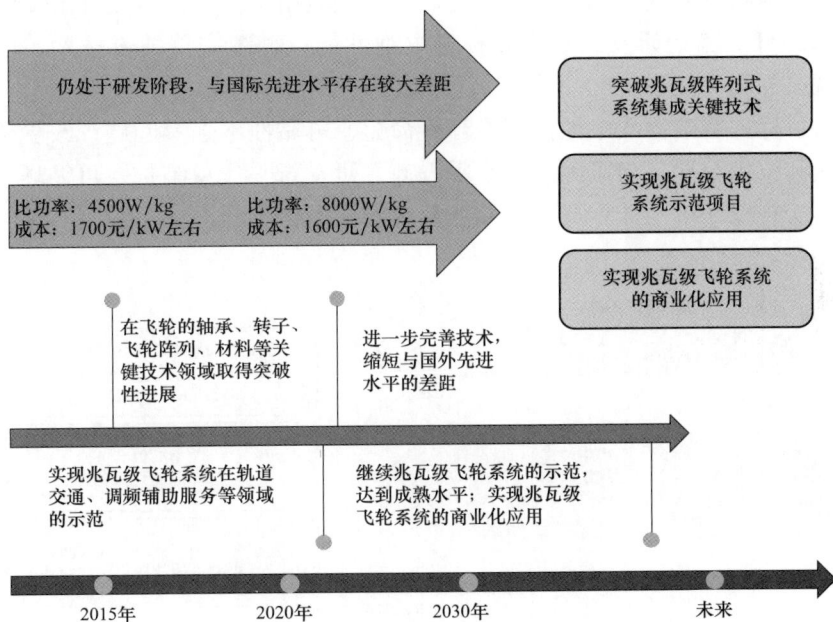

图 6-2 飞轮储能技术发展路线图

2015～2020 年：在飞轮的轴承、转子、飞轮阵列、材料等关键技术领域取得突破性进展；到 2020 年，比功率由 2015 年的 4500W/kg 提升至 8000W/kg，比能量由 32Wh/kg 提升至 120Wh/kg，能量转换效率保持在 95％以上，功率成本由 1700 元/kW 左右降至 1600 元/kW 左右，且基本稳定，能量成本由 45500 元/kWh 左右降至 32500 元/kWh 左右；实现兆瓦级飞轮系统的示范。

2021～2030 年：进一步完善关键技术，缩短与国外先进技术水平的差距，继续兆瓦级飞轮系统示范，达到成熟水平；到 2030 年，比功率提升至 24000W/kg，比能量提升至 3600Wh/kg，能量成本降至 19500 元/kWh 左右；实现兆瓦级飞轮系统的商业化。

未来发展目标：突破兆瓦级阵列式系统集成关键技术，达到国外先进水平；比功率提升至48000W/kg，比能量提升至12000Wh/kg，能量成本降至9750元/kWh左右；完成兆瓦级飞轮系统示范工程；实现兆瓦级飞轮系统的商业化。

6.1.1.2 电化学类储能

1. 铅蓄电池

相比传统铅蓄电池，铅炭电池、超级电池等新型改性铅蓄电池将成为未来主要的发展趋势，在功率密度、充放电速度、循环寿命上有所提升，开始向大容量储能发展，并已在大规模可再生能源并网、调频辅助服务和分布式微网等领域开展示范项目。铅蓄电池在我国未来的发展路线为（见图6-3）：

2015～2020年：在板栅材料、隔膜材料、极板、替代材料等关键技术上取得突破；到2020年，比功率由2015年的150～500W/kg提升至300～800W/kg，比能量由25～50Wh/kg提升至40～60Wh/kg，循环次数由1000～3000次升至3000～6000次，能量成本由800～1300元/kWh降至500～600元/kWh，与传统铅蓄电池成本基本持平；实现新一代改性铅蓄电池在分布式微网、可再生能源并网领域由示范向商业化方向发展的过渡。

2021～2030年：持续研发新技术以提升电池性能；继续完善关键技术，使其达到国际水平；实现兆瓦级储能系统的商业化。

未来发展目标：突破铅酸电池深层循环寿命短、可靠性不强等问题；改善传统铅酸电池的循环性能和技术水平，与国际领先水平看齐；研发新一代免维护、可循环、绿色环保型铅酸电池；实现兆瓦级至数十兆瓦级储能系统的商业化。

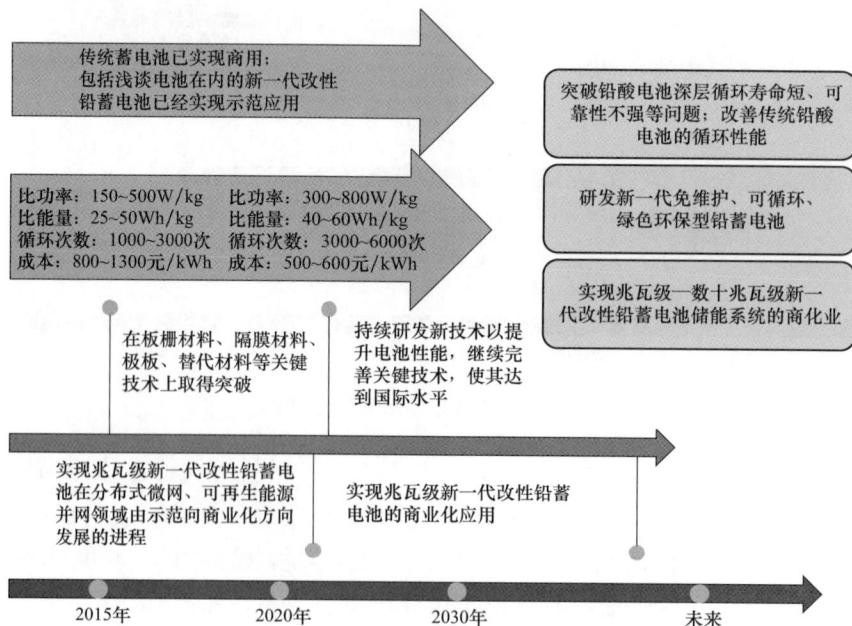

图6-3 铅蓄电池技术发展路线图

2. 锂离子电池

锂离子电池是目前国内装机规模最大且应用最为广泛的一类化学电池，包括可再生能源并网、电力调频、电力输配、分布式微网、电动汽车等领域。锂离子电池在我国未来的发展路线为（见图6-4）：

2015～2020年：完善锂离子电池各部件材料的研发与制备技术，使其达到成熟水平，与国际水平形成竞争；电池组的安全性、一致性、续航能力、稳定性等方面取得突破性进展；探索先进的大容量储能用锂离子电池管理系统；到2020年，比功率由2015年的1500～3000W/kg提升至2020年的2500～4500W/kg，比能量由100～220Wh/kg提升至140～300Wh/kg，循环次数由3000～6000次提升至6000～8000次，成本由1600～4500元/kWh降至1000～2800元/kWh；实现十兆瓦级到百兆瓦级储能系统的示范、几兆瓦级储能系统的商业化。

2021～2030年：持续完善电池组的安全性、一致性、续航能力、稳定性等，在大规模储能用锂离子电池管理系统的设计技术方面达到成熟水平；在新型动力锂离子电池技术方面取得突破性进展，实现高性能、长寿命锂离子电池的规模化批量生产；持续进行十兆瓦至百兆瓦级储能系统的示范。

未来发展目标：突破锂离子电池寿命短、稳定性差等问题，研发新型动力锂离子电池；实现高能量/高功率密度锂离子电池的规模生产；实现十兆瓦至百兆瓦级储能系统的示范及商业应用。

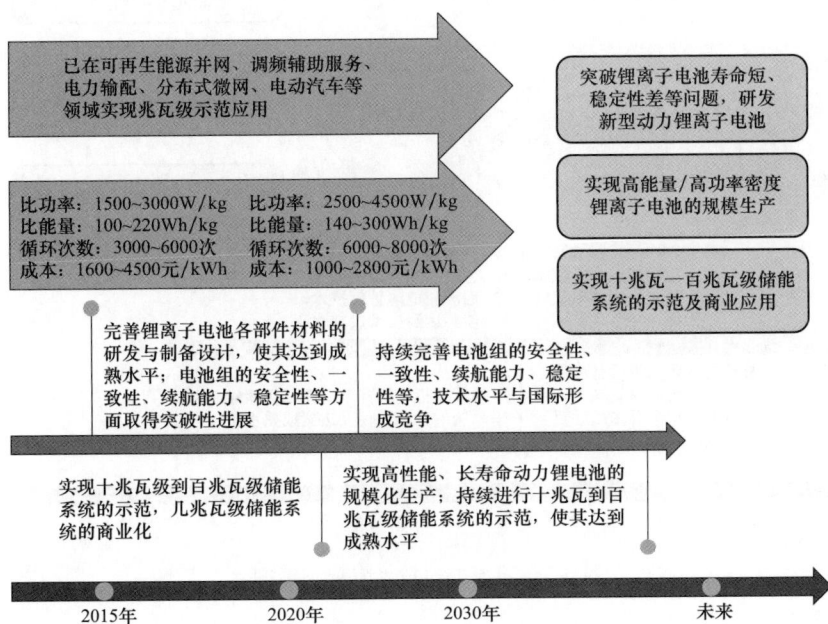

图6-4　锂离子电池技术发展路线图

3. 液流电池

全钒液流电池在我国电力系统中的应用主要集中在风电场储能，具体应用包括削峰填谷、跟踪计划出力、平滑风电输出、调频，促进风电消纳问题；锌溴电池主要集中应用在工/商业微网中，结合分布式可再生能源电源，帮助用户节省电费，同时还能通过参与需求响应等计划获取额外收益，液流电池在我国未来的发展路线为（见图6-5）：

2015～2020年：完善液流电池材料与电解液等关键技术，保持与国际水平的竞争优势；完善液流电池可靠性与工艺技术；研发先进的大规模储能用液流电池管理技术，取得突破性进展；钒电池的比能量由 2015 年的 7～15Wh/kg 提升至 10～20Wh/kg，系统效率由 65％～75％ 提升至 75％～85％，循环次数大于 10000 次，能量成本由 3500～3900 元/kWh 降至 2800～3000 元/kWh；锌溴电池的比能量由 65Wh/kg 提升至 75Wh/kg，系统效率由 60％～70％ 提升至超过 70％，能量成本由 2500～3000 元/kWh 降至 2000～2200 元/kWh；持续进行兆瓦级系统的工程示范，使其达到技术成熟水平；实现十兆瓦级至百兆瓦级储能系统的示范。

2021～2030 年：持续完善液流电池工艺技术和大规模储能用液流电池管理技术，使其达到技术成熟水平。持续进行十兆瓦级至百兆瓦级储能系统的示范，使其达到成熟水平。

未来发展目标：掌握并持续完善液流电池电极材料、电解液、制造工艺、电池管理等关键技术；实现十兆瓦级至百兆瓦级储能系统的示范及商业应用。

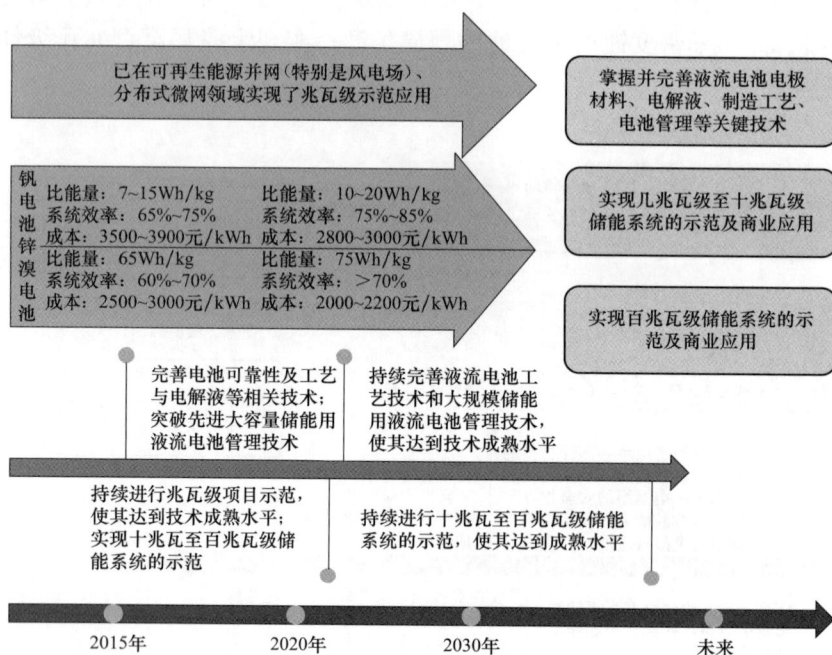

图 6-5 液流电池技术发展路线图

4. 钠硫电池

钠硫电池主要应用于电网削峰填谷、大规模可再生能源并网、独立发电系统等领域。日本 NGK 公司是目前全球唯一一家实现钠硫电池商业化运行的技术厂商，我国虽然已在大容量钠硫电池关键技术上取得了一定突破，但在生产工艺、重大装备、成本控制和满足市场需求等方面仍存在明显不足，离真正的产业化还有一段较长的路要走。钠硫电池在我国未来的发展路线为（见图 6-6）：

2015～2020 年：完善钠硫电池材料与电解液等关键技术；研发先进大容量储能用钠硫电池管理技术，取得突破性进展；持续进行百千瓦级系统的工程示范，使其达到技术成熟水平。

2021~2030 年：持续完善钠硫电池的加工工艺技术，大幅度降低电池成本；进行几兆瓦级系统的工程示范，使其达到国际（NGK 公司）技术成熟水平；实现百千瓦至几兆瓦级钠硫电池的工程示范。

未来发展目标：掌握钠硫电池电极材料、电解液等关键技术；持续提升制造工艺技术和电池管理技术，提高可靠性；实现百千瓦至几兆瓦级钠硫电池的商业化。

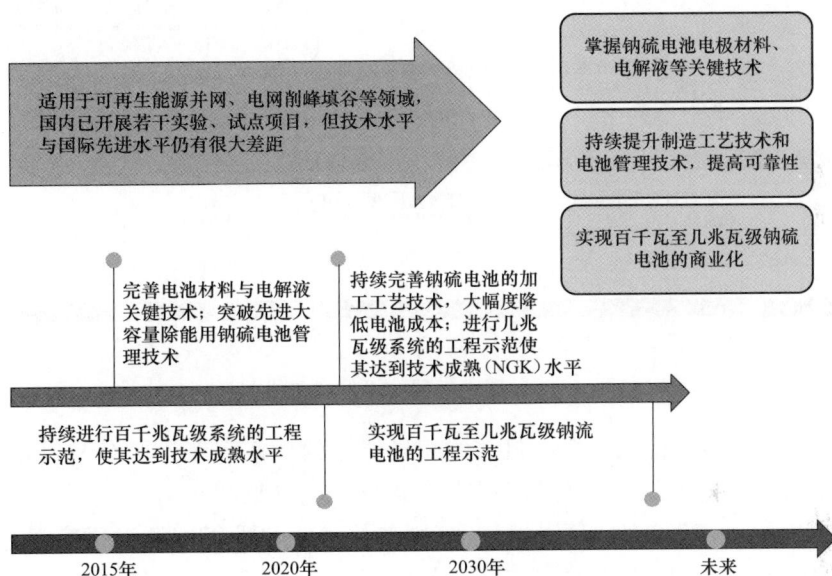

图 6-6 钠硫电池技术发展路线图

6.1.1.3 电气类储能

1. 超级电容器

超级电容器在非电力储能领域，包括电子产品、交通领域等均已得到成熟应用，而在电力储能领域中，只是在功率型应用中有若干示范项目。国内超级电容器的研究起步较晚，研发水平与国外相比还有一定的差距。现阶段，超级电容器的比功率为 1000~10000W/kg，系统效率大于 90%，循环次数达百万次，功率成本 400~500 元/kW。超级电容器在我国未来的发展路线为（见图 6-7）：

2015~2020 年：完善大规模电力电子接口技术；突破高能量电极材料关键技术、新体系大功率模块化技术。持续进行百千瓦级、兆瓦级超级电容器的工程示范，使其达到技术成熟水平。

2021~2030 年：继续完善高能量电极材料关键技术、新体系大功率模块化技术。持续进行兆瓦级超级电容器的工程示范，向商业化发展。

未来发展目标：掌握大规模电力电子接口与高能量密度电极材料关键技术；突破新体系大功率模块化技术；实现百千瓦至兆瓦级超级电容器的商业化应用。

2. 超导储能

从技术成熟度和安全性角度考虑，现阶段，超导储能在我国还不具备大规模电力系统

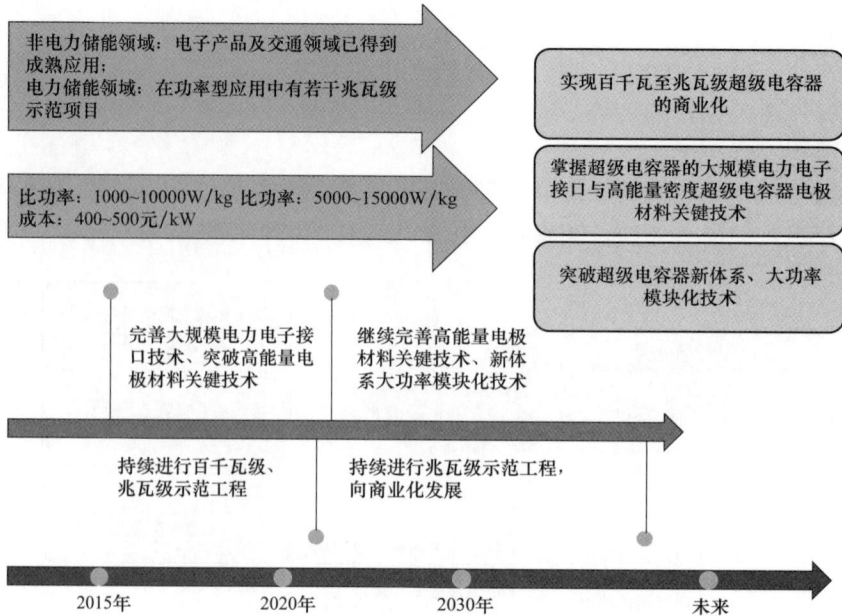

图 6-7　超级电容器技术发展路线图

应用的可能，仅能应用于特殊场合。目前，超导储能的功率密度为 5000W/kg，功率成本 6500～7000 元/kW。超导储能在我国未来的发展路线为（见图 6-8）：

2015～2020 年：探索新型超导材料及其制备技术，并进行液氮温区高温超导带材技术研究；进行兆瓦/兆焦级定制电能质量超导产品研究，并初步在风电领域进行超导储能的示范工程研究。

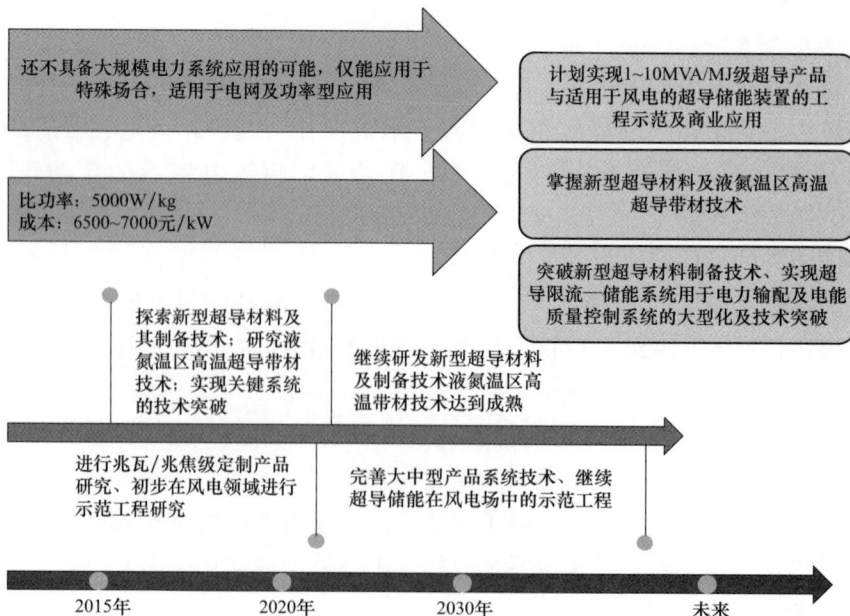

图 6-8　超导储能技术发展路线图

2021～2030 年：继续研发新型超导材料及其制备技术，掌握液氮温区高温超导带材技术并使其达到成熟水平；完善兆瓦/兆焦级超导产品；继续进行风电领域的超导储能示范工程。

未来发展目标：掌握新型超导材料及液氮温区高温超导带材技术；实现用于电力输配及电能质量控制系统的大型化及技术突破；突破新型超导材料制备技术，实现 1～10MVA/MJ 级超导产品与适用于风电的超导储能装置的工程示范及商业应用。

6.1.2 储能应用发展路线图

综合考虑国内的资源分布特点、电力市场环境、政策导向、土地资源及人力成本等因素后，未来 5～10 年分布式发电与微网、辅助服务、电力需求侧管理和电动汽车等领域为突破口，根据每个应用领域的不同发展阶段，分别制定发展目标和扶植方式；以重点企业为支持主体，产学研用相结合，加强产业公司与电力公司、大专院校等科研机构以及储能行业组织的合作；加大力度发展基础学科研究、储能应用研究，以指导示范项目的实施，有计划有步骤地推动产业发展。

1. 分布式发电与微网

国内已有这一类型的示范项目，虽然出现若干商业项目，但是距离产业化还有相当的距离，应进一步加大基础性研究的深度和力度，分析储能在不同应用场景下的价值，并辅以一定的激励政策，形成可复制性的商业模式，推动储能在该领域的规模化发展。

目前，国外应用于该领域的储能技术主要包括锂离子电池、铅蓄电池、锌溴电池、钠硫电池和超级电容，此外还有一些燃料电池的示范项目。国内在该领域应用的储能技术则主要以锂离子电池和铅蓄电池为主，此外还有若干采用超级电容搭配化学电池辅助进行功率调节的项目。

我国储能在分布式发电及微网领域的发展路线为：2015～2020 年，储能在该领域主要以示范应用为主，以解决无电人口用电及保障海岛供电可靠性等问题，同时进行技术验证、经济性研究。预计到 2020 年，随着储能技术成本的大幅下降，辅以政策支持的同时，储能在该领域将会初步实现商业化。技术选型上会更加注重最优配置的多技术混合系统，此外，超临界压缩空气、燃料电池在国内也将开展一定规模的示范项目。预计 2020 年之后，户用储能市场开始逐步兴起，储能结合光伏系统，采用"自发自用，余电上网"模式，既能促进可再生能源的就地消纳，又能帮助用户节省用电成本，随着户用市场机制、技术标准等不断完善，户用储能得到普及，由多个户用系统构成的区域系统可实现需求侧管理、电费管理等。

2. 辅助服务市场

在中国，大量的燃煤电厂参与了电力系统的辅助服务，以调频辅助服务为例，不仅会对环境造成污染，而且大部分火电厂运行在非额定负荷以及做变功率输出时，效率并不高，此外由于调频需求而频繁的调整输出功率，还会加大对机组的磨损，影响机组寿命。因此，未来如果放开以调频为代表的辅助服务市场，储能可以通过市场竞争机制参与调频辅助服务，不仅可以提高电力市场化运作的效率，而且能够提高火电机组运行效率，大大降低碳排放。

储能参与辅助服务，在国外已有商业化运行的项目，在国内无论从技术成熟度、相关的基础研究具备实现产业化的基础条件。近期最重要的一步应是放开市场，制定规则，使储能可以名正言顺的参与电力市场。

目前，美国已有商业化运行的储能调频项目，欧洲和韩国都在部署百兆瓦级的调频项目。国外应用于该领域的技术主要是功率性能较好的飞轮和锂离子电池。而国内现阶段在不具备电力体制和政策环境的条件下，储能还不能作为独立的电力资源参与调频辅助服务，只有睿能世纪公司采用储能与燃煤火电机组联合运营的模式，成功开展了两个选用锂离子电池的调频项目。预计到 2020 年之后，睿能公司的商业模式将会得到复制，而随着电力体制改革的逐步深化、政策环境相对成熟与完善后，国内也会形成一定规模的辅助服务市场，储能作为独立的电力资源参与市场，并按照市场规则获取收益。

3. 电力需求侧管理

随着可再生能源电力的普及水平日益提高，仅依靠调节可调度的传统电厂难以维持发电和用电平衡，在以可再生能源为主要电源的微网系统中，需要更好地调度和发挥需求侧的电力资源，实现管理区域内用电负荷、平衡区域内的电力供需、合理分配和使用可再生能源电力的作用。

美国是目前全球开展电力需求侧管理项目最好的国家之一，通过电价机制和激励机制，实现节能减排的同时参与需求侧管理的用户还能获取响应补贴。虽然目前国内市场开展的项目极为有限，但市场潜力巨大，70％以上的电力缺口需要通过需求侧管理措施解决，全国95％以上的高峰负荷年累计持续时间只有几十个小时，采用需求侧管理措施比新增调峰机组更为经济。预计 2020 年之后，随着国内电价机制、激励机制的完善，电能服务企业的加入以及多种形式的售电主体进入售电端，将会增强市场活性，使得该领域有望获得快速发展。

4. 电动汽车

电动汽车既是一种交通工具，更是一种有效的储能装置和电力调节工具。电动汽车在储能领域的应用方式包括光储式电动汽车充电站、车电互联（V2G）、需求响应充电、电动汽车电池梯次利用等。这样不仅能够充分利用清洁的新能源电力，降低交通运输业的污染物排放水平，使电动汽车真正实现清洁环保，更有助于解决新能源发电波动性强、与日负荷不匹配等问题。

随着电动汽车的推广和普及，必将带动现有交通和电力体系发生重大变革。以信息通信技术为基础，将电动汽车打造为智能汽车，促进电动汽车与能源网络和交通网络相互融合，将成为未来智能交通系统的发展方向。根据动力电池技术成本发展路径，2030 年，国内的动力电池已经具备大规模商业化的技术与成本条件，充电基础设施网络也有望在 2030 年成形，预计 2030 年之后，电动汽车将进入大发展时期，主要以电池梯次利用和 V2G 两种模式应用，储能容量有望达到 GW 级以上的规模，而如何将如此大容量的储能资源应用在电力系统中则将主要取决于各类车型的用车行为、调度规则以及电价引导等。

6.1.3 储能综合发展路线图

综合技术、应用层面当前发展现状及未来发展路径分析，未来中国储能技术发展路线为（见图 6-9）：

当前现状：技术主要以锂离子电池、铅蓄电池和液流电池为主，并且它们在可再生能源并网、分布式发电及微网领域已实现兆瓦级的示范应用，同时在调频辅助服务、电力输配、电动汽车等领域也有若干示范项目。

2015～2020 年期间：技术上将继续以锂离子电池、铅蓄电池和液流电池为主，使其在各自适用领域内最大化地发挥其应用价值，与此同时开展超临界压缩空气储能、飞轮储能、钠硫电池、超级电容及超导储能的示范及拟商业化应用。应用上，随着政策支持力度的加大，市场机制逐渐理顺，若干商业模式初具雏形，开始出现商业化的项目，特别是在调频辅助服务、分布式发电及微网领域最易实现商业化。

2020 年之后，锂离子电池、铅蓄电池和液流电池基本实现商业化应用，同时开发出性能更优的新一代储能技术，并逐渐向产业化方向发展；应用上，随着电动汽车和户用储能的快速发展，市场机制的完善，EV 光储电站和需求侧管理开始规模化发展。同时，衍生出多种创新模式，开始出现电力储能与其他领域的交流融合，并逐步加深。

未来，以锂离子电池、铅蓄电池、液流电池等为代表的传统储能技术将会逐步在电力系统发、输、配、用各环节实现商业化应用；开发出性能优、安全性好、寿命长的新一代储能技术，并实现其在电力系统中的商业化应用；加深电力储能与其他领域的交流与融合。

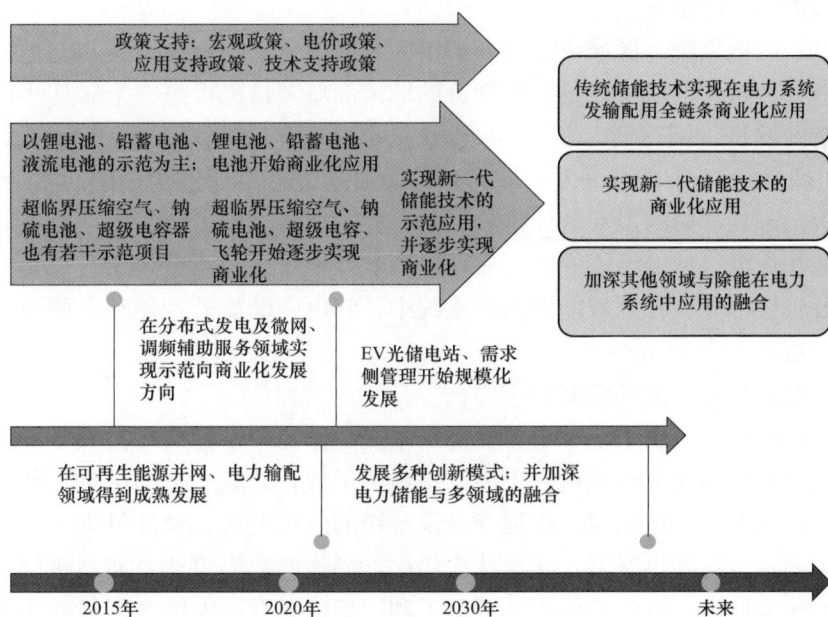

图 6-9　储能技术发展路线图

6.2　储能市场前景分析

6.2.1　储能应用市场趋势

2015 年，全球储能市场持续快速增长。根据 CNESA 数据库统计，截止到 2015 年 12 月底，全球新增储能项目 45 个，装机容量 307.5MW，其中投运项目 14 个，装机容量 63.7MW；在建项目 4 个，装机容量 47.5MW；规划项目 27 个，装机容量 196.3MW。从国内外研究机构对未来储能市场的预测看，对未来储能的发展前景均较为乐观。分布式微网、承受高电价的工/商业用户将是北美等地区储能商业化应用的主要市场。预计到 2020 年我国电力储能市场规模将超过 66.8GW（其中，抽水蓄能约 35GW）。根据储能技术发展趋势以及相关政策和改革措施的推进，我国储能市场将集中在以下四个领域：

（1）智能用电领域。

随着我国电力需求侧管理的完善，将以更加市场化的方式保障电力供需平衡。尖峰电价、分时电价、两步制电价等电价引导措施将为储能应用开拓广阔的市场领域。工商业用户将是储能在该领域的主要应用对象。对于配电网薄弱地区，如老旧城区、农村，通过安装储能延缓配电设施的升级改造也是储能发挥经济效益的重要方面。户用储能系统在德国、英国、澳大利亚等分布式能源发展较好的国家已经实现了一定程度上的商业应用，但我国居民电价短期内不会有较大的变动，户用分布式电源在我国也未得到普及，因此户用储能在我国的市场前景并不明朗。

偏远地区和海岛的微电网项目，仍是储能应用的主要市场之一。对于分布式光伏＋储能的模式，在当前自发自用、余电上网的政策下，随着光伏发电成本的降低，以及激励电价的推出，该模式将具有显著的经济性，为储能应用打开市场。

（2）区域能源供应系统。

区域供电、区域供暖、区域供冷以及解决区域能源需求的能源系统和它们的综合集成统称为区域能源。这种区域可以是行政划分的城市和城区，也可是一个居住小区或一个建筑群，还特指开发区、园区等。2014 年国务院批复《国家应对气候变化规划（2014～2020 年)》明确全国 18 个重点开发区域和各省级主体功能区划定的城市化地区要完善应对气候变化政策，确立严格的温室气体排放控制目标。低碳城市、园区等项目与储能产业密不可分，储能在保障区域能源供应的可靠性、高效性中可发挥重要作用，也是区域能源结构优化的重要组成部分。在区域能源供应系统中，除电力储能外，储热、储冷等技术也将得到广泛的应用。

（3）新能源富集地区大规模储能应用。

在当前新能源并网机制下，单个新能源场站安装储能并不能实现盈利。随着可再生能源发电比例的不断提高及大规模可再生能源基地的形成，储能从平抑可再生能源输出功率波动、减少预测误差等本地应用，正逐渐向系统级的应用发展。储能将为新能源发电集群的接入和安全稳定运行提供保障，在这些应用中，储能的规模将达百兆瓦级以上，主要为抽水蓄能和电化学储能。近年来国内外开展了利用新能源发电电解水制氢的小规模示范项目。电解水属于高耗能制氢方法，每立方米氢气的耗电量约为 4.5～5.5kWh，利用电网负荷低谷时期的新能源发电制氢，是提高新能源发电利用率的方式之一。现有的碱性电解槽和固体聚合物电解水制氢技术对风电的波动性有良好的适应能力。2015 年，河北沽源风电制氢综合利用示范项目开建。项目建成后，可形成年制氢 1752 万标准立方米的生产能力。

（4）电力辅助服务。

随着我国新能源发电的快速增长，区域电网内调峰调频的压力将越来越大。与火电相比，储能可以提供更优质的调频服务，有着技术优势和巨大市场。大规模先进储能系统具有毫秒级精确控制充、放电功率的能力，应用于电网调频时较传统调频手段有无可比拟的优势。2008 年美国西北太平洋国家实验室的分析报告指出，同等规模比较下，储能系统进行调频的效率是水电机组的 1.7 倍，是燃气机组的 2.7 倍，是火电机组和联合循环机组的近 20 倍。当大量常规机组容量从繁重的调频功能中解放出来，一方面提升机组的运行效率和长期的使用寿命，另一方面，也促进了其他辅助服务市场和能量市场的竞争。随着我国电力辅助服务市场的开启，储能将在调峰调频、调压等辅助服务中取得收益，获得市场化发展机遇。

6.2.2　储能应用市场展望

大规模集中式可再生能源、分布式发电及微电网、调频辅助服务、延缓输配电扩容升级等依旧是储能在中国最主要的应用。预计到 2020 年，储能在这些领域的应用，理想情景下，总装机规模将达到 24.2GW，常规情景下，总装机规模将达到 14.5GW。具体如表 6-1 所示。

表 6-1　　　　　　　　　　我国储能装机规模预测（2020 年）

应用领域	装机规模（GW）	
	常规情景	理想情景
大规模集中式可再生能源	5.4	9.0
分布式发电及微电网	8.0	13.6
调频辅助服务	1.0	1.2
延缓输配电扩容升级	0.1	0.5
总计	14.5	24.2

1. 大规模集中式可再生能源储能应用

此处的可再生能源主要指的是集中式风电、太阳能发电。"十三五"期间，我国风电、光伏发电将大幅增长，根据《可再生能源十三五发展规划（征求意见稿）》，2020 年我国累计风光发电的规模将达到：并网风电装机容量 250GW；并网光伏装机容量 160GW，其中光伏电站 80GW、分布式光伏 70GW、太阳能热发电 10GW。

截至 2015 年底，我国光伏累计装机容量 43.18GW，风电累计装机容量 129GW，"十三五"期间，光伏、风电装机将分别增长 247%、94%。与此同时，可再生能源消纳量却不容乐观，2015 年，全国平均弃光、弃风率分别达到 12.62% 和 15%。随着风电、光伏装机容量的不断增大，未来，风光消纳形势将更为严峻。

如在风电基地集中设置储能电站，以风光装机规模的 5%～10% 配置，基本能满足风光并网消纳的需求。假设每个储能电站持续放电时间按 4 小时配置，则到 2020 年，我国储能应用于集中式风光电站的总潜在装机规模为 16.5～33GW[（250GW＋80GW）×（5%～10%）]，66～132GWh。

（1）理想场景，9GW/66GWh。

理想场景的设定：

1）参照国际相关经验，假设我国 10% 的风电、光伏电站将开展储能示范；

2）新增示范项目储能配置比例参考目前已实施项目中的平均比例，12% 制定，持续时间取 4 小时；

3）光热电站按 50% 进行储热配置，持续时间取 10 小时。

10% 的风电、光伏电站将开展储能示范：美国太平洋西北国家实验室（Pacific Northwest National Laboratory，PNNL）的研究表明，在假设美国 2020 年风电的装机容量达到 223GW，装机占比达到 20% 的情况下，系统将需要为风电配备 37.67GW 的储能，配置比例为 17%。根据能源局发布的相关数据，到 2020 年，我国电力总装机容量将达 1800GW。因此，并网风电和太阳能发电的总装机占比为 14%，其中风电为 11%，太阳能发电为 3%。这一比例比美国 20% 的装机比例要低，因此储能配置比例也将少于美国。另外，就中国目前的情况看，储能应用于风电削峰填谷、平滑输出、频率调节等仍旧缺乏相应的收益计算机制，并且由于输出线路容量的制约，储能的加入对于缓解华北、西北等地区的弃风状况作用十分有限，因此，我国可再生能源并网领域，储能的应用还将以示范试点项目为主，大规模商用还存较大距离。因此，假设我国 10% 的风电、光伏电站将开展储能示范。

参与示范的项目按 12% 进行储能配置：目前，我国的示范项目配置比例从 7%～20% 多不等，例如张北风光储输示范工程储能配置比例 18%，赤峰煤窑山风电场储能电站项目储能配置比例 21%，辽宁龙源法库卧牛石风电场项目储能配置比例 10%，辽宁国电和风北镇风电场储能项目储能配置比例 7%。根据 CNESA 项目库的统计，取较为平均的比例 12% 进行计算。

光热电站按 50% 进行储热配置：根据《可再生能源十三五发展规划（征求意见稿）》，我国 2020 年光热电站装机规模将达 10GW。光热示范项目的申报工作 2015 年开始，2016 年 3 月的相关消息显示，通过专家评审，上报能源局的项目初步为 1GW，如果这批项目后继审批、建设开展顺利，预计这部分项目在 2018 年左右投产。按照目前项目 1.2 元/kWh 左右的申报价格，再加装熔融盐储热装置，项目获得收益将有一定的困难，因此预计目前 30% 左右的项目可能会选择加装熔融盐蓄热装置，随着成本的下降，2020 年预计 50% 的光热电站选择加装蓄热装置。

在以上条件下，计算得理想场景下大规模集中式可再生能源储能应用规模如表 6-2 所示。

表 6-2 理想场景下 2020 年大规模集中式可再生能源储能应用规模

类别	可再生能源装机规模	配置比例	储能规模
集中式风光电站	330GW	10%×12%，4h	4GW/16GWh
光热电站	10GW	50%，10h	5GW/50GWh
总计	340GW	—	9GW/66GWh

（2）常规场景，5.4GW/51.6GWh。

常规场景的设定：

1）依据 CNESA 项目数据库的统计信息，以及政策走势，预估未来增长速度；

2）集中式风光电站项目，储能按 4 小时配置；

3）光热项目的情景设定同理想场景下光热项目的情景设定。

从 2010 年开始，我国开始尝试在风光电站建设储能系统，提高风电的利用率。2012

年张北风光储输示范工程的建成投运，真正开启了储能在集中式风光发电中的示范应用，随后每年陆续有示范项目投运。近几年储能在集中式可再生能源发电中的装机规模增长如图 6-10 所示。

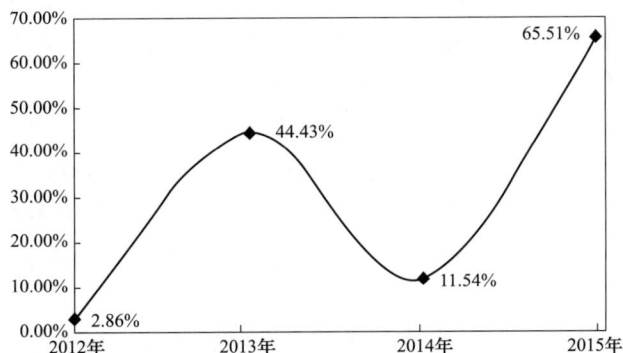

图 6-10 储能在集中式风光电站中的发展趋势

图 6-10 中，储能装机明显表现出大、小年的趋势，这也与目前已开展项目以示范项目为主密切相关。项目数量有限，某一大型示范项目投运，直接影响到当年的增长规模，例如 2013 年的龙源法库卧牛石风电场项目，2015 年的国电和风北镇风电场储能项目。受2015 年来密集出台的政策的影响，2017、2018 年将刺激出现一批示范项目，探索政策的可行性，预计未来两年将保持 2015 年的发展势头，预计到 2018 年，我国储能应用于风光电站中的装机规模将翻一番。目前我国应用于风光电站的储能装机规模为 48MW，按 4h计算，到 2018 年，总装机规模将达 100MW/400MWh。2018 年后，通过政策推动的示范项目建设、运营经验积累，有可能出台关于储能电价补贴、效果计费等储能政策，加上成本下降等因素共同影响，集中式风光电站中储能应用将从示范项目向商业化运行探索，这一领域储能发展将迎来较快速发展。到 2020 年，储能装机规模将翻两番，按 4h 计算，达到 400MW/1600MWh。光热项目由于目前政策及示范项目发展的趋势较为明朗，因此采用理想场景下的设定，光热项目储热规模为 5GW/50GWh。

常规场景下，大规模集中式可再生能源储能应用储能规模为 5.4GW/51.6GWh。

2. 分布式发电及微网储能应用

分布式储能应用，主要指的是指分布式发电（微网）储能应用，以及布置于用户侧的户用储能设施或社区（园区）储能电站。其中，分布式发电储能应用，这里主要考虑分布式光伏储能应用，包括工商业用户屋顶光伏、居民住宅屋顶光伏，以及边远地区（含海岛）离网光伏系统。

根据《可再生能源"十三五"发展规划（征求意见稿）》，2020 年，我国分布式光伏装机容量将达到 80GW，较《可再生能源发展"十二五"规划》设定的 27GW 的发展目标，有大幅上升。在分布式光伏补贴政策的刺激下，结合峰谷电价机制，将较大程度刺激储能在分布式光伏发电中的应用。

以北京为例，分布式光伏发电可获得国家和地方的总补贴为 0.72 元/kWh（国家补贴0.42 元/kWh＋北京市补贴 0.3 元/kWh），安装储能设施后，一方面，通过储能存储富裕的光伏电力，在光伏出力不足的情况下使用，可以大大提高光伏发电利用率，从而得到更多的电价补贴。另一方面，如果采取谷段使用电网电力，光伏为储能充电，峰段储能和光伏共同为用户供电的模式，假设峰谷价差为 0.5 元/kWh，那么实质上通过光储结合，光伏每度电的收益将达 1.22 元/kWh，这一收益，已经可以初步为储能带来收益。

另外，2015 年开始的新的电力改革，在售电改革、电力需求侧改革方面也将取得突破性进展，这将对分布式储能的发展产生重大的影响。

售电改革方面，截至 2015 年底，全国已成立售电公司 274 家，2016 年 2 月广州开发区、重庆两江新区的售电公司正式开始试点售电，售电公司的出现，将彻底改变中国电力市场由电网公司垄断的格局，更自由化的售电市场，一定会催生更多不同的电力服务和产品。目前，售电公司首先锁定工业园区用户作为目标市场，除卖电外，提供综合能源管理，已经成为共同认定的方向。

同时，不断开放的电力市场，也在促进售电市场的壮大。2016 年 3 月《国家能源局综合司关于征求做好电力市场建设有关工作的通知（征求意见稿）意见的函》发布，推动竞争性电力市场建设将是"十三五"期间电改的重要方向。直购电规模将不断扩大，2016 年工业交易量占总工业量的 30%，2018 年工业 100% 电量全部开放，2020 年商业用电全部开放。

集合了大量用户之后，朝着综合能源服务方向发展的售电公司，将更有动力建设分布式发电资源，或者构建微电网，从而大大降低输电成本，降低电费，提高售电业务竞争力。作为分布式发电及微电网重要的支撑技术，储能将获得一定的发展空间。

另外，全国电力需求侧改革持续推进，推动用户参与需求响应、参与电网调峰调频等是未来能源局确定的发展方向，峰谷电价、辅助服务结算等机制将有望制定及完善。《国家能源局关于推动电储能参与"三北"地区调峰辅助服务工作的通知（征求意见稿）》更表示，用户侧的分布式储能系统，除了可以低谷存电，高峰向附近电力用户售电外，更可参与调峰辅助服务市场，这也将刺激用户侧储能系统的安装。

"十三五"期间，分布式储能将获得较大增长。2016、2017 年，为政策消化、调整、细化期，与目前售电市场相对应，在一些工业园区的分布式发电应用中，储能将获得较大的发展机遇。2018 年后，电改、售电工作、需求响应等工作通过前期的示范、试点，已经积累了一定的经验，更细致的电价政策、实施方案、激励措施，甚至补贴方案有可能出台，储能装机将快速增长。

（1）理想场景，13.6GW/27.2GWh。

理想场景的设定：

1）主要考虑分布式光伏的影响；

2）分布式光伏总装机达到《可再生能源"十三五"发展规划（征求意见稿）》的设定：80GW；

3）假设约三分之一（34%）的光伏系统选择安装储能装置，并且按光伏装机容量的 50% 进行储能配置，配置时长 2h。

在上述场景设定下，理想场景下，分布式发电及微网储能应用规模为 13.6GW/27.2GWh。

（2）常规场景，8GW/16GWh。

常规场景的设定：

1）主要考虑分布式光伏的影响；

2）依据 CNESA 项目数据库的统计信息，以及政策走势预估未来增长速度；

3）分布式发电及微网项目储能，按 2h 配置；

4）光热项目的情景设定同理想场景下光热项目的情景设定。

近年来，我国分布式储能的发展趋势如图 6-11 所示。

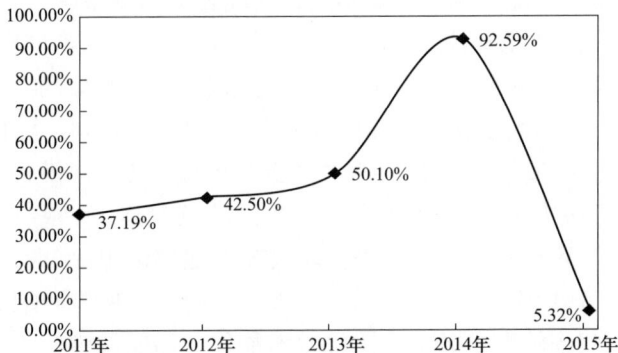

图 6-11　我国分布式储能的发展趋势

2015 年之前，我国分布式储能的应用多与示范项目相结合，例如海岛微网示范项目、边远地区微网示范项目、园区微网示范项目等，一直维持着稳步上升的趋势。2014 年几个大型项目的投运，储能装机规模出现了大幅上升，随后缺乏进一步的政策出台，分布式储能的商业模式并不清晰，导致了 2015 年增速大幅下降。考虑到 2015 年底、2016 年初大量利好政策的出现，"十三五"期间分布式储能将重新大幅增长。

截至 2015 年底，我国分布式储能装机容量为 69MW。2017、2018 年，作为先期政策的消化期，以及电力改革的起步期，储能装机将以略快于 2014 年的增速发展，以 100% 的年增速增长，到 2018 年，分布式储能装机将达到 276MW，按 2h 计算，则市场规模为 276MWh/552MWh。随后，随着售电市场的放开，分布式光伏装机规模的大幅上升，以及更有利的电价政策、补贴措施的出台，预计 2020 年，约 10% 的分布式光伏将配备储能措施，分布式储能的市场规模将达 8GW/16GWh。

3. 辅助服务储能应用

随着电力改革的推进、可再生能源消纳的压力不断增加，电力辅助服务市场的开放将逐渐推进。这里的电力辅助服务主要指的是调峰、调频辅助服务。从目前政策走向来看，调峰服务的放开将主要在可再生能源集中地区域展开，其带来的储能的应用潜力，在集中式风光发电储能应用中已有体现，因此这里将不做探讨，主要分析的是调频辅助服务的市场潜力。

我国目前已投运的调频储能容量为 2MW/0.4MWh，电改的相关文件显示，辅助服务市场在朝着开放的方向发展，但具体的时间表并未确定，预计 2017、2018 年将有更细致的执行方案出台。但目前，国内已有部分企业在积极布局示范项目，预计 2018 年底，将有5个左右较大型示范项目出台，调频储能规模将达50MW/12.5MWh。2018以后，随着市场的放开，电价机制的形成，调频储能项目将更多的出现，预计2020年，因此储能调频容量为1GW。按15分钟配置，总容量为1GW/0.25GWh。

理想场景和常规场景，目前看来差别不大，因此常规场景下，规模为1GW/0.25GWh，理想场景略好，规模为1.2GW/0.3GWh。

4. 电力输配领域储能应用

电力输配领域应用，指的是在电力输配电网络中，为了维持电力系统稳定运行，或为了缓解输配电网络，尤其是配电网络容量不足，而配置的储能系统。

输配电网络由电网公司管理运行，目前最主要的技术为抽水蓄能电站。尽管抽水蓄能主要提供调峰、调频等辅助服务，但由于完全作为输配电的配套设施由电网公司拥有，其他主体参与的空间较少，因此放在电力输配领域考虑。按照《可再生能源"十三五"发展规划（征求意见稿）》，到2020年，我国抽水蓄能电站的总装机规模将达到40GW。

延缓输配电扩容升级方面，2014年之前，我国陆续投运了一些示范项目，例如：莆田湄洲岛储能电站（1MW/2MWh）、安溪移动式锂电池储能电站（125kW/250kWh）、贵州安顺储能电站项目（70kW/140kWh）等，但2015年后，便鲜有项目投运或计划建设。

截至2015年底，我国输配电领域，除抽水蓄能外，储能规模7.4MW，因此假设未来常规场景和理想场景规模都将不大，按2h配置，常规场景下，规模为0.1GW/0.2GWh；理想场景下，规模为0.5GW/1GWh。

5. 电动汽车储能应用

由于电动汽车储能应用主要表现在两方面：二次电池储能应用，以及电动汽车本身作为存储单元储能应用。电动汽车作为储能应用，原则上，更应该看作一项特殊的储能技术，参与电力系统的各类应用。因此在计算储能市场总规模时，不将这部分计算在内。

到2020年，电动汽车储能应用，规模为3.766GW/13.749GWh，其中，二次电池储能容量2.1GW/10.4GWh；电动汽车2.3GW/4.6GWh。随着中国电动汽车数量的增加，未来电动汽车将作为重要的储能单元参与电网应用。电动汽车储能应用主要为退役电池（二次电池）储能应用，以及V2G应用。但就目前来看，汽车为电网馈电，参与辅助服务、需求响应等，在成本、技术及市场机制上尚未成熟，因此，V2G应用主要是响应电网调度，在低谷或电力富裕时段充电，即需求响应充电。需要注意的是，电动汽车作为储能设施参与电网应用，应用领域与普通储能电池并无区别，因此不将其计入总的储能市场规模内，其应用将挤占一部分新电池的应用空间。

在二次电池应用方面，2013~2015年间投入市场的电动汽车，其电池在2020年左右将出现集中退役，预计总规模在37GWh左右。预计退役电池中80%电池可用，且可用电池剩余容量70%的容量，则剩余总容量为20.72GWh（37GWh×80%×70%）。假设这20.72GWh电池中，预计50%的电池将用于电网储能领域，则二次电池储能应用容量为10.36GWh。由于二次电池性能已经较新电池有较大幅度下降，假设0.2C（0.1C）充放电，即5小时将电池容量充满或放光，则此部分的储能容量为2.072GW/10.36GWh。电动汽车需求响应充电方面，按照《节能与新能源汽车产业发展规划（2012~2020年）》，

2020 年我国电动汽车将达 500 万辆，按照近几年的发展数据，假设纯电动车和插电式混合动力车的比例为 7∶3，乘用车和客车的比例为 7∶3 计算，则各类车辆的总电池规模如表 6-3 所示。

表 6-3　　　　　　　　　　　　　2020 年电动汽车车载电池总储电规模

电动车类型	2020 年规模（万辆）	电池容量（kWh/辆）	总容量（GWh）
纯电动乘用车	245	30	73.5
插电式混合乘用车	105	13	13.65
纯电动客车	105	180	189
插电式混合客车	45	25	11.25
总计	500	—	287.4

根据美国交通运输部 2001 的研究数据，汽车一天 24 小时的行驶里程中，早 8∶00 到晚 8∶00 12 个小时内的行驶里程占到了全天行驶总里程的 80% 以上，这就意味着，其余 12 个小时，80% 多的汽车处于停驶状态，而停驶状态的电动汽车在一定的统一管理下，原则上都可以参与电网"需求响应充电"要求，即 80% 的电动汽车可为电网提供储能服务。另外，假设一辆汽车充电一次可行驶 5 天，因此，每天 20∶00 到第二天 7∶00 这 12 个小时期间，每辆汽车的 1/5 的容量可为电网提供储能服务，因此乘用车总容量的 16%（80%×1/5＝16%）可为电网储能服务。2020 年，电动汽车潜在的总储能容量为 45.984GWh（287.4GWh×16%）。由于充电功率随充电速度的不同而有很大区别，因此根据应用需求的不同，可为电网提供不同功率的容量。电动汽车车载电池性能较好，可以承受较大功率充电，如果假设均按照 0.5C（0.2C），即 2 小时充满电的速度进行充电，则最高可为电网提供的储能容量为 22.992GW/45.984GWh。电动汽车的储能容量是否能够完全应用于电网，受电价机制、系统管理成熟度、操作容易程度、车主接受度等因素影响很大，从目前的情况看，推动电动汽车应用于交通领域，还是工作的主要方向，对于增值应用，理论研究较多，尚未出台有力的措施促进其发展。

假设 2020 年，10% 左右的电动汽车可被电网调动，提供储能服务，则电动汽车储能容量为 2.3GW/4.6GWh。

6.2.3　储能市场化发展路线

从储能在电力系统应用的现状和趋势看，需要 5 年左右，储能可逐步实现商业化并开始盈利。在"十二五"期间，绝大部分应用属于示范项目，主要目的是验证技术指标和使用效果，将从 2016 年开始逐步出现商用的储能项目。

2016～2020 年，储能将参与到大规模可再生能源并网领域，并从示范走向商用。届时，储能在分布式微网中的应用规模也将逐步扩大，以社区、工业或科技园区、城区、城镇为依托的较大规模的微网或区域能源供应站将得到推广。具备灵活性和快速响应优势的储能系统将更多的参与到辅助服务中来。随着技术的成熟、各种标准的完善，储能会逐步被推广。此阶段是储能的应用从示范走向商用的阶段，但盈利模式仍不完善。

2021～2030 年期间，预计储能的应用将逐渐走向成熟。储能系统将成为电力运营的一部分，并开始盈利。储能开始普遍应用于发电、输配电、用电各个领域。

我国大规模储能市场化发展路线见图 6-12。

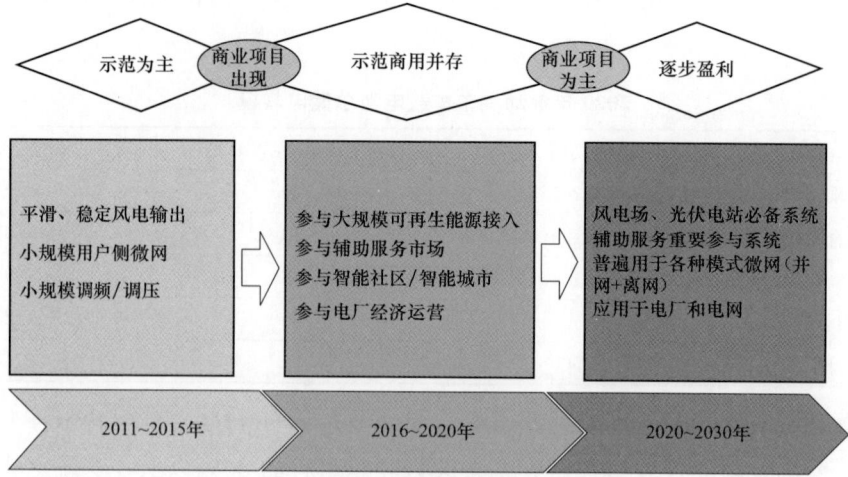

图 6-12　我国大规模储能市场化发展路线

第7章

总 结 与 展 望

（1）基于已有储能示范项目的统计数据，目前储能示范项目主要集中于分布式发电及微电网、可再生能源并网等领域，约占已运行项目的90％以上。未来几年，储能技术在大规模集中式可再生能源、分布式发电及微电网、调频辅助服务、延缓输配电扩容升级等领域将得到广泛应用，主要用于为广域电网提供灵活调度电源；支撑大规模新能源发电的高效利用；是能源局域网中能源路由器的必要支持元件；促进用户参与能源交易，提高能源交易的自由度。其中电化学储能、储热、氢储能、电动汽车等技术围绕电力供应，实现了电网、交通网、天然气管网、供热供冷网的"互联"，是未来能源互联网中极具前景的储能技术。

（2）储能技术走向。未来5～10年，长寿命、低成本、高安全的储能本体技术和百兆瓦级储能系统应用关键技术将得到突破。

（3）政策方面。我国相继出台了一系列储能相关法规、规划和办法等，并给予资金支持发展储能产业。储能系统在削峰填谷、需求侧响应、局域能源互联网可靠供电，提高输配电设施利用率、可再生能源的渗透率及调峰、调频、调压、黑启动等辅助服务降低备用容量等方面均可发挥作用、创造价值，亟需出台相关补贴政策，支持储能产业发展。

（4）商业模式。短期内储能应用的商业模式将存在用户投资、储能设备厂投资、金融租赁、众筹等多种模式共存，随着储能成本下降，政策激励等外部条件的作用，储能商业模式逐步演化。

（5）储能技术发展路线图。综合储能本体技术、储能应用技术层面当前发展现状及未来发展路径分析，未来中国储能技术发展路线为：

1）2016～2020年期间，技术上将继续以锂离子电池、铅蓄电池和液流电池为主，使其在各自适用领域内最大化地发挥其应用价值，与此同时开展超临界压缩空气储能、飞轮储能、钠硫电池、超级电容及超导储能的示范及拟商业化应用。应用上，随着政策支持力度的加大，市场机制逐渐理顺，若干商业模式初具雏形，开始出现商业化的项目，特别是在调频辅助服务、分布式发电及微网领域最易实现商业化。

2）2020年之后，锂离子电池、铅蓄电池和液流电池基本实现商业化应用，同时开发出性能更优的新一代储能技术，并逐渐向产业化方向发展；应用上，随着电动汽车和户用储能的快速发展，市场机制的完善，EV光储电站和需求侧管理开始规模化发展。同时，衍生出多种创新模式，开始出现电力储能与其他领域的交流融合，并逐步加深。

（6）储能市场化发展路线图。综合储能市场当前发展现状及未来发展路径分析，未来中国储能市场化发展路线为：

1）2016~2020 年，储能将参与大规模集中式可再生能源、分布式发电及微电网、调频辅助服务、延缓输配电扩容升级等领域，并从示范走向商用。预计到 2020 年，储能在这些领域的应用，理想情景下，总装机规模将达到 24.2GW，常规情景下，总装机规模将达到 14.5GW。此阶段是储能的应用从示范走向商用的阶段，但盈利模式仍不完善。

2）2020 年之后，预计储能的应用将逐渐走向成熟。储能系统将成为电力运营的一部分，并开始盈利。储能开始普遍应用于发电、输配电、用电各个领域。

参 考 文 献

[1] 刘振亚. 智能电网承载第三次工业革命 [J]. 国家电网, 2014 (1): 30-35.

[2] 李建林, 来小康, 田立亭. 能源互联网背景下的电力储能技术展望 [J]. 电力系统自动化, 2015, 39 (23): 15-25.

[3] Zeng M, Xue S, Ma M J, et al. Historical review of demand side management in China: Management content, operation mode, results assessment and relative incentives [J]. Renewable and Sustainable Energy Reviews, 2013 (25): 470-482.

[4] Rifkin J. The third industrial revolution: how lateral power is transforming energy, the economy, and the world [M]. New York: Palgrave MacMillan, 2011.

[5] 董朝阳, 赵俊华, 文福拴, 等. 从智能电网到能源互联网: 基本概念与研究框架 [J]. 电力系统自动化, 2014, 38 (15): 1-11.

[6] 刘振亚. 全球能源互联网 [M]. 北京: 中国电力出版社, 2015.

[7] 尤石, 林今, 胡俊杰, 等. 从基于服务的灵活性交易到跨行业能源系统的集成设计、规划和运行: 丹麦的能源互联网理念 [J]. 中国电机工程学报, 2015, 35 (14): 3470-3481.

[8] 曾鸣. 新能源电力系统与能源互联网 [N]. 国家电网报, 2015-06-01.

[9] 韩晓娟, 张婳, 修晓青, 李建林. 配置梯次电池储能系统的快速充电站经济性评估 [J]. 储能科学与技术, 2016, 5 (4): 514-521.

[10] 李建林, 杨水丽, 高凯. 大规模储能系统辅助常规机组调频技术分析 [J]. 电力建设, 2015, 36 (5): 105-110.

[11] 田世明, 栾文鹏, 张东霞, 等. 能源互联网技术形态与关键技术 [J]. 中国电机工程学报, 2015, 35 (14): 3482-3494.

[12] 杨方, 白翠粉, 张义斌. 能源互联网的价值与实现架构研究 [J]. 中国电机工程学报, 2015, 35 (14): 3495-3502.

[13] 蔡巍, 赵海, 王进法, 等. 能源互联网宏观结构的统一网络拓扑模型 [J]. 中国电机工程学报, 2015, 35 (14): 3503-3510.

[14] 曹军威, 孟坤, 王继业, 等. 能源互联网与能源路由器 [J]. 中国科学: 信息科学, 2014, 44 (6): 714-727.

[15] 李建林, 田立亭, 李春来. 储能联合可再生能源分布式并网发电关键技术 [J]. 电气应用, 2015, 34 (9): 28-33.

[16] 孙秋野, 滕菲, 张化光, 等. 能源互联网动态协调优化控制体系构建 [J]. 中国电机工程学报, 2015, 35 (14): 3667-3677.

[17] 刘吉臻. 大规模新能源电力安全高效利用基础问题 [J]. 中国电机工程学报, 2013, 33 (16): 1-8.

[18] 蒲天骄, 刘克文, 陈乃仕, 等. 基于主动配电网的城市能源互联网体系架构及其关键技术 [J]. 中国电机工程学报, 2015, 35 (14): 3511-3521.

[19] Salahuddin M, Alam K. Internet usage, electricity consumption and economic growth in Australia: A time series evidence [J]. Telematics and Informatics, 2015, 32 (4): 862-878.

[20] Dijkman R M, Sprenkels B, Peeters T, et al. Business models for the Internet of Things [J]. International Journal of Information Management, 2015, 35 (6): 672-678.

[21] Aghaei J，Alizadeh M I. Demand response in smart electricity grids equipped with renewable energy sources：A review [J]. Renewable and Sustainable Energy Reviews，2013 (18)：64-72.

[22] Broeer T，Fuller J，Tuffner F，et al. Modeling framework and validation of a smart grid and demand response system for wind power integration [J]. Applied Energy，2014 (113)：199-207.

[23] Mehta N，Sinitsyn N A，Backhaus S，et al. Safe control of thermostatically controlled loads with installed timers for demand side management [J]. Energy Conversion and Management，2014 (86)：784-791.

[24] 邢龙，张沛超，方陈，等. 基于广义需求侧资源的微网运行优化 [J]. 电力系统自动化，2013，37 (12)：7-12，133.

[25] 曾鸣，杨雍琦，刘敦楠，等. 能源互联网"源—网—荷—储"协调优化运营模式及关键技术 [J]. 电网技术，2016，40 (1)：114-124.

[26] Wu Qinghua，Zheng Jiehui，Jing Zhaoxia. Coordinated scheduling of energy resources for distributed DHCs in an integrated energy grid [J]. CSEE Journal of Power and Energy Systems，2015，1 (1)：95-103.

[27] Zhang Fan，Zhao Huiying，Hong Mingguo. Operation of networked microgrids in a distribution system [J]. CSEE Journal of Power and Energy Systems，2015，1 (4)：12-21.

[28] Ahmadigorji M，Amjady N. Optimal dynamic expansion planning of distribution systems considering non-renewable distributed generation using a new heuristic double-stage optimization solution approach [J]. Applied Energy，2015 (156)：655-665.

[29] Wang Chengshan，Yu Hao，Li Peng. EMTP-type Program Realization of Krylov Subspace Based Model Reduction Methods for Large-Scale Active Distribution Network [J]. CSEE Journal of Power and Energy Systems，2015，1 (1)：52-60.

[30] 张钦，王锡凡，王建学，等. 电力市场下需求响应研究综述 [J]. 电力系统自动化，2008，32 (3)：97-106.

[31] 史常凯，张波，盛万兴，等. 灵活互动智能用电的技术架构探讨 [J]. 电网技术，2013，37 (10)：2868-2874.

[32] 徐宪东，贾宏杰，靳小龙，等. 区域综合能源系统电/气/热混合潮流算法研究 [J]. 中国电机工程学报，2015，35 (14)：3634-3642.

[33] 刘东，盛万兴，王云，等. 电网信息物理系统的关键技术及其进展 [J]. 中国电机工程学报，2015，35 (14)：3522-3531.

[34] 查亚兵，张涛，黄卓，等. 能源互联网关键技术分析 [J]. 中国科学：信息科学，2014，44 (6)：702-713.

[35] 盛万兴，刘海涛，曾正，等. 一种基于虚拟电机控制的能量路由器 [J]. 中国电机工程学报，2015，35 (14)：3541-3550.

[36] 慈松. 能量信息化和互联网化管控技术及其在分布式电池储能系统中的应用 [J]. 中国电机工程学报，2015，35 (14)：3643-3648.

[37] 曹军威，杨明博，张德华，等. 能源互联网——信息与能源的基础设施一体化 [J]. 南方电网技术，2014，8 (4)：1-10.

[38] 宋艺航，谭忠富，李欢欢，等. 促进风电消纳的发电侧、储能及需求侧联合优化模型 [J]. 电网技术，2014，38 (3)：610-615.

[39] 张宁，胡兆光，周渝慧，等. 考虑需求侧低碳资源的新型模糊双目标机组组合模型 [J]. 电力系统自动化，2014，38 (17)：25-30.

[40]　苗坤坤．北京市电动汽车基础设施商业模式创新研究［D］．北京交通大学，2016.

[41]　戴丽．电动汽车的发展关键在于动力电池和商业模式［J］．节能与环保，2015，05：46-47.

[42]　吴燕，白茹，金鹏，汪强，孟宪楠，刘柳．基于智能电网的能源互联网研究［J］．电气应用，2015，S1：592-595.

[43]　姚海琳，王昶，黄健柏．EPR下我国新能源汽车动力电池回收利用模式研究［J］．科技管理研究，2015，18：84-89.

[44]　陈启鑫，刘敦楠，林今，何继江，王毅．能源互联网的商业模式与市场机制（一）［J］．电网技术，2015，11：3050-3056.

[45]　张弛，陈晓科，徐晓刚，许燕灏，曾杰，任畅翔，叶枝平．基于电力市场改革的微电网经营模式［J］．电力建设，2015，11：154-159.

[46]　刘扬．商用车联网企业的商业模式创新策略研究［D］．北京交通大学，2015.

[47]　葛炬，张粒子，周小兵．电力市场环境下辅助服务问题的研究［J］．现代电力，2003，01：80-85.

[48]　刘怡君，彭频．循环经济视角下车用动力电池逆向物流链的优化［J］．江西理工大学学报，2015，06：61-65.

[49]　陈永翀，李爱晶，刘丹丹，张萍．储能技术在能源互联网系统中应用与发展展望［J］．电器与能效管理技术，2015，24：39-44.

[50]　苏峰，张贲，史沛然，何冠楠，陈启鑫．考虑调频绩效机制下储能在多市场中的最优投标策略研究［J］．电力建设，2016，03：71-75.

[51]　周燕．呼和浩特抽水蓄能电站经营模式研究［D］．华北电力大学（河北），2009.

[52]　罗星，王吉红，马钊．储能技术综述及其在智能电网中的应用展望［J］．智能电网，2014，01：7-12.

[53]　韩路，贺狄龙，刘爱菊，马冬梅．动力电池梯次利用研究进展［J］．电源技术，2014，03：548-550.

[54]　叶季蕾，王湘艳，薛金花，杨波．储能在大型企业用户中应用的多重效益分析［J］．电气应用，2014，09：52-55.

[55]　雷博．电池储能参与电力系统调频研究［D］．湖南大学，2014.

[56]　孙丙香，姜久春，牛军龙，牛利勇，龚敏明．基于两种商业模式的动力电池运营价格测算及对比分析［J］．高技术通讯，2013，03：302-307.

[57]　陈庆明，吕勇强．废旧锂离子动力电池回收体系与商业模式的构建［J］．中国工程咨询，2016，04：43-45.

[58]　王维．动力电池梯次开发利用及经济性研究［D］．华北电力大学，2015.

[59]　国家电网公司"电网新技术前景研究"项目咨询组，王松岑，来小康，程时杰．大规模储能技术在电力系统中的应用前景分析［J］．电力系统自动化，2013，01：3-8+30.

[60]　王承民，孙伟卿，衣涛，颜志敏，张焰．智能电网中储能技术应用规划及其效益评估方法综述［J］．中国电机工程学报，2013，07：33-41+21.

[61]　赵波，王成山，张雪松．海岛独立型微电网储能类型选择与商业运营模式探讨［J］．电力系统自动化，2013，04：21-27.

[62]　王抒祥，饶娆，宋艺航，沈思，谭忠富．电动汽车充换电服务商业模式综合评价研究［J］．现代电力，2013，02：89-94.

[63]　李旸，马钧．动力锂离子电池二次生命周期商业运营模式［J］．农业装备与车辆工程，2013，03：38-41.

[64]　杨敏霞，刘高维，房新雨，娄宇成，解大．计及电网状态的充放储一体化站运行模式探讨［J］．电网技术，2013，05：1202-1208.

［65］ 陈永翀，王秋平．V2G 还是 VEG？未来电动汽车技术发展与商业模式探索［J］．储能科学与技术，2013，03：307-311.

［66］ 林世平，陈斌．分布式能源产业发展机会与商业模式创新［J］．沈阳工程学院学报（自然科学版），2012，04：300-303.

［67］ 侯健生，蒋跃斌，许健宏．电动汽车产业发展中新型商业模式的探索［A］．中国科学技术协会、河北省人民政府．第十四届中国科协年会第 19 分会场：电动汽车充放电技术研讨会论文集［C］．中国科学技术协会、河北省人民政府：2012，7.

［68］ 中关村储能产业技术联盟秘书长张静．光储模式开启储能新纪元［N］．中国能源报，2016-01-04018.

［69］ MEB 记者张兰．2012 储能国际峰会探讨储能商业模式［N］．机电商报，2012-06-04A06.